떡제조 기능사

신미혜 · 최은정 · 김찬화 | 공
정혜정 · 한혜영 · 정윤정 | 저

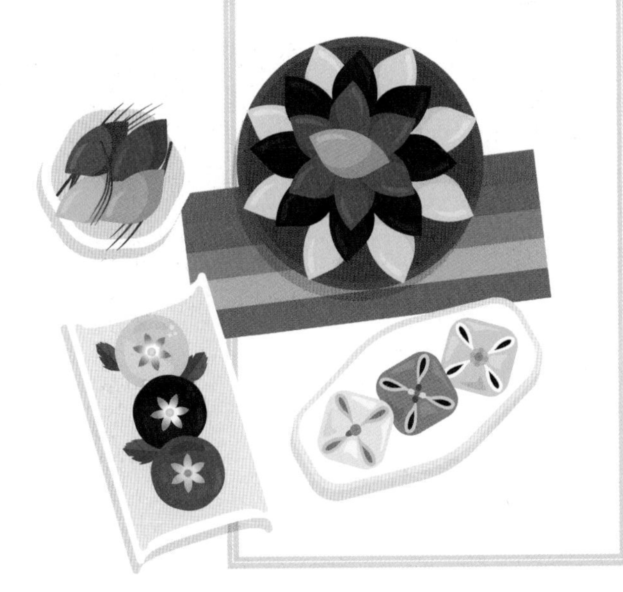

BnCworld

머리말

떡은 우리의 일상생활과 밀접한 관련이 있는 친숙한 음식으로, 단순히 음식을 넘어 우리의 삶과 애환이 깃든 하나의 문화라 할 수 있다.

우리 민족은 수천 년 동안 벼농사를 지어왔고 밥을 주식으로 먹어왔으며, 관혼상제를 비롯한 각종 의례 음식으로 떡을 즐겨왔다. 또 떡은 명절 음식, 선물용 음식에도 빠지지 않는 귀한 먹을거리였다.

근대화 이후 떡은 도정, 제분업의 발달과 함께 상업화되었고, 소비 또한 증대되었다. 그러나 급격한 식문화의 서구화와 변화하는 소비자의 기호에 민감하게 반응하지 못함으로써 가격이나 품질 면에서 낮은 경쟁력을 갖게 된 것도 사실이다.

다행히 최근 들어 우리 문화 전반에 대한 관심이 고조되면서 한식과 함께 떡에 대한 인식의 전환이 이루어지고 있음은 매우 반가운 일이다. 이는 격조 있고 고급스러운 우리 떡의 전통을 이어가면서 소비자의 요구를 반영한 떡 산업의 발전이란 과제와 궤를 같이한다. 그리고 이를 위해서는 무엇보다도 실무 능력을 갖춘 전문 인력의 수급이 절실히 요구되고 있다.

본 교재는 이러한 요구를 바탕으로 산업체 현장에서의 급속한 기술 변화를 수용하고 세계화 및 트렌드에 맞는 전문 인력을 양성하기 위한 기초 작업과정을 담았다.

평소 대학에서 오랫동안 떡을 강의하고, 조리실무 현장에서 수년간 활동했던 전문가들이 모여 온전히 합격할 수 있는 떡 교재 만들기에 혼신의 힘을 다하였다.

본 교재의 전체적인 구성은 떡 제조 기초 이론, 떡류 만들기, 위생 및 안전관리, 우리나라 떡의 역사 및 문화, 실기의 총 5장으로 구분되어 있다.

특히 조리, 외식, 영양 전공자뿐 아니라 일반인들이 떡에 대한 기초와 체계적인 지식을 갖추고자 할 때, 또 '떡 제조 기능사' 자격증을 취득한 후 바로 창업하고자 할 때, 현장에서의 궁금증을 해결하고자 할 때도 도움을 주고자 했다.

아무쪼록 본서가 여러분의 수험 준비에 유용하고, 한국산업인력 공단의 '떡 제조기능사' 자격증이 국가 자격증으로 지정된 것을 계기로 떡 산업이 더욱 발전하기를 바라는 마음이다.

본서의 출간을 위해 아낌없이 지원해주신 비앤씨월드 출판사에도 감사의 마음을 전한다.

2020 저자 일동

CONTENTS

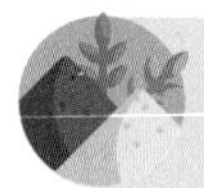

필기 검정편

실기 검정편

떡제조기능사 국가기술자격 검정 안내

가. 기본정보

① 개요

곡류, 두류, 과채류 등과 같은 재료를 이용하여 각종 떡류를 만드는 자격으로, 필기(떡 제조 및 위생관리) 및 실기(떡 제조 실무)시험에서 100점을 만점으로 하여 60점 이상 받은 자에게 부여하는 자격

② 수행직무

곡류, 두류, 과채류 등과 같은 재료를 이용하여 식품위생과 개인안전관리에 유의하여 빻기, 찌기, 발효, 지지기, 치기, 삶기 등의 공정을 거쳐 각종 떡류를 만드는 직무

③ 실시기관

한국산업인력공단(홈페이지 www.q-net.or.kr)

④ 진로 및 전망

입맛이 서구화된다고 하지만 웰빙열풍으로 건강에 대한 관심이 증가하면서 우리 전통음식에 대한 선호도 높아졌다. 또 맞벌이부부, 독신가구, 아파트거주자 등이 증가하면서 향후 떡과 같은 전통음식에 대한 선호도 꾸준한 편이다. 신세대 입맛을 겨냥한 다양한 퓨전 전통음식들이 늘어나고 전통음식에 대한 이해가 확대되면서 전통음식에 대한 시장과 인력수요에도 긍정적인 영향을 미치고 있다. 하지만 기계화와 자동화가 진행되면서 오히려 인력감소의 요인이 발생하게 되었으며 업체간 과다경쟁으로 소규모 업체의 경우 수익성을 확보하지 못해 폐업하는 현상도 발생하고 있는 점 등은 떡제조원의 고용에 부정적인 영향을 미치고 있다. 특히 경기침체에, 영세 업체는 계속 줄어들고 서구 음식의 대중화로 매출이 늘지 않는 점은 떡 제조원의 고용 감소에 영향을 미칠 전망이다.

나. 시험정보

① 취득방법

- 시 행 처　한국산업인력공단
- 시험과목　필기 : 떡제조 및 위생관리
실기 : 떡제조 실무
- 검정방법　필기 : 객관식 60문항(60분)
실기 : 작업형(3시간 정도)
- 합격기준　필기 · 실기 : 100점을 만점으로 하여 60점 이상

② 출제경향

설기떡류, 켜떡류, 빚어 찌는 떡류, 인절미, 찌는 찰떡류 등 떡 제조 및 위생관리

③ 시험수수료

- 필기 : 14,500 원　　• 실기 : 37,300 원

④ 시험일정

구분	필기원서접수(인터넷)	필기시험	필기합격(예정자)발표	실기원서접수	실기시험	최종합격자 발표일
2020년 정기기능사 3회	2020.06.02~ 2020.06.05	2020.06.28~ 2020.07.04	2020.07.17	2020.07.20~ 2020.07.23	2020.08.29~ 2020.09.13	2020.09.25
2020년 정기기능사 4회	2020.09.08~ 2020.09.11	2020.10.11~ 2020.10.17	2020.10.23	2020.10.26~ 2020.10.29	2020.11.28~ 2020.12.13	2020.12.24

- 원서접수시간은 원서접수 첫날 10:00부터 마지막 날 18:00까지 임
- 필기시험 합격예정자 및 최종합격자 발표시간은 해당 발표일 09:00임
- 주말 및 공휴일, 공단창립기념일(3.18)에는 실기시험 원서 접수 불가

다. 실기시험 안내

① 개인위생

내용	감점사항
장신구	이물, 교차오염 등의 식품위생 위해 장신구(귀걸이, 시계, 팔찌, 반지 등) 착용 시 감점
두발 상태	청결하여야 하며 머리카락이 길 경우, 머리카락이 흘러내리지 않도록 단정히 묶거나 머리망을 착용하여야 하며, 위생적이지 못할 경우 감점처리
손톱 상태	청결하여야 하며, 오염될 수 있는 매니큐어 등은 감점처리

② 수험자 지참도구

	내용	규격	수량	비고
1	스크레이퍼	플라스틱	1개	
2	계량컵		1세트	
3	계량스푼		1세트	
4	기름솔		1개	
5	행주		1개	필요량 만큼 준비

6	위생복	흰색 상하의 (흰색 하의는 앞치마로 대체 가능)	1벌	• 기관 및 성명 등의 표식이 없을 것 • 흰색하의는 흰색앞치마로 대체 가능하나, 화상 등의 안전사고 방지를 위하여 앞치마 안의 하의가 반바지 이거나 짧은 치마 등 부적합한 복장일 경우는 감점처리
7	위생장갑	면	1개	• 면장갑 • 안전 · 화상 방지 용도
8	위생장갑	비닐	5set	• 일회용 비닐 위생장갑 • 니트릴, 라텍스 등 조리용장갑 사용 가능
9	위생모	흰색	1개	• 기관 및 성명 등의 표식이 없을 것 • 흰색 머릿수건으로 대체가능 • 일반 떡제조 시 사용하는 위생모, 머릿수건이 아닌 경우는 감점처리 • 위생모가 아닌 흰색 비니모자, 털모자, 야구모자 등은 감점처리
10	위생화	작업화, 조리화, 운동화 등	1켤레	• 기관 및 성명 등의 표식이 없을 것 • 미끄러짐 및 화상의 위험이 있는 슬리퍼류, 작업에 방해가 되는 굽이 높은 구두(하이힐), 속굽이 있는 운동화 등 떡 제조 시 사용 가능한 작업화가 아닌 경우 감점처리
11	칼	조리용	1개	
12	대나무젓가락	40~50cm 정도	1개	
13	나무주걱		1개	
14	뒤집개		1개	
15	면보	30×30cm 정도	1개	
16	가위		1개	
17	키친타월		1롤	
18	체	소	1개	• 경단 건지는 용도 • 직경 20cm 정도의 냄비에 들어갈 수 있는 소형 크기
19	비닐		1	• 재료 전처리 또는 떡을 덮는 용도 등 다용도용으로 필요량 만큼 준비
20	저울	조리용	1개	• g 단위, 공개문제의 요구사항(재료양)을 참고하여 재료계량에 사용할 수 있는 저울로 준비 • 미지참시 시험장에 구비된 공용 저울 사용 가능
21	체	스테인리스 28×6.5cm 중간체	1개	• 재료 전처리 등 다용도 활용 • 공개문제를 참고하여 준비

22	스테인리스볼	대 · 중 · 소	각 1개씩	• 대, 중, 소 선택하여 지참 가능 (단, 공개문제의 지급재료 양을 감안하여 준비)
23	찜기	대나무 찜기 지름 25cm, 높이 7cm 정도	2조	• 물솥, 시루망 및 시루 일체 포함 • 찜기를 1개만 지참하고 시험시간 내 세척하여 사용하는 것도 가능(단, 시험시간의 추가는 없음) • 재질은 대나무찜기이며, 단수(1단, 2단) 및 지름, 높이 등의 크기는 가감 가능 (단, 공개문제의 지급재료 양을 감안하여 준비)

대나무찜기 관련 상세안내

※ 대나무찜기는 일반 가정용 · 조리용 · 휴대용 가스레인지 사용 기준으로 지참

- 대형 찜기(방앗간용 찜기, 스팀솥, 시루솥 등)는 시험장 가스레인지에 사용이 불가하거나, 가스레인지 크기의 제한으로 인해 화구 1개만 사용하는 불이익이 발생할 수 있음
- 찜기 크기가 부적합할 경우, 가스 안전을 고려하여 사용에 제한이 있을 수 있으므로, 공지된 바와 같이 대나무찜기(지름 25cm 정도)로 지참하여야 함
- 실기시험 안내사항과 공개문제를 참고하여, 수험자 지참도구가 부적합할 경우 가스레인지 화구사용에 제한이 발생할 수 있으며, 이는 수험자 귀책 사유임을 주의

[지참 준비물 상세안내]

※ 준비물별 수량은 최소 수량을 표시한 것이므로 필요 시 추가 지참 가능

※ 종이컵, 호일, 랩, 수저 등 일반적인 조리용 소모품은 필요 시 개별 지참 가능

– 떡제조 기능 평가에 영향을 미치지 않는 조리용 소모품(종이컵, 호일, 랩, 수저 등)은 지참이 가능하나, '몰드, 틀' 등과 같이 기능 평가에 영향을 미치는 도구는 사용 금지

– 지참준비물 외 개별 지참한 도구가 있을 경우, 시험 당일 감독위원에게 사용 가능 여부 확인 후 사용, 감독위원에게 확인하지 않고 개별 지참한 도구 사용 시 채점 시 불이익이 있을 수 있음에 유의

※ 길이를 측정할 수 있는 눈금표시가 있는 조리기구는 사용 금지(눈금칼, 눈금도마, 자 등)

③ 주요 시험장 시설

	내용	규격	수량	비고
1	조리대		1대	1인용
2	싱크대		1대	1인용
3	제품 제출대		1대	공용
4	냉장고		1대	공용
5	가스레인지		1대	1인용(2구)
6	저울		1대	공용
7	도마		1개	1인용
8	접시		2개	1인용
9	냄비		1개	1인용

※ 위의 주요 시험장 시설은 참고사항이며, 표기된 규격(크기 등)은 시험장 시설에 따라 상이할 수 있음을 양지하시기 바랍니다.

떡제조기능사 출제기준

필기 출제 기준

직무분야	식품가공	중직무분야	제과 · 제빵	자격종목	떡제조기능사	적용기간	2019.1.1.~2021.12.31.

○ 직무내용 : 곡류, 두류, 과채류 등과 같은 재료를 이용하여 식품위생과 개인안전관리에 유의하여 빻기, 찌기, 발효, 지지기, 치기, 삶기 등의 공정을 거쳐 각종 떡류를 만드는 직무이다.

필기검정방법	객관식	문제수	60	시험시간	1시간

필기 과목명	출제 문제수	주요항목	세부항목	세세항목
떡 제조 및 위생관리	60	1 떡 제조 기초 이론	1 떡류 재료의 이해	1 주재료(곡류)의 특성 2 부재료의 종류 및 특성 3 떡류 재료의 영양학적 특성
			2 떡류 제조공정	1 떡의 종류와 제조원리 2 도구 · 장비 종류 및 용도
		2 떡류 만들기	1 재료준비	1 재료의 계량 2 재료의 전처리
			2 떡류 만들기	1 설기떡류 제조과정 2 켜떡류 제조과정 3 빚어 찌는 떡류 제조과정 4 약밥 제조과정 5 인절미 제조과정 6 가래떡류 제조과정 7 찌는 찰떡류 제조과정
			3 떡류 포장 및 보관	1 떡의 포장방법 2 포장용기 표시사항 3 냉장, 냉동 등 보관방법
		3 위생 · 안전관리	1 개인위생관리	1 개인위생관리 방법 2 오염 및 변질의 원인 3 감염병 및 식중독의 원인과 예방대책 4 식품위생법 관련 법규 및 규정
			2 작업 환경 위생 관리	1 공정별 위해요소 관리 및 예방(HACCP)
			3 안전관리	1 개인 안전 점검 2 도구 및 장비류의 안전 점검
		4 우리나라 떡의 역사 및 문화	1 떡의 역사	1 떡의 어원 2 시대별 떡의 역사
			2 떡 문화	1 시, 절식으로서의 떡 2 통과의례와 떡 3 향토떡

실기 출제 기준

직무분야	식품가공	중직무분야	제과 · 제빵	자격종목	떡제조기능사	적용기간	2019.1.1.~2021.12.31.

○ 직무내용 : 곡류, 두류, 과채류 등과 같은 재료를 이용하여 식품위생과 개인안전관리에 유의하여 빻기, 찌기, 발효, 지지기, 치기, 삶기 등의 공정을 거쳐 각종 떡류를 만드는 직무이다.

○ 수행준거 : 1 설기떡류 재료를 준비하여 계량한 후, 빻기, 찌기의 과정을 거쳐 마무리를 할 수 있다.

2 재료를 준비하여 계량한 후, 빻기, 두류 삶기, 켜 안치기, 찌기 과정을 거쳐 마무리하는 것으로 찜기에 떡가루와 고물을 번갈아가며 켜를 안쳐 찌는 것을 할 수 있다.

3 재료를 준비하여 계량한 후, 빻기, 반죽하기, 빚기, 찌기의 과정을 거쳐 마무리를 할 수 있다.

4 재료를 준비하여 계량한 후, 재료 혼합하기, 찌기 과정을 거쳐 마무리를 할 수 있다.

5 재료를 준비하여 계량한 후, 빻기, 찌기, 치기, 성형하기의 과정을 거쳐 마무리를 할 수 있다.

6 떡의 모양과 맛을 향상시키기 위하여 첨가하는 부재료를 찌기, 볶기, 삶기 등의 각각의 과정을 거쳐 고물을 만들 수 있다.

7 식품가공의 작업장, 가공기계 · 설비 및 작업자의 개인위생을 유지하고 관리할 수 있다.

8 식품가공에서 개인 안전, 화재 예방, 도구 및 장비안전 준수를 할 수 있다.

9 고객의 건강한 간식 및 식사대용의 제품을 생산하기 위하여 맵쌀의 준비와 찌는 과정을 거쳐 상품을 만들 수 있다.

10 다양한 영양소가 함유된 떡을 만들기 위하여 다양한 재료를 섞어 찌는 과정을 거쳐 상품을 만들 수 있다.

실기검정방법	작업형	시험시간	3시간 정도

실기 과목명	주요항목	세부항목	세세항목
떡 제조 실무	1 설기떡류 만들기	1 설기떡류 재료 준비하기	1 설기떡류 제조에 적합하도록 작업기준서에 따라 필요한 재료를 준비할 수 있다. 2 생산량에 따라 배합표를 작성할 수 있다. 3 설기떡류 작업기준서에 따라 부재료의 특성을 고려하여 전처리할 수 있다. 4 떡의 특성에 따라 물에 불리는 시간을 조정하고 소금을 첨가할 수 있다.
		2 설기떡류 재료 계량하기	1 배합표에 따라 설기떡류 제품별로 필요한 각 재료를 계량할 수 있다. 2 배합표에 따라 부재료 첨가에 따른 물의 양을 조절할 수 있다. 3 배합표에 따라 생산량을 고려하여 소금 · 설탕의 양을 조절할 수 있다.

실기 과목명	주요항목	세부항목	세세항목
		3 설기떡류 빻기	1 배합표에 따라 생산량을 고려하여 빻을 양을 계산하고 소금과 물을 첨가하여 빻을 수 있다. 2 설기떡류 작업기준서에 따라 제품의 특성에 맞춰 빻는 횟수를 조절할 수 있다. 3 재료의 특성에 따라 체질의 횟수를 조절하고 체눈의 크기를 선택하여 사용할 수 있다.
		4 설기떡류 찌기	1 설기떡류 작업기준서에 따라 준비된 재료를 찜기에 넣고 골고루 펴서 안칠 수 있다. 2 설기떡류 작업기준서에 따라 최종 포장단위를 고려하여 찜기에 안쳐진 설기떡류을 찌기 전에 얇은 칼을 이용하여 분할할 수 있다. 3 설기떡류 작업기준서에 따라 제품특성을 고려하여 찌는 시간과 온도를 조절할 수 있다. 4 설기떡류 작업기준서에 따라 제품특성을 고려하여 면보자기나 찜기의 뚜껑을 덮어 제품의 수분을 조절할 수 있다.
		5 설기떡류 마무리하기	1 설기떡류 작업기준서에 따라 제품 이동시에도 모양이 흐트러지지 않도록 포장할 수 있다. 2 설기떡류 작업기준서에 따라 제품 특징에 맞는 포장지를 선택하여 포장할 수 있다. 3 설기떡류 작업기준서에 따라 제품의 품질 유지를 위해 표기사항을 표시하여 포장할 수 있다.
	2 켜떡류 만들기	1 켜떡류 재료 준비하기	1 켜떡류 제조에 적합하도록 작업기준서에 따라 필요한 재료를 준비할 수 있다. 2 생산량에 따라 배합표를 작성할 수 있다. 3 켜떡류 작업기준서에 따라 부재료의 특성을 고려하여 전처리할 수 있다. 4 켜떡류의 종류와 특성에 따라 물에 불리는 시간을 조정하고 소금을 첨가할 수 있다. 5 배합표에 따라 두류를 필요한 양만큼 준비할 수 있다.
		2 켜떡류 재료 계량하기	1 배합표에 따라 제품별로 필요한 각 재료를 계량할 수 있다. 2 배합표에 따라 부재료 첨가에 따른 물의 양을 조절할 수 있다. 3 배합표에 따라 생산량을 고려하여 소금 · 설탕의 양을 조절할 수 있다.
		3 켜떡류 빻기	1 배합표에 따라 생산량을 고려하여 빻을 양을 계산하고 소금과 물을 첨가하여 빻을 수 있다. 2 켜떡류 작업기준서에 따라 제품의 특성에 맞춰 빻는 횟수를 조절할 수 있다. 3 재료의 특성에 따라 체질의 횟수를 조절하고 체눈의 크기를 선택하여 사용할 수 있다.

실기 과목명	주요항목	세부항목	세세항목
		4 켜떡류 두류 삶기	1 켜떡류 작업기준서에 따라 사용될 두류를 깨끗이 씻어 한번 끓여 물을 버릴 수 있다. 2 켜떡류 작업기준서에 따라 손질된 두류 양의 2배의 물을 붓고 너무 무르지 않도록 삶을 수 있다. 3 켜떡류 작업기준서에 따라 삶은 두류에 소금을 첨가할 수 있다.
		5 켜떡류 켜 안치기	1 켜떡류 작업기준서에 따라 빻은 재료와 삶은 두류를 안칠 켜의 수만큼 분할할 수 있다. 2 켜떡류 작업기준서에 따라 찜기 밑에 시루포를 깔고 고물을 뿌릴 수 있다. 3 켜떡류 작업기준서에 따라 뿌린 고물 위에 준비된 재료를 뿌릴 수 있다. 4 켜떡류 작업기준서에 따라 켜만큼 번갈아 가며 찜기에 켜켜이 채울 수 있다. 5 켜떡류 작업기준서에 따라 찜기에 안칠 수 있다.
		6 켜떡류 찌기	1 준비된 재료를 켜떡류 작업기준서에 따라 찜기에 넣고 골고루 펴서 안칠 수 있다. 2 켜떡류 작업기준서에 따라 최종 포장단위를 고려하여 찜기에 안쳐진 메쌀 켜떡류는 찌기 전에 얇은 칼을 이용하여 분할하고, 찹쌀이 들어가면 찜 후 분할한다. 3 켜떡류 작업기준서에 따라 제품특성을 고려하여 찌는 시간과 온도를 조절할 수 있다. 4 켜떡류 작업기준서에 따라 제품특성을 고려하여 면보자기를 덮어 제품의 수분을 조절할 수 있다.
		7 켜떡류 마무리하기	1 켜떡류 작업기준서에 따라 제품 이동시에도 모양이 흐트러지지 않도록 포장할 수 있다. 2 켜떡류 작업기준서에 따라 제품 특징에 맞는 포장지를 선택하여 포장할 수 있다. 3 켜떡류 작업기준서에 따라 제품의 품질 유지를 위해 표기사항을 표시하여 포장할 수 있다.
	3 빚어 찌는 떡류 만들기	1 빚어 찌는 떡류 재료 준비하기	1 빚어 찌는 떡류 제조에 적합하도록 작업기준서에 따라 필요한 재료를 준비할 수 있다. 2 생산량에 따라 배합표를 작성할 수 있다. 3 빚어 찌는 떡류 작업기준서에 따라 부재료의 특성을 고려하여 전처리할 수 있다. 4 빚어 찌는 떡의 종류와 특성에 따라 물에 불리는 시간을 조정하고 소금을 첨가할 수 있다.
		2 빚어 찌는 떡류 재료 계량하기	1 배합표에 따라 제품별로 필요한 각 재료를 계량할 수 있다. 2 배합표에 따라 겉피와 속고물의 수분 평형을 고려하여 첨가되는 물의 양을 조절할 수 있다. 3 배합표에 따라 생산량을 고려하여 소금 · 설탕의 양을 조절할 수 있다.

실기 과목명	주요항목	세부항목	세세항목
		3 빚어 찌는 떡류 빻기	1 배합표에 따라 생산량을 고려하여 빻을 양을 계산하고 소금과 물을 첨가하여 빻을 수 있다. 2 빚어 찌는 떡류 작업기준서에 따라 제품의 특성에 맞춰 빻는 횟수를 조절할 수 있다. 3 배합표에 따라 겉피에 첨가되는 부재료의 특성을 고려하여 전처리한 재료를 사용할 수 있다.
		4 빚어 찌는 떡류 반죽하기	1 빚어 찌는 떡류 작업기준서에 따라 익반죽 또는 생반죽 할 수 있다. 2 배합표에 따라 물의 양을 조절하여 반죽할 수 있다. 3 배합표에 따라 속고물과 겉피의 수분비율을 조절하여 반죽할 수 있다
		5 빚어 찌는 떡류 빚기	1 빚어 찌는 떡류 작업기준서에 따라 빚어 찌는 떡류의 크기와 모양을 조절하여 빚을 수 있다. 2 빚어 찌는 떡류 작업기준서에 따라 겉편과 속편의 양을 조절하여 빚을 수 있다. 3 빚어 찌는 떡류 작업기준서에 따라 부재료의 특성을 살려 색을 조화롭게 빚어낼 수 있다.
		6 빚어 찌는 떡류 찌기	1 빚어 찌는 떡류 작업기준서에 따라 제품특성을 고려하여 찌는 시간과 온도를 조절할 수 있다. 2 빚어 찌는 떡류 작업기준서에 따라 제품특성을 고려하여 면보자기를 덮어 제품의 수분을 조절할 수 있다. 3 빚어 찌는 떡류 작업기준서에 따라 풍미를 높이기 위해 부재료를 첨가할 수 있다. 4 빚어 찌는 떡류 작업기준서에 따라 제품이 서로 붙지 않게 간격을 조절하여 찔 수 있다.
		7 빚어 찌는 떡류 마무리하기	1 빚어 찌는 떡류 작업기준서에 따라 찐 후 냉수에 빨리 식힌다. 2 빚어 찌는 떡류 작업기준서에 따라 물기가 제거되면 참기름을 바를 수 있다. 3 빚어 찌는 떡류 작업기준서에 따라 제품의 품질 유지를 위해 표기사항을 표시하여 포장할 수 있다.
	4 약밥 만들기	1 약밥 재료 준비하기	1 약밥 만들기 제조에 적합하도록 작업기준서에 따라 필요한 재료를 준비할 수 있다. 2 생산량에 따라 배합표를 작성할 수 있다. 3 배합표에 따라 부재료를 필요한 양만큼 준비할 수 있다. 4 약밥 만들기 작업기준서에 따라 부재료의 특성을 고려하여 전처리할 수 있다. 5 약밥 만들기 작업기준서에 따라 찹쌀을 물에 불린 후 건져 물기를 빼고 소금을 첨가하여 찜기에 쪄서 준비할 수 있다. 6 배합표에 따라 황설탕, 계핏가루, 진간장, 대추 삶은 물(대추고), 캐러멜소스, 꿀, 참기름을 준비할 수 있다.

실기 과목명	주요항목	세부항목	세세항목
		2 약밥 재료 계량하기	1 배합표에 따라 쪄서 준비한 재료를 계량할 수 있다. 2 배합표에 따라 전처리된 부재료를 계량할 수 있다. 3 배합표에 따라 황설탕, 계핏가루, 진간장, 대추 삶은 물(대추고), 캐러멜소스, 꿀, 참기름을 계량할 수 있다.
		3 약밥 혼합하기	1 약밥 만들기 작업기준서에 따라 찹쌀을 찔 수 있다. 2 약밥 만들기 작업기준서에 따라 계량된 황설탕, 계핏가루, 진간장, 대추 삶은 물(대추고), 캐러멜소스, 꿀, 참기름을 넣어 혼합할 수 있다. 3 약밥 만들기 작업기준서에 따라 혼합한 재료를 맛과 색이 잘 스며들도록 관리할 수 있다.
		4 약밥 찌기	1 약밥 만들기 작업기준서에 따라 혼합된 재료를 찜기에 넣고 골고루 펴서 안칠 수 있다. 2 약밥 만들기 작업기준서에 따라 제품특성을 고려하여 찌는 시간과 온도를 조절할 수 있다. 3 약밥 만들기 작업기준서에 따라 제품특성을 고려하여 면보자기를 덮어 제품의 수분을 조절할 수 있다.
		5 약밥 마무리하기	1 약밥 만들기 작업기준서에 따라 완성된 약밥의 크기와 모양을 조절하여 포장할 수 있다. 2 약밥 만들기 작업기준서에 따라 제품 특징에 맞는 포장지를 선택하여 포장할 수 있다. 3 약밥 만들기 작업기준서에 따라 제품의 품질 유지를 위해 표기사항을 표시하여 포장할 수 있다.
	5 인절미 만들기	1 인절미 재료 준비하기	1 인절미 제조에 적합하도록 작업기준서에 따라 필요한 찹쌀과 고물을 준비할 수 있다. 2 생산량에 따라 배합표를 작성할 수 있다. 3 인절미 작업기준서에 따라 부재료의 특성을 고려하여 전처리할 수 있다. 4 인절미의 특성에 따라 물에 불리는 시간을 조정하고 소금을 가할 수 있다.
		2 인절미 재료 계량하기	1 배합표에 따라 제품별로 필요한 각 재료를 계량할 수 있다. 2 배합표에 따라 부재료 첨가에 따른 물의 양을 조절할 수 있다. 3 배합표에 따라 생산량을 고려하여 소금의 양을 조절할 수 있다. 4 배합표에 따라 인절미에 첨가되는 전처리된 부재료를 계량하여 사용할 수 있다.

실기 과목명	주요항목	세부항목	세세항목
		3 인절미 빻기	1 배합표에 따라 생산량을 고려하여 빻을 재료의 양을 계산하고 소금과 물을 첨가하여 빻을 수 있다. 2 인절미 작업기준서에 따라 제품의 특성에 맞춰 빻는 횟수를 조절할 수 있다. 3 제품의 특성에 따라 1, 2차 빻기 작업 수행 시 분쇄기의 롤 간격을 조절할 수 있다. 4 인절미 작업기준서에 따라 불린 쌀 대신 전처리 제조된 재료를 사용할 경우 불리는 공정과 빻기의 공정을 생략한다.
	6 고물류 만들기	1 찌는 고물류 만들기	1 작업기준서와 생산량에 따라 배합표를 작성할 수 있다. 2 작업기준서에 따라 필요한 재료를 준비할 수 있다. 3 재료의 특성을 고려하여 전처리할 수 있다. 4 전처리된 재료를 찜기에 넣어 찔 수 있다. 5 작업기준서에 따라 제품특성을 고려하여 찌는 시간과 온도를 조절할 수 있다. 6 찐 고물을 식혀 빻은 후 고물을 소분하여 냉장이나 냉동 보관할 수 있다.
		2 삶는 고물류 만들기	1 작업기준서와 생산량에 따라 배합표를 작성할 수 있다. 2 작업기준서에 따라 필요한 재료를 준비할 수 있다. 3 재료의 특성을 고려하여 전처리할 수 있다. 4 전처리된 재료를 삶는 솥에 넣어 삶을 수 있다. 5 작업기준서에 따라 제품특성을 고려하여 삶는 시간과 온도를 조절할 수 있다. 6 삶은 고물을 식혀 빻은 후 고물을 소분하여 냉장이나 냉동에 보관할 수 있다.
		3 볶는 고물류 만들기	1 작업기준서와 생산량에 따라 배합표를 작성할 수 있다. 2 작업기준서에 따라 필요한 재료를 준비할 수 있다. 3 재료의 특성을 고려하여 전처리할 수 있다. 4 전처리하다 재료를 볶음 솥에 넣어 볶을 수 있다. 5 작업기준서에 따라 제품특성을 고려하여 볶는 시간과 온도를 조절할 수 있다. 6 볶은 고물을 식혀 빻은 후 고물을 소분하여 냉장이나 냉동에 보관할 수 있다.
	7 가래떡류 만들기	1 가래떡류 재료 준비하기	1 작업기준서와 생산량을 고려하여 배합표를 작성할 수 있다. 2 배합표 따라 원 · 부재료를 준비할 수 있다. 3 작업기준서에 따라 부재료를 전처리할 수 있다. 4 가래떡류의 특성에 따라 물에 불리는 시간을 조정할 수 있다.
		2 가래떡류 재료 계량하기	1 배합표에 따라 제품별로 재료를 계량할 수 있다. 2 배합표에 따라 부재료 첨가에 따른 물의 양을 조절할 수 있다. 3 배합표에 따라 멥쌀에 소금을 첨가할 수 있다.

실기 과목명	주요항목	세부항목	세세항목
		3 가래떡류 빻기	1 작업기준서에 따라 원 · 부재료의 빻는 횟수를 조절할 수 있다. 2 제품의 특성에 따라 1, 2차 빻기 작업 수행 시 분쇄기 롤 간격을 조절할 수 있다. 3 빻은 맵쌀가루의 입도, 색상, 냄새를 확인하여 분쇄작업을 완료할 수 있다. 4 빻은 작업이 완료된 원재료에 부재료를 혼합할 수 있다.
		4 가래떡류 찌기	1 작업기준서에 따라 준비된 재료를 찜기에넣고 골고루 펴서 안칠 수 있다. 2 작업기준서에 따라 찌는 시간과 온도를 조절할 수 있다. 3 작업기준서에 따라 찜기 뚜껑을 덮어 제품의 수분을 조절 할 수 있다.
		5 가래떡류 성형하기	1 작업기준서에 따라 성형노즐을 선택할 수 있다. 2 작업기준서에 따라 쪄진 떡을 제병기에 넣어 성형할 수 있다. 3 작업기준서에 따라 제병기에서 나온 가래떡을 냉각시킬 수 있다. 4 작업기준서에 따라 냉각된 가래떡을 용도별로 절단할 수 있다.
		6 가래떡류 마무리하기	1 작업기준서에 따라 제품 특징에 맞는 포장지를 선택할 수 있다. 2 작업기준서에 따라 절단한 가래떡을 용도별로 저온 건조 또는 냉동할 수 있다. 3 작업기준서에 따라 제품별로 길이, 크기를 조절할 수 있다. 4 작업기준서에 따라 제품별로 알코올 처리를 할 수 있다. 5 작업기준서에 따라 제품별로 건조 수분을 조절할 수 있다. 6 작업기준서에 따라 포장 표시면에 표기사항을 표시할 수 있다.
	8 찌는 찰떡류 만들기	1 찌는 찰떡류 재료 준비하기	1 작업기준서와 생산량을 고려하여 배합표를 작성할 수 있다. 2 배합표에 따라 원 · 부재료를 준비할 수 있다. 3 부재료의 특성을 고려하여 전처리할 수 있다. 4 찌는 찰떡류의 특성에 따라 물에 불리는 시간을 조정할 수 있다.
		2 찌는 찰떡류 재료 계량하기	1 배합표에 따라 원 · 부재료를 계량할 수 있다. 2 배합표에 따라 물의 양을 조절할 수 있다. 3 배합표에 따라 찹쌀에 소금을 첨가할 수 있다.
		3 찌는 찰떡류 빻기	1 작업기준서에 따라 원 · 부재료의 빻는 횟수를 조절할 수 있다. 2 1, 2차 빻기 작업 수행 시 분쇄기의 롤 간격을 조절할 수 있다. 3 빻기된 찹쌀가루의 입도, 색상, 냄새를 확인하여 빻는 작업을 완료할 수 있다. 4 빻는 작업이 완료된 원재료에 부재료를 혼합할 수 있다.
		4 찌는 찰떡류 찌기	1 작업기준서에 따라 스팀이 잘 통과 될 수 있도록 혼합된 원부재료를 시루에 담을 수 있다. 2 작업기준서에 따라 찌는 시간과 온도를 조절할 수 있다. 3 작업기준서에 따라 시루 뚜껑을 덮어 제품의 수분을 조절할 수 있다.

실기 과목명	주요항목	세부항목	세세항목
		5 찌는 찰떡류 성형하기	1 찐 재료에 대하여 물성이 적합한지 확인할 수 있다. 2 작업기준서에 따라 찐 재료를 식힐 수 있다. 3 작업기준서에 따라 제품의 종류별로 절단할 수 있다.
		6 찌는 찰떡류 마무리하기	1 노화 방지를 위하여 제품의 특성에 적합한 포장지를 선택할 수 있다. 2 작업기준서에 따라 제품을 포장할 수 있다. 3 작업기준서에 따라 포장 표시면에 표기사항을 표시할 수 있다. 4 제품의 보관 온도에 따라 제품 보관 방법을 적용할 수 있다.
	9 위생관리	1 개인위생 관리하기	1 위생관리 지침에 따라 두발, 손톱 등 신체 청결을 유지할 수 있다. 2 위생관리 지침에 따라 손을 자주 씻고 건조하게 하여 미생물의 오염을 예방할 수 있다. 3 위생관리 지침에 따라 위생복, 위생모, 작업화 등 개인위생을 관리할 수 있다. 4 위생관리 지침에 따라 질병 등 스스로의 건강상태를 관리하고, 보고할 수 있다. 5 위생관리 지침에 따라 근무 중의 흡연, 음주, 취식 등에 대한 작업장 근무수칙을 준수할 수 있다.
		2 가공기계 · 설비위생 관리하기	1 위생관리 지침에 따라 가공기계 · 설비위생 관리 업무를 준비, 수행할 수 있다. 2 위생관리 지침에 따라 작업장 내에서 사용하는 도구의 청결을 유지할 수 있다. 3 위생관리 지침에 따라 작업장 기계 · 설비들의 위생을 점검하고, 관리할 수 있다. 4 위생관리 지침에 따라 세제, 소독제 등의 사용 시, 약품의 잔류 가능성을 예방할 수 있다. 5 위생관리 지침에 따라 필요시 가공기계 · 설비 위생에 관한 사항을 책임자와 협의할 수 있다.
		3 작업장 위생 관리하기	1 위생관리 지침에 따라 작업장 위생 관리 업무를 준비, 수행할 수 있다. 2 위생관리 지침에 따라 작업장 청소 및 소독 매뉴얼을 작성할 수 있다. 3 위생관리 지침에 따라 HACCP관리 매뉴얼을 운영할 수 있다. 4 위생관리 지침에 따라 세제, 소독제 등의 사용 시, 약품의 잔류 가능성을 예방할 수 있다. 5 위생관리 지침에 따라 소독, 방충, 방서 활동을 준비, 수행할 수 있다. 6 위생관리 지침에 따라 필요시 작업장 위생에 관한 사항을 책임자와 협의할 수 있다.

실기 과목명	주요항목	세부항목	세세항목
	10 안전관리	1 개인 안전 준수하기	1 안전사고 예방지침에 따라 도구 및 장비 등의 정리 · 정돈을 수시로 할 수 있다. 2 안전사고 예방지침에 따라 위험 · 위해요소 및 상황을 전파할 수 있다. 3 안전사고 예방지침에 따라 지정된 안전 장구류를 착용하여 부상을 예방할 수 있다. 4 안전사고 예방지침에 따라 중량물 취급, 반복 작업에 따른 부상 및 질환을 예방할 수 있다. 5 안전사고 예방지침에 따라 부상이 발생하였을 경우 응급처치(지혈, 소독 등)를 수행할 수 있다. 6 안전사고 예방지침에 따라 부상 발생 시 책임자에게 즉각 보고하고 지시를 준수할 수 있다.
		2 화재 예방하기	1 화재예방지침에 따라 LPG, LNG등 연료용 가스를 안전하게 취급할 수 있다. 2 화재예방지침에 따라 전열 기구 및 전선 배치를 안전하게 취급할 수 있다. 3 화재예방지침에 따라 화재 발생 시 소화기 등을 사용하여 초기에 대응할 수 있다. 4 화재예방지침에 따라 식품가공용 유지류의 취급 부주의에 따른 화상, 화재를 예방할 수 있다. 5 화재예방지침에 따라 퇴근 시에는 전기 · 가스 시설의 차단 및 점검을 의무화 할 수 있다.
		3 도구 · 장비안전 준수하기	1 도구 및 장비 안전지침에 따라 절단 및 협착 위험 장비류 취급 시 주의사항을 준수할 수 있다. 2 도구 및 장비 안전지침에 따라 화상 위험 장비류(오븐, 찜기, 튀김기, 그릴 등) 취급시 주의사항을 준수할 수 있다. 3 도구 및 장비 안전지침에 따라 적정한 수준의 조명과 환기를 유지할 수 있다. 4 도구 및 장비 안전지침에 따라 작업장 내의 이물질, 습기를 제거하여, 미끄럼 및 오염을 방지할 수 있다. 5 도구 및 장비 안전지침에 따라 설비의 고장, 문제점을 책임자와 협의, 조치할 수 있다.

떡 만들기 기본 도구

저울
계량스푼
계량컵
스크레이퍼
절구와 절굿공이
체
체(손잡이)
스테인리스볼
면보
시루밑
떡살
밀대
알루미늄
물솥
질시루
찜기
쳇다리
스테인리스

방울증편틀
스테인리스 무스링
사각틀(판증편틀)
직사각틀(구름떡틀)
기름솔
나무젓가락
나무주걱
가위
뒤집개
면장갑
위생장갑
코팅칼
칼
비닐
앞치마
행주

떡 만들기 기본 재료

주재료

멥쌀

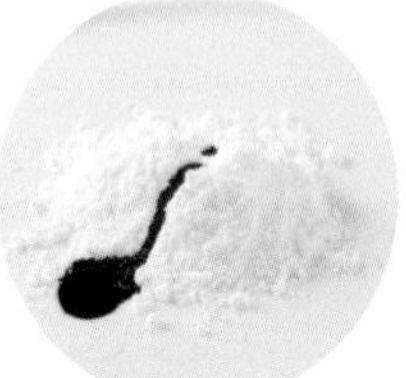

멥쌀가루
(요오드 녹말반응 – 청남색)

찹쌀

찹쌀가루
(요오드 녹말반응 – 적갈색)

찰수수

고물

찰수수가루

팥고물

팥앙금가루

거피팥고물

녹두고물

실깨고물

흑임자고물

콩고물

부재료

녹두

거피녹두

탄녹두

붉은팥

거피팥

회색팥(잿팥)

탄거피팥

백태(흰콩)

검은콩

참깨

실깨

흑임자(검은깨)

대추

밤

석이버섯

호박

호박고지

색 내기 재료

유자건지

삶은 쑥

잣

쑥가루

백년초가루

녹차가루

단호박가루

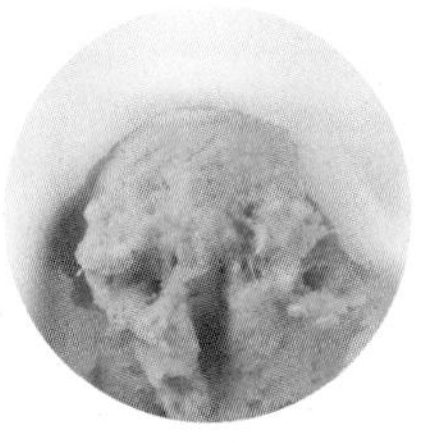
단호박퓌레

자색고구마가루

자색고구마퓌레

필기 검정편

제 1 장

떡 제조의 기초 이론

학습 항목

❶ 주재료(곡류)의 특성
❷ 부재료의 종류 및 특성
❸ 떡류 재료의 영양학적 특성
❹ 떡의 종류와 제조 원리
❺ 도구 · 장비의 종류 및 용도

제1절 | 떡류 재료의 이해

1 떡 재료의 특성

떡을 만드는 주재료, 부재료, 감미료, 착색료, 향미료, 기타 재료들은 다음과 같다.

구분	종류
주재료	멥쌀, 찹쌀, 보리, 밀, 조, 수수, 찰기장, 귀리, 메밀, 옥수수
부재료	혼합용 : 콩, 밤, 호박, 대추, 호두
	겉고물용 : 콩, 팥, 녹두, 대추, 밤, 석이버섯, 참깨
	속고물용(소) : 참깨, 밤, 콩
감미료	설탕, 시럽, 물엿, 꿀, 조청, 인공감미료
착색료	오미자, 백년초, 딸기, 치자, 호박, 쑥, 승검초, 보리순, 흑미, 흑임자, 석이버섯, 코코아, 커피, 녹차, 자색고구마
향미료	계피, 유자, 흑임자, 대추고, 과일청, 쑥가루
기타	물, 기름, 유화제

(1) 주재료의 특성

떡의 주재료는 곡류, 즉 곡식이다. 곡류는 오랫동안 인류의 주식이 되어 온 식품으로 다량의 탄수화물을 포함하는 훌륭한 에너지원이다. 대량 생산이 가능하고, 수분이 적어 저장성이 좋고, 수송·유통이 용이하며, 가공성이 뛰어나고, 가격(같은 열량을 얻기 위해 필요한 비용)이 상대적으로 저렴한 특성이 있다.

① 곡류의 종류

멥쌀, 찹쌀, 보리, 밀, 귀리, 메밀, 조, 찰기장, 수수, 옥수수 등이 있으며 찰곡류와 메곡류로 나눌 수 있다.

② 곡류의 영양 성분

주된 영양소는 탄수화물이며, 탄수화물 60~70%, 단백질 약 10%, 지방 약 3%를 함유하고 있다.

(2) 부재료의 특성

주재료만 가지고도 떡을 만들 수 있지만 주재료에 부재료를 섞어 쓰면 더욱 맛있는 떡을 만들 수 있다.

부재료를 사용하면 씹는 맛과 향을 더할 수 있고, 떡에 색을 입히는 효과가 있으며, 부족한 영양소도 보완할 수 있다. 특히 콩류는 떡에 부족한 단백질을 보완하는 데 매우 좋은 식품이다. 부재료로는 두류, 서류, 견과류, 채소류, 과일류 등을 사용한다.

① 혼합용

쌀가루를 비롯한 떡가루에 함께 섞어 쓰는 부재료로는 콩, 밤, 호박, 대추, 호두 등이 있다. 감이나 석이버섯, 승검초 등을 가루 내서 넣을 수도 있다.

② 겉고물, 속고물

고물은 떡의 맛을 풍부하게 해주고 색을 다채롭게 하는 역할을 한다. 떡의 켜에 깔거나 겉에 묻힌 것을 겉고물, 설탕을 넣어 소로 사용하는 것을 속고물이라고 한다. 주로 팥, 콩, 깨, 밤, 잣 등을 쓰는데 고물로 쓸 때는 소금 간을 해서 사용한다.

③ 고명

떡의 모양을 더욱 돋보이게 하고 맛을 더하기 위해 위에 얹거나 뿌리는 것을 고명이라고 한다. 대추나 밤, 석이버섯 등을 채 썰어 얹기도 하고 잣 등을 통째로 쓰거나 가루를 내어 사용한다.

(3) 감미료의 특성

떡에 단맛을 내는 재료로는 설탕, 꿀, 시럽, 물엿, 조청, 인공감미료 등을 사용한다. 감미료는 감미, 향료의 역할뿐 아니라 영양소, 안정제, 발효조절제 등의 역할도 한다. 인공감미료는 칼로리가 없지만 천연감미료는 당류라 칼로리가 4㎉/g 이다.

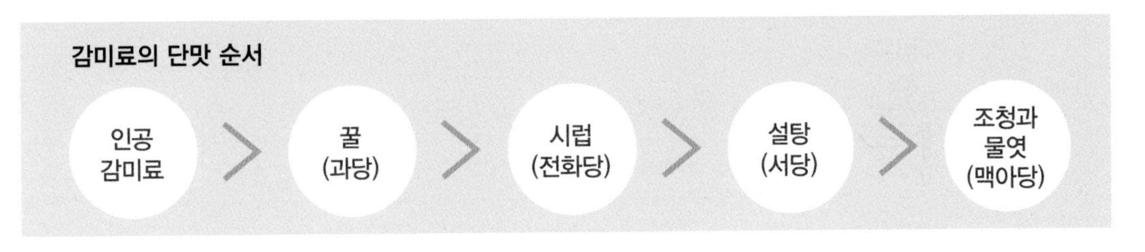

① 설탕(서당, 자당)

사탕수수나 사탕무에서 얻어지는 감미료로 서당(수크로스, sucrose)이라고도 한다. 태워서 캐러멜소스를 만들기도 한다.

② 꿀

농후한 풍미를 가진 감미료로 대부분 과당과 포도당으로 이루어진다.

③ 조청

찹쌀, 멥쌀, 수수, 조 및 고구마 등의 전분을 엿기름으로 당화시켜 만든 묽은 엿으로 맥아당이 주성분이다.

④ 물엿

쌀, 보리, 옥수수, 고구마 등의 전분을 가수분해해 만들며 맥아당이 주성분이다.

* 전화당 : 설탕을 가수분해하면 같은 양의 포도당과 과당이 생성되는데 이 혼합물을 전화당이라 한다. 설탕의 1.3배 정도 감미가 높고 수분 보유력이 커 보습이 필요한 제품에 쓴다. 실제로는 시럽 형태로 제품화 돼 있다.

더 알아보기 **탄수화물**

우리 몸을 구성하는 데 필요한 3대 영양소(탄수화물, 단백질, 지방) 중 하나로, 주로 에너지원으로 쓰여 1g당 약 4㎉의 열량을 낸다. 탄수화물은 분자의 크기에 따라 단당류, 이당류, 다당류로 분류된다.

- 단당류 : 탄수화물을 구성하는 기본 단위 → 포도당, 과당, 갈락토오스
- 이당류 : 단당류 2분자가 결합한 당 → 설탕(서당, 자당, 수크로스) = 포도당+과당
  맥아당(엿당) = 포도당+포도당
  젖당(유당) = 포도당+갈락토오스
- 다당류 : 단당류의 여러 분자가 결합한 당 → 전분, 셀룰로오스(섬유소), 글리코겐

(4) 착색료의 특성

떡에 천연 재료를 넣어 색을 내면 아름다울 뿐 아니라 식욕을 돋우고, 함유되어 있는 색소 성분에 따라 기능성도 향상된다. 색 내기 재료는 그 형태나 재료의 특성에 따라 사용 방법을 달리한다. 입자가 고운 분말을 쓸 때는 물에 적당량 풀어 사용하고, 채소를 삶아 넣을 때는 소금을 살짝 넣고 고온에서 빠르게 익힌다. 또 가루 재료를 사용할 때는 쌀가루에 넣는 수분 첨가량을 늘려 주고, 채소나 과일을 사용할 때는 수분 첨가량을 줄여 준다.

색의 분류	색 내기 재료
붉은색	딸기주스가루, 딸기, 냉동 딸기, 백년초가루, 천년초가루, 복분자가루,
녹색	생쑥, 쑥가루, 시금치, 녹차가루, 모싯잎, 모싯잎가루, 승검초가루, 연잎가루
노란색	치자, 치자가루, 단호박, 단호박가루, 송홧가루
보라색	자색고구마, 흑미, 오디, 포도, 복분자가루
갈색	계핏가루, 코코아(무당), 커피, 대추고, 송기
검은색	흑미, 흑임자, 마른 석이버섯

① 백년초가루

백년초(손바닥선인장)의 열매는 색이 진한 빨간색으로, 가루를 내어 천연색소로 쓴다. 열을 가하면 색이 연해진다.

② 승검초가루

당귀라고 불리는 승검초는 잎을 말려 곱게 갈아 녹색을 낼 때 사용한다. 특유의 향을 가지고 있다. 주악, 각색편 등에 사용한다.

③ **치자 또는 치자가루**

노란색을 낼 때 사용하는 대표적인 발색제이다. 치자 열매를 반으로 갈라 미지근한 물에 담가 우러나온 물을 사용한다. 건지를 거른 물만을 사용하며 물의 양으로 색을 조절한다. 가루를 내어 쓰기도 한다.

④ **송홧가루**

소나무의 꽃가루로, 봄철 핀 노란 송화를 따 물에 넣어 쓴맛을 없앤 다음 말려 가루를 낸 것이다. 노란색을 낼 때 쓰고 주로 다식을 만들 때 사용한다.

⑤ **송기 또는 송기가루**

소나무의 속껍질을 말려 두었다가 물에 우려 절편에 사용하거나, 가루를 내 송편이나 각색편의 갈색을 낼 때 쓴다.

> **더 알아보기** **천연색소의 종류**
>
> 색을 내는 천연 재료는 식품 자체에 함유되어 있는 색소와 인위적으로 첨가하는 색소가 있고, 또 그 출처에 따라 식물성색소와 동물성색소로 나눌 수 있다. 대표적인 식물성색소엔 클로로필(녹색), 카로티노이드(노란색, 주황색, 붉은색), 베타레인(붉은색), 플라보노이드(노란색), 안토시아닌(붉은색, 노란색, 파란색), 탄닌(갈색) 등이 있고 동물성색소에는 헤모글로빈, 미오글로빈 등이 있다.

(5) **향미료의 특성**

향미 재료는 향기로운 맛과 냄새를 더하는 재료이다. 떡에는 주로 계피, 유자청, 대추고, 흑임자(검은깨), 쑥가루, 과일청 등을 사용한다.

2 떡 재료의 영양학적 특성

가. 곡류(穀類)

(1) **쌀**

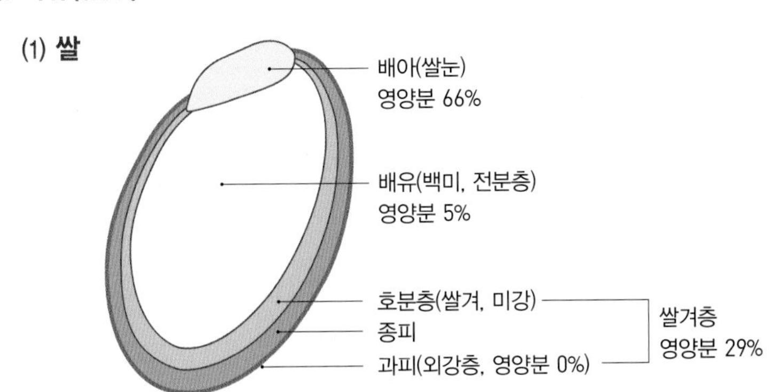

① 쌀의 종류

쌀은 크게 자포니카종(일본형)과 인디카종(자바형)으로 나눈다. 자포니카종은 쌀알이 둥글고 굵으며 길이가 짧은 단립종으로 끈기가 있고 우리나라와 중국, 일본 등 동북아시아에서 재배된다. 인디카종(자바형)은 우리가 흔히 안남미로 부르는 중장립종으로 쌀알이 가늘고 길며 끈기가 적고 인도, 동남아시아 등에서 재배된다. 떡은 단립종을 사용한다.

자포니카종(일본형)	인디카종(자바형)
한국의 멥쌀, 찹쌀	안남미
찰기가 있고 노화가 느림	찰기가 없고 노화가 빠름
아밀로오스의 함량 17~20%	아밀로오스의 함량 20~25%
아밀로펙틴의 함량 80~83%	아밀로펙틴의 함량 75~80%
전 세계 생산량의 10%	전 세계 생산량의 90%
둥글고 굵은 단중립형	가늘고 긴 중장립형

② 멥쌀과 찹쌀

- 멥쌀과 찹쌀의 점성은 아밀로오스와 아밀로펙틴의 차이 때문이다. 멥쌀은 아밀로오스가 20~25%, 아밀로펙틴이 75~80% 함유되어 있고, 찹쌀은 아밀로펙틴 100%로 이루어져 있기 때문에 찹쌀이 멥쌀보다 끈기가 있다.
- 멥쌀은 찹쌀보다 호화 개시온도가 5℃ 정도 낮아 호화가 빨리 일어나고 찹쌀은 노화가 늦게 일어나는 특성이 있다.
- 멥쌀과 찹쌀은 육안으로도 식별이 가능한데 멥쌀은 반투명하고 윤기가 나며 찹쌀은 유백색을 띠고 불투명하다.
- 요오드용액을 떨어뜨리면 멥쌀은 청남색으로, 찹쌀은 적갈색으로 반응한다.

구별	점성	전분의 구조	요오드반응	용도
멥쌀	약함	아밀로오스 20%, 아밀로펙틴 80%	청남색	절편, 메편, 송편, 술, 식초, 식혜
찹쌀	강함	아밀로오스 0%, 아밀로펙틴 100%	적갈색	유과, 찰편, 경단

* 요오드 녹말반응(아이오딘 녹말반응) : 전분에 요오드용액을 가하면 청색으로 변하는 반응으로, 아밀로오스 함량이 높을수록 진한 청색을 띤다.

③ 쌀의 영양 성분

- 쌀은 탄수화물 약 80%, 단백질 7%, 지질 0.6%로 구성되어 있다.
- 단백질은 글루텔린에 속하는 오리제닌(oryzenin)이 주요 단백질이다.
- 필수 아미노산인 리신(라이신, lysine)이 부족하므로 두류(콩류)와 섞어서 섭취하는 것이 좋다.

④ 현미

벼의 낟알에서 왕겨만 벗겨낸 쌀로, 쌀겨와 배아가 있어 백미보다 영양소가 풍부하다. 특히 백미에 부족한 비타민B_1을 많이 함유하고 있어 당질의 대사를 촉진한다. 식이섬유소도 풍부해 유해물질 배출을 돕는다. 현미에도 멥쌀과 찹쌀이 있다. 가래떡이나 절편, 인절미 등에 사용한다.

* 비타민B_1(티아민)은 수용성 비타민으로 탄수화물의 대사를 돕는다. 부족하면 각기병에 걸릴 수 있다.

현미	백미
소화율이 낮음	소화율이 높음
영양분이 높음	영양분이 낮음

더 알아보기

영양소의 종류

식품을 섭취해서 얻을 수 있는 영양소는 크게 6가지인데 이 중에서 에너지원으로 이용되는 탄수화물, 단백질, 지방을 주영양소라고 한다. 탄수화물과 단백질은 g당 4㎉의 열량을 내며, 지방은 g당 9㎉의 열량을 낸다. 한편 에너지원은 아니지만 인체의 생리기능 조절에 필요한 무기질, 비타민, 물을 부영양소라고 한다.

필수 아미노산

단백질은 체내에서 아미노산으로 분해된 후에 흡수·이용된다. 따라서 단백질의 영양가는 그 속에 함유되는 아미노산의 종류와 양에 의해 정해지는데, 아미노산은 체내에서 만들어지는 것과, 체내에서는 합성되지 않고 음식으로 섭취해야 하는 것이 있다. 이 중 체내에서 합성되지 않거나 그 양이 너무 적어 음식으로 섭취해야 하는 아미노산을 필수아미노산이라고 한다

(2) 보리

① 보리의 종류

보리는 크게 쌀보리와 겉보리로 나눌 수 있다. 쌀보리는 잡곡밥에 사용되는 껍질 없는 보리이고 겉보리는 고추장이나 엿기름, 보리차 등 가공식품에 사용하는 껍질 있는 보리이다. 이외에 겉보리에서 겨를 제거한 늘보리, 찰기가 있는 찰보리, 쌀보리에 수분과 열을 가해 가공한 압맥(납작보리), 세로로 자른 할맥(절단맥) 등이 있다.

② 보리의 영양 성분

- 보리는 탄수화물 약 74%, 단백질 9%, 지방 1.8% 정도를 함유하고 있다.
- 주단백질은 호르데인(hordein)이며, 리신(라이신), 트레오닌, 트립토판 등 필수 아미노산의 함량은 적으나 칼슘, 인, 철 등의 무기질과 비타민B_1, B_2가 풍부하다.
- 보리는 식이섬유소가 가장 많은 곡류로, 식이섬유인 β-글루칸(glucan)은 혈중 콜레스테롤을 낮추고 정장 작용이 있으나 소화율이 낮다.
- 엿기름(malt)가루는 보리의 싹을 틔워 말린 후 가루를 낸 것으로 술, 엿, 식혜 등의 제조에 사용된다.

* 식이섬유소(셀룰로오스)는 소화는 안 되지만 우리 몸에 꼭 필요한 영양소이다.

(3) 밀

① 밀가루의 종류

밀은 주로 제분하여 밀가루로 사용하며, 밀가루는 글루텐 함량에 따라 강력분, 중력분, 박력분으로 나눌 수 있다. 강력분은 글루텐 함량 12% 이상으로 빵, 마카로니, 스파게티 등을 만들 때 사용하고, 중력분은 글루텐 함량 9~12%로 면류, 만두, 부침가루 등에 사용하며, 박력분은 글루텐 함량 9% 이하로 튀김옷, 케이크, 과자 등에 사용한다.

밀가루종류	글루텐 함량	용도
강력분	12% 이상	빵, 마카로니, 스파게티 등
중력분	9~12%	면류, 만두, 부침가루 등
박력분	9% 이하	튀김옷, 케이크, 과자 등

② 밀의 영양성분

- 밀은 탄수화물 약 80%, 단백질 7~16%, 지방 1%를 함유하고 있다.
- 밀단백질은 글루텐(gluten)으로, 글루텐은 글루테닌(glutenin)과 글리아딘(gliadin)이 결합하여 만들어진다. 글루텐은 점성과 탄성을 가지며 빵을 만드는 데 근간이 되는 단백질이다.

* 밀의 종류는 다양하나 크게 두 종류로 나뉘는데 연질의 보통 밀은 제분해 빵 · 과자를 만드는 데 주로 쓰인다. 경질의 듀럼밀은 분쇄해 건조 파스타나 쿠스쿠스에 사용한다. 보통밀과 듀럼밀이 전 세계 생산량의 90%를 차지한다.

(4) 메밀

- 메밀은 아밀로오스(amylose) 100%로 이루어져 있어 점성이 없다.
- 메밀은 탄수화물 약 70%, 단백질 14%, 지방 3%로 다른 곡류에 비해 단백질이 많은 편이다.
- 메밀에는 루틴(rutin) 성분이 있어 혈관벽을 튼튼하게 해주는 작용을 한다.
- 빙떡, 메밀총떡 등에 사용한다.

(5) 조

- 메조와 차조가 있으며, 메조는 노란색이고 차조는 녹색이다. 차조는 단백질, 지방 함량이 메조보다 많다.
- 조는 탄수화물 약 70%, 단백질 12%, 지방 4% 정도를 함유하고 있으며 식이섬유소가 많다.
- 제주도의 차좁쌀떡, 조침떡, 오메기떡을 만들 때 사용한다.

(6) 기장

- 조보다 낟알이 더 굵으며 메기장과 찰기장이 있다.
- 탄수화물 약 70%, 단백질 11%, 지방 2%로 조, 수수와 마찬가지로 쌀에 비해 단백질 성분은 많은 편이나 소화율은 떨어진다.
- 기장인절미를 만들 때 사용된다.

(7) 수수

- 찰수수와 메수수가 있으며 찰수수로는 밥과 떡을, 메수수로는 술과 엿을 만든다.
- 탄수화물 71%, 단백질 10%, 지방 3% 정도를 함유하고 있다.
- 탄닌(tannin) 성분이 있어 떫은맛이 강하므로 여러 번 헹구어 떫은맛을 제거한 후 사용한다.
- 수수부꾸미, 수수경단을 만들 때 쓴다.

(8) 옥수수

- 옥수수의 단백질은 제인(zein)으로 리신(라이신), 트립토판 함량이 적고 트레오닌 함량이 비교적 많다.
- 찰옥수수는 아밀로펙틴(amylopectin) 100%로 이루어져 있다.
- 옥수수설기, 옥수수보리개떡을 만들 때 사용한다.

나. 서류(薯類)

서류는 식물의 땅속 덩이줄기나 덩이뿌리를 이용하는 작물을 말하며 감자, 고구마, 토란, 마 등이 이에 속한다. 전분을 주성분으로 하는 것이 특징이며 지방 함량은 적지만 칼륨과 칼슘 함량이 높다. 수분 함량은 70~80%이다.

(1) 감자

- 알칼리성 식품으로 전분입자가 커서 호화되기 쉽다.
- 비타민C, 섬유질인 펙틴, 인이 많으나 칼슘은 부족한 편이다.
- 햇볕에 노출되어 녹색으로 변했거나 발아 중인 싹에는 독성분인 솔라닌(solanin)이 함유되어 있으므로 싹을 도려낸 후 사용한다.
- 감자는 껍질을 벗기면 갈변효소 때문에 멜라닌(melanin) 색소를 형성해 색이 변하므로 이를 방지하려면 껍질을 벗긴 다음 물에 담가 산소와의 접촉을 차단시킨다.
- 감자는 갈아 체에 내린 앙금을 여러 번 씻어 말려 감자 전분을 만들어 이를 반죽해 사용한다.
- 감자 전분은 감자송편과 감자시루떡을 만들 때 쓴다.

(2) 고구마

- 알칼리성 식품으로 다른 서류에 비해 당분 함량이 많고 칼로리가 높다.
- 주단백질은 이포메인(ipomain)이며 베타카로틴, 비타민C, 섬유질이 많이 들어 있다.
- 고구마를 잘랐을 때 나오는 하얀 유액 성분은 얄라핀(jalapin)이며 공기 중에서 갈변하여 검게 변하는 성질이 있다.
- 고구마는 냉장 저장하면 흑반병이 생겨서 상하기 쉽다.
- 고구마는 떡의 소로 사용되며, 자색고구마는 색을 내는 데 쓴다.

(3) 토란

- 토란은 수분 함량이 많고 열량이 낮으며 전분, 펜톤산 등이 함유되어 있다.
- 토란의 아린 맛은 호모젠티스산(homogentisic acid) 때문이며, 껍질을 벗기면 미끌미끌한 것은 다당류인 갈락탄(galactan) 성분이다.
- 토란 껍질에는 수산칼륨이 많아 맨손으로 손질하면 가려울 수 있으므로 장갑을 사용하는 것이 좋다.
- 토란은 갈아서 쌀가루 등과 섞어 지지는 떡에 주로 사용한다.

(4) 마

- 마는 전분 이외에 서당(설탕)과 당단백질이 함유되어 있다.
- 마의 끈적끈적한 점액질은 뮤신(mucin)이라는 당단백질 성분이며, 디아스타제(아밀라아제)라는 소화효소가 들어 있어 소화에 좋다.
- 마는 주로 갈아서 쌀가루와 섞거나, 말려서 가루로 만들어 쌀가루와 섞어 떡에 사용한다.

다. 두류(豆類)

두류 중 전분 함량이 높은 팥, 동부콩, 녹두, 강낭콩, 완두콩 등은 떡의 속고물이나 겉고물로 많이 이용된다. 두류의 영양 성분은 단백질 함량에 따라 다음과 같이 3가지로 나눌 수 있다.

- 탄수화물 60%, 단백질 20%, 지방 10% : 팥, 동부콩, 녹두, 완두콩, 강낭콩
- 탄수화물 20%, 단백질 40%, 지방 20% : 검은콩, 흰콩, 쥐눈이콩
- 탄수화물 10%, 단백질10% : 줄기콩, 청태콩, 풋완두콩

(1) 콩(대두)

- 떡에 사용되는 콩의 종류는 검은콩(서리태), 흰콩, 약콩(쥐눈이콩) 등이다.
- 콩은 단백질 함량이 매우 높고 그 외 탄수화물, 지방, 식이섬유, 비타민, 무기질을 함유하고 있다. 비타민 중에서는 비타민B군이 많다.
- 콩은 곡류에서 부족한 필수아미노산인 리신(라이신, Lysine)과 트립토판(tryptophan)의 함량이 높아서 곡류와 섞어 섭취하면 단백가를 보완하는 데 매우 효과적이다.
- 검은콩은 콩설기, 콩찰편, 쇠머리떡 등에, 흰콩은 인절미 고물 등에 사용한다.

(2) 팥

- 팥에는 붉은팥과 거피팥이 있으며 떡의 고물로 많이 사용된다.
- 탄수화물 68%, 단백질 19%, 지방 0.1%를 함유하고 있으며 탄수화물 중에는 전분이 34% 들어 있다.
- 사포닌 성분이 있어 과식하면 설사의 원인이 된다.
- 붉은팥은 물에 불리지 않고 씻은 후 삶아서 팥고물을 만들고, 거피팥은 12~24시간 물에 불린 다음 껍질을 벗기고 쪄서 팥고물을 만든다.
- 붉은팥은 시루떡의 겉고물로 사용하거나, 팥앙금을 만들어 빚는 떡의 소로 사용한다. 거피팥은

겉고물이나 하얀 소로 사용한다. 또 빻은 후 흑설탕, 간장, 소금 등으로 간을 하고 볶아 두텁떡의 고물로도 사용한다.

(3) 녹두

- 녹두는 탄수화물 약 60%, 단백질 25%, 탄수화물 중 전분은 34%를 함유하고 있다.
- 해열, 해독 작용이 있고 엽산과 칼륨, 마그네슘 등 혈압을 낮춰주는 성분을 함유한다.
- 녹두고물은 거피한 녹두를 물에 불려 껍질을 벗긴 후 시루에 쪄서 만든다.
- 녹두고물은 시루떡의 겉고물로 사용하거나 양념하여 송편의 소로 사용한다.

(4) 완두콩

- 완두는 색이 곱고 단맛이 있어 밥에 넣어 먹거나 떡의 소 및 겉고물로 사용한다.
- 탄수화물과 단백질, 비타민A, B_1이 풍부하다.
- 완두는 수분이 많아 보관이 어려우므로 현재는 완두콩 앙금 통조림 형태로 많이 이용한다.
- 소량의 청산이 함유되어 있어 반드시 익혀 먹고 하루 40g 이상 먹지 않는다.

(5) 동부콩

- 동부콩은 팥보다 약간 크고 종자의 눈이 길어서 육안으로 쉽게 구별할 수 있다. 품종에 따라 백색, 흑색, 갈색, 적자색, 담자색 등 다양한 색이 있다.
- 탄수화물 55%, 단백질 24%를 함유하고 있다.
- 동부콩은 밥에 넣어 먹거나 떡을 만들 때 소나 고물로 사용한다.
- 청포묵의 원료이며 모싯잎송편의 소로도 사용된다.

(6) 강낭콩

- 강낭콩은 울타리콩이라고도 하며 붉은색, 흰색, 붉은 바탕에 흰색 무늬가 있는 것 등 모양과 크기가 다양하다.
- 탄수화물 60%, 단백질 20% 정도를 함유하며 탄수화물의 대부분은 전분이다.
- 강낭콩은 꼬투리가 초록색 또는 누런색이고 단단한 것을 고른다.
- 흰강낭콩에는 렉틴이라는 독성물질이 들어 있어, 반드시 익혀 먹어야 한다.
- 강낭콩은 데쳐서 효소를 불활성화하여 냉장하면 장기간 보존할 수 있다.
- 강낭콩은 밥에 넣어 먹거나 떡의 소 및 고물로 사용하고 양갱 등에도 이용한다.

(7) 땅콩

- 땅콩은 지방 45%, 단백질 35%, 탄수화물 20~30%를 함유하고 있는 대표적인 지방, 고단백 식품이다.
- 땅콩은 필수지방산인 아라키돈산이 풍부하며 올레산과 리놀레산도 소량 함유하고 있다.
- 땅콩은 곰팡이 독소(아플라톡신, aflatoxin)에 오염될 수 있으므로 보관에 각별히 유의해야 한다.
- 땅콩은 볶아서 떡의 소나 고물에 사용한다.

---

* 단백질의 필수아미노산처럼 체내에서 합성할 수 없으므로 꼭 식품으로 섭취해야 하는 지방산이 있는데 이것이 필수지방산이다. 리놀레산, 리놀렌산, 아라키돈산이 있다.

라. 견과류(堅果類)

(1) 잣

- 칼로리가 높고 비타민B군이 풍부하며 땅콩에 비해 철분 함유량이 많다.
- 잣은 곱게 다져 고물을 만들거나 통잣 그대로 고명 등으로 사용한다.
- 잣구리, 두텁떡, 수단 등 여러 떡에 폭넓게 쓰인다.

(2) 밤

- 한국 밤은 육질이 단단하고 단맛이 강한 게 특징이다.
- 탄수화물, 단백질, 지방, 비타민, 무기질 등 영양소가 비교적 골고루 들어 있으며 특히 비타민C가 견과류 중에 가장 많다.
- 굵게 3~4등분해 설기나 약식, 찰떡에 부재료로 쓰거나 채 썰어 잡과병, 경단, 증편에 고명으로 올린다.

(3) 호두

단백질과 지방이 많아 칼로리가 높다. 특히 리놀렌산 등 불포화지방산이 풍부해 두뇌 건강과 피부에 좋다. 호두의 속껍질은 따뜻한 물에 불려 제거하고, 껍질을 깐 알맹이는 금방 산패되기 쉬우므로 껍질째 밀폐용기에 담아 냉동 보관한다.

마. 채소류

(1) 쑥

- 쑥은 비타민A, C와 철 등 미량 무기질들이 풍부하여 피로 회복 및 항산화 효과가 있다.
- 쑥의 독특한 향은 정유 성분인 시네올 때문이다. 시네올은 폐 질환이나 천식 등에 좋고 생리통 완화 작용을 한다.
- 생쑥은 억세면 쓴맛이 나므로 어린 쑥을 사용하고, 말려서 가루로 만들어 천연착색료로도 사용한다.
- 설기, 절편, 인절미, 경단, 단자 등에 사용한다.

(2) 호박

① 늙은호박

- 비타민A(베타카로틴)와 비타민C가 풍부하다. 또 이뇨 작용을 촉진하는 효과가 있어 부기를 빼는 대표적인 식품이다.
- 떡에는 얇게 편 썰어 말린 호박고지를 많이 사용한다.

② 단호박

- 단호박은 밤호박으로도 불리며 애호박보다 당질이 많고 식이섬유가 풍부하며 비타민C의 함량도 높다.

- 피로회복 및 항산화작용도 한다. 떡에 사용할 때는 말린 뒤 분쇄하여 가루를 내 사용하거나 앙금으로 내려 속고물로 사용한다.

(3) 무

무는 대부분 수분으로 기타 영양 성분은 적지만 비타민C가 많고 소화효소인 디아스타제(diastase)를 함유하고 있다. 무시루떡 등에 사용한다.

(4) 수리취

취의 한 종류지만 취나물보다 억세고 질기다. 끓는 물에 삶아 냉동 보관하거나 삶아 말려 둔다. 가루 형태로 이용하기도 한다. 수리취떡 등에 사용한다.

(5) 모싯잎

모시의 잎을 말하며 봄에 채취한다. 채취 후 조금만 시간이 지나도 색이 변하고 물러지므로 곧 삶아 보관한다. 분말 형태의 가공품도 있다.

(6) 차조기

들깻잎과 닮았는데, 전체적으로 자줏빛이 돌고 정유 성분이 있어 향이 짙으며 철분이 풍부하다. 잎을 썰어 찹쌀가루에 섞은 다음 반죽해 번철에 지지는 차조기떡을 만들 때 사용한다.

바. 과일류

(1) 감

주성분은 당질로 포도당과 과당의 함유량이 많고 비타민A, C가 풍부하다. 항산화작용이 있고 면역력을 높여준다. 탄닌이 많은 떫은 감은 후숙시켜 홍시로 먹거나 말려서 곶감으로 먹는다. 각종 떡에 다양하게 사용된다.

(2) 대추

비타민C, 카로틴, 칼슘, 철 등의 영양분이 많이 함유되어 있으며 심혈관 질병을 예방하고 항산화작용, 신경안정제 등의 효과가 있다. 떡에는 주로 말린 대추가 사용되나 풋대추를 사용할 때도 있다.

(3) 유자

유자는 레몬보다 비타민C가 3배나 많이 들어 있어 항산화작용이 있고 감기예방과 피로회복에 좋다. 유자청을 만들어 떡의 소로 사용하며 특히 두텁떡을 만들 때 사용한다.

(4) 매실

매실에 들어 있는 피크린산은 해독 효과가 있다. 칼슘이 풍부하고 구연산 등의 유기산이 많아 소화를 돕는다. 매실은 주로 청으로 만들어 사용한다.

제2절 떡류 제조공정

1 떡의 종류와 제조원리

(1) 떡의 종류

떡은 만드는 방법에 따라 찌는 떡, 치는 떡, 지지는 떡, 삶는 떡으로 분류한다.

① 찌는 떡(증병)

멥쌀이나 찹쌀을 물에 담갔다가 가루로 만들어 시루에 안친 뒤 김을 올려 수증기로 쪄내는 형태의 떡이다. 기본이 되는 떡류로 각종 설기와 켜떡, 송편, 증편 등이 이에 속한다.

이름	설명
설기떡	떡의 켜를 만들지 않고 한 덩어리로 찐 시루떡으로 멥쌀가루만 넣어 찌거나(백설기) 다른 부재료를 함께 넣어 찐다. (콩설기, 감설기, 밤설기, 쑥설기, 잡과병 등)
켜떡	멥쌀이나 찹쌀가루를 안칠 때 켜와 켜 사이에 고물을 얹어 구분이 되도록 하여 찐 떡이다. 고사떡처럼 두툼하게 안친 것을 보통 시루떡이라 하고 켜를 얇게 안친 것을 편이라 한다. 쌀에 따라 메시루떡과 찰시루떡으로 구분한다. (팥시루떡, 호박떡, 느티떡, 녹두편, 콩찰편, 깨찰편, 석탄병, 신과병 등)
송편	멥쌀가루를 익반죽한 후 소를 넣고 모양을 빚어 찐 떡이다.
증편	멥쌀가루에 술을 넣어 발효시켜 찐 떡이다.

더 알아보기

- **석탄병** – 멥쌀가루에 감가루를 섞고 잣가루, 계핏가루, 대추, 밤 등을 섞은 후, 켜마다 고물을 얹어서 찐 떡이다. 석탄병은 차마 삼키기 아까울 정도로 맛이 있다고 해서 붙여진 이름이라고 전해진다.
- **잡과병** – 멥쌀가루에 밤, 대추, 곶감, 호두, 잣 등 여러 가지 과일과 견과류를 섞어 시루에 찐 무리떡으로 여러 가지 과일을 섞는다는 뜻의 잡과(雜果)라는 이름이 붙여졌다.
- **느티떡** – 연한 느티나무 잎을 따서 멥쌀가루와 섞어 버무린 다음 거피팥고물을 켜켜이 얹어 찐 설기로, 사월 초파일에 먹는 대표적인 절식이다.
- **신과병** – 밤 · 대추 · 단감 등의 햇과실을 넣고, 녹두고물을 두둑하게 얹어 시루에 쪄 낸 떡이다.
- **두텁떡** – 거피팥을 쪄서 양념한 거피팥고물을 시루에 올린 후 찹쌀가루를 한 수저씩 놓고 소를 올린 후 다시 찹쌀가루를 덮고 팥고물을 얹어 찐 떡이다. 떡을 시루에 안칠 때 보통 시루떡처럼 고물과 떡가루를 평평하게 안치지 않고 하나씩 떠낼 수 있게 소복이 안쳐 봉우리떡, 합병(盒餠), 후병(厚餠)이라고도 한다.
- **상화병** – 밀가루를 누룩이나 막걸리 등으로 부풀린 다음 소를 넣고 빚어 시루에 찐 떡이다. 보통 유월 유두날이나 칠월칠석날 먹는다.

② 치는 떡(도병)

시루에 쪄낸 찹쌀이나 떡을 다시 절구나 안반에 놓고 끈기가 나게 치는 떡이다. 대표적인 떡으로는 멥쌀가루를 쪄서 치는 가래떡과 절편류가 있고, 찹쌀가루를 쪄서 치는 인절미가 있다.

이름	설명
가래떡	멥쌀가루를 쪄서 절구나 안반에 친 다음 길게 원통형으로 만든 떡이다.
절편	멥쌀가루를 쪄서 절구나 안반에 친 다음 떡살로 눌러 문양을 내 잘라낸 떡이다. (각색절편, 쑥절편, 송기절편, 수리취절편 등)
개피떡 (바람떡)	멥쌀가루를 쪄서 절구나 안반에 친 다음 얇게 밀어 소를 넣고 반달 모양으로 찍어 만든 떡이다.
인절미	찹쌀이나 찹쌀가루를 쪄서 절구나 안반에 넣고 치댄 다음 적당한 크기로 썰어 고물을 묻힌 떡이다.
단자류	찹쌀가루를 쪄서 절구나 안반에 치댄 다음 모양을 빚어 고물을 묻히거나, 소를 넣고 고물을 묻힌 떡이다. (밤단자, 석이단자, 색단자, 유자단자, 대추단자, 두텁단자 등)

③ 지지는 떡(유전병)

찹쌀가루를 익반죽하여 모양을 만든 다음 기름에 지져낸 떡이다. 화전, 부꾸미, 주악 등이 있다.

이름	설명
화전	찹쌀가루를 익반죽하여 동글납작하게 빚은 다음 꽃(진달래, 맨드라미, 국화 등)을 올려 지져낸 떡이다. 다양한 꽃잎을 사용해 계절감을 나타낸다. (진달래화전 등)
부꾸미	찹쌀가루나 찰수수가루를 익반죽하여 동글납작하게 빚은 다음 기름에 지지면서 가운데에 소를 넣고 반달모양으로 접어 붙인 떡이다.
주악	찹쌀가루를 익반죽한 후 대추, 유자, 깨 등으로 만든 소를 넣고 작은 송편 모양으로 빚어 기름에 지진 떡이다.

④ 삶는 떡(경단)

찹쌀가루를 익반죽하여 모양을 빚어 끓는 물에 삶아 낸 떡이다. 삼색경단, 수수경단, 쑥경단 등이 있다.

이름	설명
경단	찹쌀가루를 익반죽하여 동글게 빚은 다음 끓는 물에 삶아 여러 가지 고물을 묻혀 만든 떡이다.

(2) 떡의 제조공정

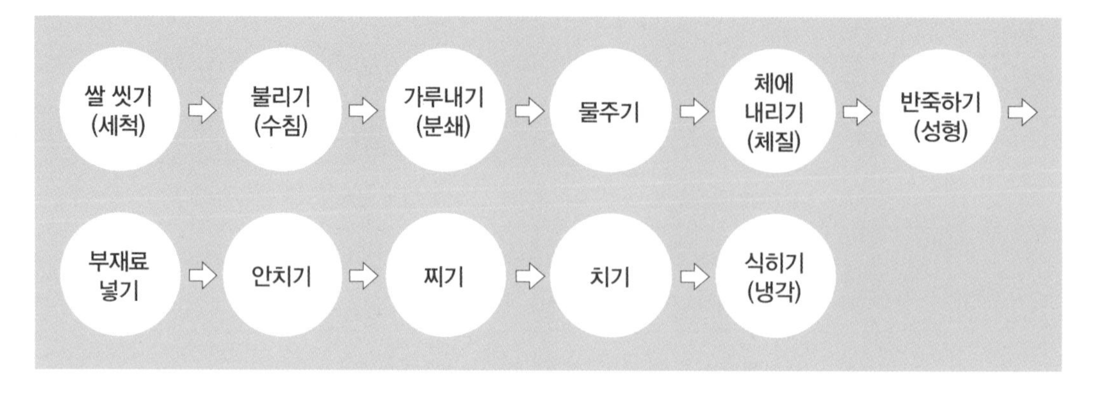

① 쌀 씻기(세척)

쌀은 맑은 물이 나올 때까지 여러 번 씻어 이물질을 제거한다. 이때 쌀을 너무 세게 문지르면 떡이 질어질 수 있으므로 주의한다.

② 불리기(수침하기)

쌀을 물에 담가 불리는 것을 수침이라고 한다. 이 과정을 거쳐야 단단한 쌀알에 물이 흡수되어 쌀가루가 잘 분쇄되고 찔 때 호화가 잘된다. 8~12시간 불리는 게 일반적이지만 계절이나 물의 온도, 멥쌀인지 찹쌀인지에 따라 수침 시간을 달리한다(현미는 12~24시간).

- 충분히 불린 멥쌀은 무게가 1.2배 정도, 찹쌀은 1.4배 정도 증가한다.
  (예를 들어 1kg 기준이라면 멥쌀은 1.2~1.25kg, 찹쌀은 1.35~1.4kg 정도)
- 쌀의 수분흡수율은 쌀의 품종이나 쌀의 저장기간, 물의 온도, 수침시간 등에 영향을 받는다. 쌀을 불렸을 때 쌀의 수분함유량은 30~45%이다.

* 멥쌀보다 찹쌀의 수분흡수율이 10% 이상 높다. 이는 찹쌀이 멥쌀보다 아밀로펙틴의 함량이 많기 때문이다.

③ 가루내기(분쇄)

불린 쌀은 소쿠리나 체에 건져 30분 이상 물기를 뺀 다음 소금을 넣고 가루를 낸다. 소금의 양은 쌀 무게의 1%로 한다. 멥쌀은 두 번 내려 곱게 빻고 찹쌀은 한 번 빻는다.

④ 물주기

쌀가루에 물을 넣어 손으로 비벼서 체에 치는 과정을 말한다. 일반적으로 쌀가루에 첨가하는 물의 양은 쌀가루의 건조 정도에 따라 달라지는 데 물을 준 후 손으로 뭉쳐 깨지지 않을 정도면 알맞다.

⑤ 체에 내리기(체질)

쌀가루를 체에 걸러 주어야 떡을 찔 때 쌀가루 사이로 수증기가 잘 통과하고 온도가 일정하게 유지되어 호화가 잘된다.

⑥ 반죽하기(성형)

송편과 같이 빚어서 찌는 떡, 경단과 같이 빚어 삶는 떡, 화전이나 부꾸미 같이 지지는 떡에만 필요한 과정이다. 찬물보다는 뜨거운 물로 익반죽하는 경우가 많은데 뜨거운 물로 익반죽해야 반죽에 끈기가 생기고 모양내기가 쉽다.

⑦ 부재료 넣기

콩, 팥, 밤, 대추, 호박고지 등의 부재료를 섞는 과정이다. 쌀가루에 섞어 설기 같은 무리떡을 만들거나, 부재료를 고물로 하여 쌀가루 사이에 켜켜로 안치거나, 경단이나 단자처럼 고물을 입히거나, 송편이나 부꾸미처럼 소를 만들어 채운다. 부재료는 떡에 영양을 더하고 풍미를 향상시킨다.

⑧ 안치기

쌀가루를 안칠 때는 체에 친 가루를 누르지 말고 살포시 담아 쌀가루의 윗면이 고르게 되도록 하고, 특히 켜떡의 경우 켜의 두께가 일정하게 되도록 떡가루의 분량을 잘 배분한다.

⑨ 찌기

- 떡을 고르게 익히기 위해서는 미리 물을 끓여 김이 오른 후에 쪄야 한다. 일반적으로 강불에서 20~30분 정도 찐다.
- 시루(찜기) 바닥에는 쌀가루가 잘 떨어지도록 시루밑을 깔거나 젖은 면보를 깔고, 가열하면서 생긴 수증기가 떡에 떨어져 질척거리지 않도록 마른 면보를 덮거나 뚜껑을 마른 면보로 싸서 덮는다.
- 설기떡의 경우 다 쪄진 형태가 한 덩어리여서 찌고 나면 반듯하게 자르기가 어려우므로 원할 경우 찌기 전에 쌀가루에 칼금을 주고 찌도록 한다.
- 찹쌀가루는 아밀로펙틴의 함량이 많아 익을수록 뭉치는 성질이 있다. 따라서 찌는 과정 중에 김이 쌀가루 사이를 통과해 위로 잘 올라오지 못해 부분적으로 설익을 수가 있으므로 가운데 작은 구멍을 내거나 떡의 두께를 얇게 해 찐다.

⑩ 치기

인절미, 절편과 같이 치는 떡을 만들 때 끈기를 증가시키는 공정이다. 절구나 안반 등에 쪄낸 떡을 담고 떡을 치대면 더욱 쫄깃한 식감을 얻을 수 있고 노화를 늦출 수 있다.

⑪ 식히기(냉각)

떡이 다 쪄지면 한 김 식힌 후 칼로 썰거나 모양을 내어 먹는다. 기계로 가래떡을 뽑을 때는 찬물에 담가 빠르게 식힌다.

더 알아보기 쌀가루에 소금을 넣는 타이밍

쌀을 분쇄해 떡을 만들 땐 분쇄 과정에서 소금을 넣지만 처음부터 쌀가루로 떡을 만들 때에는 물주기 과정에서 소금을 넣는다.

(3) 떡의 제조원리

① 쌀가루를 체 치는 이유

쌀가루의 입자를 균일하게 하고 체에 내리는 과정 중에 공기를 혼입시켜 찔 때 쌀가루 사이로 수증기가 잘 통과하게 하기 위해서이다. 그 결과 떡이 고르게 익고 가볍고 부드러운 식감의 떡을 만들 수 있다. 부재료나 착색재료를 첨가하는 경우엔 균일한 색, 질감, 고른 맛을 얻을 수 있다.

> **더 알아보기 체 눈의 단위**
>
> **체 눈의 크기를 나타내는 단위를 메시(mesh)라고 한다. 체에는 아주 고운체, 중간 정도의 중간체, 굵은 체인 어레미 등이 있다.**
>
> - 팥고물 등의 굵은 입자를 가루로 낼 때는 어레미를 사용한다.
> - 찹쌀가루와 같이 입자가 너무 고와서는 안 될 땐 중간체를 사용한다.
> - 고운 가루를 낼 때는 고운체를 사용한다.

② 날반죽과 익반죽

[날반죽]

날반죽은 곡식의 가루에 찬물을 넣어 반죽하는 것을 말한다. 날반죽을 하면 반죽이 잘 뭉쳐지지 않으므로 많이 치대어 점성을 증가시킨다. 오래 치댈수록 점성이 높아지고 노화 속도도 느려진다. 이는 찹쌀 성분인 아밀로펙틴이 세포 밖으로 나와 호화된 뒤 아밀로펙틴의 가지끼리 서로 엉기면서 강한 점성을 띠기 때문이다.

→ 송편을 대량으로 장시간 기계 반죽할 때 사용한다. (뜨거운 물을 사용하면 기계의 마찰열 때문에 반죽온도가 올라가 반죽이 익어버릴 염려가 있으므로 찬물이나 미지근한 물로 반죽한다)

[익반죽]

익반죽은 쌀가루에 끓는 물을 넣어 반죽하는 것을 말한다. 쌀에는 밀과 같은 글루텐 단백질이 없기 때문에 반죽을 해도 점성이 생기지 않는다. 그러므로 쌀가루에 끓는 물을 넣어 쌀 전분의 일부를 호화시키면 점성이 생겨 손쉽게 반죽을 할 수 있으며 표면이 매끄럽다.

송편, 멥쌀 경단, 빚는 떡을 만들 때 사용한다.

③ 전분의 호화(쌀이 떡이나 밥이 되는 현상)

곡류에 물을 넣고 60~65℃ 정도 가열하면 곡류의 전분 입자가 팽윤하고, 온도가 더 상승하면 점성과 투명도가 증가하는데 이 현상을 전분의 호화(gelatinization)라고 하고, 가열 호화한 상태의 전분을 α(알파)전분이라 한다.

> **더 알아보기 호화의 촉진**
>
> - 전분 입자가 클수록(예 : 감자)
> - 수침 시간이 길수록
> - 가열 시 잘 저어줄수록
> - 수분 함량이 많을수록
> - 가열 온도가 높을수록
> - pH가 알칼리 상태일수록
>
> ※ 첨가물 중 소금은 전분의 호화를 촉진시키지만 설탕(20% 이상)이나 지방을 첨가하면 호화가 억제된다.

④ 쌀전분의 노화(떡이나 밥이 굳는 현상)

호화된 전분을 상온에 두면 차츰 굳어져서 색이 불투명해지고, 흐트러졌던 분자의 구조가 규칙적으로 재배열되면서 생전분의 구조로 되돌아가는데 이런 현상을 '노화(retrogradation)'라 한다. 즉 노화는 생성된 α녹말이 단단한 β녹말(생녹말)로 돌아가는 현상을 말한다.

> **더 알아보기 노화의 촉진**
>
> - 전분 입자가 작을수록(예 : 쌀)
> - 0~5℃ 냉장온도일 때
> - 수분 함량이 30~60%일 때
> - pH가 산성일 때 쉽게 일어난다.
>
> ※ 멥쌀의 아밀로오스는 직선상의 구조로 노화되기 쉽고, 찹쌀의 아밀로펙틴은 가지 구조가 많기 때문에 노화가 억제된다. 따라서 멥쌀로 만든 떡이 아밀로펙틴이 많은 찹쌀로 만든 떡보다 빨리 굳는다.

> **더 알아보기 노화의 억제**
>
> - 수분 함량이 15% 이하이거나 60% 이상일 때
> - 온도가 60℃ 이상이거나 −2℃ 이하일 때
> - pH가 강산성일 때
> - 설탕이나 유화제 첨가
> - 식이섬유 첨가
> - 수분 증발을 막는 포장

⑤ 쌀전분의 발효(fermentation)

효모나 세균 등의 미생물이 효소를 이용해 식품의 유기물을 분해시키는 과정을 발효라고 한다. 발효된 식품은 영양적으로도 우수하며 소화가 잘된다. 발효를 이용한 떡으로는 증편, 상화병 등이 있다.

⑥ 쌀전분의 호정화(dextrinization)

전분에 물을 가하지 않고 160℃ 이상의 온도로 가열하면 가용성의 텍스트린을 형성하는데 이를 '전분의 호정화(dextrinization)'라고 한다. 호정화가 되면 황갈색을 띠고, 용해성이 증가하며, 점성은 약해지고, 단맛은 증가한다. 곡류를 볶아 미숫가루를 만들거나 선식가루를 만들 때 일어나는 현상이다.

⑦ 당류의 캐러멜화(caramelization)

설탕을 170℃ 이상 높은 온도에서 가열할 때 생성되는 갈색화 현상이다. 약식 소스, 떡, 한과 등에 사용된다.

⑧ 전화와 전화당(invert sugar)

설탕(서당)을 가수분해하여 얻어지는 포도당과 과당의 1:1 동량 혼합물을 전화당이라 하고 이 분해반응을 전화라 한다. 설탕을 물과 같이 가열하면 전화당을 얻을 수 있다. 전화당이 포함된 시럽을 사용하는 이유는 풍미가 좋고 수분을 잘 유지하며 쉽게 결정화되지 않기 때문이다. 또 가열하면 착색 반응이 쉽게 일어난다. 약밥 등에 사용한다.

2 떡의 도구와 장비 및 용도

(1) 전통적 떡 도구

도정, 세척, 분쇄도구

① 방아

곡물의 겉껍질을 벗기거나 가루를 빻는데 이용되던 농기구이다. 디딜방아, 물레방아, 연자방아 등이 있다.

② 절구

통나무나 돌, 쇠 등을 우묵하게 파 만든 도구로 떡가루를 만들거나 떡을 칠 때 사용한다.

③ 키

찧어낸 곡물을 까불러 겨나 티끌을 걸러낼 때 쓰는 도구이다.

④ 이남박

곡물을 씻거나 일 때 사용하는 도구이다. 안쪽 턱에 여러 줄의 홈이 패어 있다.

⑤ 조리

쌀을 씻을 때 쌀에 들어 있는 돌을 이는 기구이다. 예전에는 쌀에 돌, 모래 등 이물질이 많이 들어 있어 쌀을 씻을 때 필수적으로 조리를 사용하였다.

⑥ 돌확

돌을 우묵하게 파고 그 안에서 돌공이로 재료를 치거나 마찰시켜 분쇄하도록 만든 도구이다.

⑦ 맷돌

돌확보다 발달된 형태로 맷돌은 위아래가 둥글고 편편한 두 개의 돌을 포개어 곡식을 가는 데 사용하는 도구이다.

⑧ 맷방석

멍석보다 작고 둥글며 흔히 매통이나 맷돌 아래에 깔아서 갈려 나오는 곡물을 받는 데 쓰거나 곡식을 널어 말리는 데 사용한다.

절구

이남박

맷돌

익히는 도구

① 시루

시루는 떡을 찔 때 쓰는 질그릇으로 수분 흡수가 좋다. 시루 바닥에는 구멍이 고르게 나 있어 그 구멍 사이로 김이 올라와 떡이 고르게 쪄진다. 시루와 물솥 사이에는 김이 새지 않도록 시룻번을 붙인다.

② 시루밑

김은 잘 통하고 가루는 새지 않도록 시루 바닥에 까는 용구이다. 옛날에는 한지나 섬유질이 많고 질긴 재료로 둥글게 만들어 사용했다고 한다.

③ 번철

고물을 볶거나 지지는 떡에 사용하는 도구로 재질은 무쇠이다.

성형 도구

① 안반과 떡메

흰떡이나 인절미를 칠 때 쓰는 도구이다. 두껍고 넓은 통나무 판에 낮은 다리가 붙어 있는 형태가 일반적이다. 안반 위에 찐 떡을 놓고 나무로 된 떡메로 여러 번 내리치면 매끄럽고 찰진 떡이 만들어진다.

② 떡살

떡에 눌러 문양을 찍는 도구로 사기나 나무로 만들어졌으며 주로 절편에 사용한다. 떡살의 문양은 매우 다양하며 의미를 담고 있어 우리 선조들은 용도에 따라 다르게 사용했다. 수리취절편에는 수레무늬, 잔치떡에는 꽃무늬, 사돈이나 친지에게 보내는 떡에는 길상무늬를 찍었다.

③ 밀방망이, 밀대

개피떡을 만들 때 떡 반죽을 일정한 두께로 밀어 펴는 도구로 밀대라고도 한다.

떡살

밀방망이, 밀대

기타도구

① 체

분쇄된 곡물 가루를 쳐내거나 거르는 도구이다. 얇은 송판을 휘어 몸통(쳇바퀴)을 만들고 말총이나 명주실, 철사 등으로 그물 모양을 만들어 밑판(쳇불)을 끼워 사용했다.

어레미, 도드미 (굵은체) > 중거리, 반체 (중간체) > 깁체, 가루체 (고운체)

② 쳇다리

맷돌 밑에 받쳐서 갈려 나오는 재료들을 떨어지게 하거나, 그릇 위에 올려 놓고 체를 받치는 용도로 사용하는 도구이다. 삼각형 또는 사다리꼴로 되어 있다.

쳇다리

③ 떡보

흰떡이나 인절미 등을 안반에 놓고 칠 때 재료들이 흩어지는 것을 막기 위해 찐 가루나 쌀을 싸는 보자기를 말한다.

④ 동구리

대나무 또는 버들가지를 촘촘히 꿰어 엮은 상자로 떡이나 약과 등 혼례음식 등을 담을 때 쓴다.

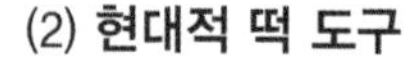

(2) 현대적 떡 도구

① 계량컵, 계랑스푼, 저울

소량의 재료를 정확하게 잴 때 사용하는 계량 도구이다.

② 스테인리스 체

가루를 균일하게 하고 액체를 거를 때 쓰는 기구이다. 전통 체와 마찬가지로 구멍(메시, mesh)의 크기에 따라 여러 가지 종류가 있다.

③ 실리콘 시루밑

시루(찜기)에 까는 실리콘 재질의 망 형태 깔개를 말한다. 전통 시루밑보다 위생적이고 실용적이다.

④ 스테인리스 찜기

스테인리스로 제작된 찜기로 시루 대신 사용하는 도구이다. 대부분 물솥과 채반, 뚜껑으로 구성되어 있다. 세척과 보관이 용이하다.

⑤ **대나무 찜기**

대나무로 만든 찜기로 가볍고 수분흡수가 좋아 사용하기 편리하나 세척과 보관이 어렵다.

⑥ **스크레이퍼**

쌀가루를 안칠 때 윗면을 평평하게 하거나 떡을 자르는 용도로 사용한다.

⑦ **거품기**

증편 반죽의 공기를 뺄 때 사용하며 충분히 저어주면 공기 빼기에 유리하다.

⑧ **믹서**

불린 곡물에 물을 넣고 가는 데 쓰는 도구로 옛날의 맷돌 대신 사용한다. 젖은 재료를 갈 때 사용한다.

⑨ **맷돌 믹서**

재료에 물을 넣지 않고 마른 재료를 가루 낼 때 사용하는 도구이다.

⑩ **모양깍지, 마지팬스틱**

모양깍지나 마지팬스틱 등 제과제빵용 도구를 사용하면 떡에 모양을 내거나 떡 공예를 할 때 편리하다.

⑪ **사각틀**

구름떡 등 찰떡의 모양을 잡아 굳히거나 떡을 네모로 만들 때 사용한다.

⑫ **증편틀**

증편을 찔 때 사용하는 도구이다.

실리콘 시루밑

대나무 찜기

방울증편틀

(3) 현대적 기계 설비

① 세척기

전동 펌프 모터의 힘으로 쌀을 세척하는 기계이다. 통에 쌀을 넣으면 쌀과 물이 수압에 의해 회전하면서 쌀이 씻기는 원리이다.

② 분쇄기(롤러 밀)

불린 쌀을 분쇄해 가루로 만드는 기계이다. 롤러의 회전 속도, 길이, 지름에 따라 쌀가루의 고운 정도가 결정된다.

③ 스팀작업대(시루대)

시루를 받쳐놓는 작업대. 시루밑에서 증기가 올라와 한꺼번에 여러 개를 찔 수 있다.

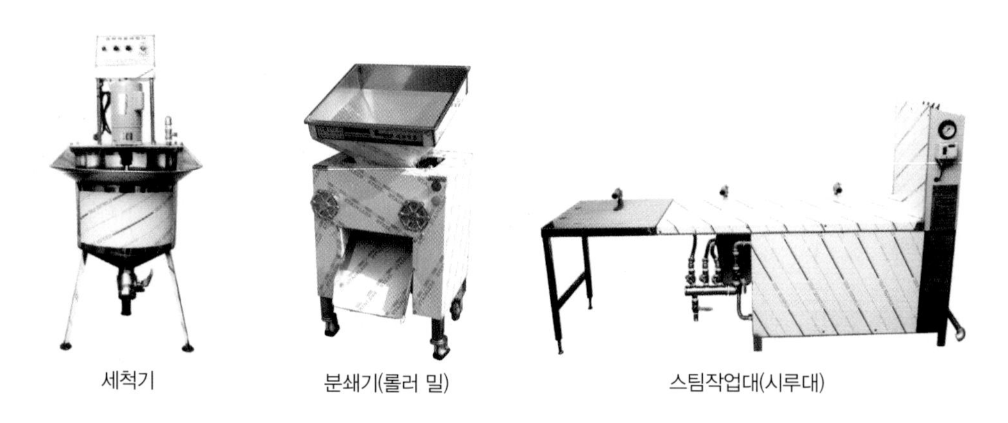

세척기 　 분쇄기(롤러 밀) 　 스팀작업대(시루대)

④ 증편기

스팀보일러와 연결해 증편과 송편을 시루 없이 편리하게 증기로 쪄내는 기계이다.

⑤ 펀칭기

인절미, 송편반죽, 바람떡 등을 대량으로 치대거나 반죽할 때 사용한다.

⑥ 제병기

절편, 가래떡, 떡볶이 떡 등을 뽑아내는 기계이다.

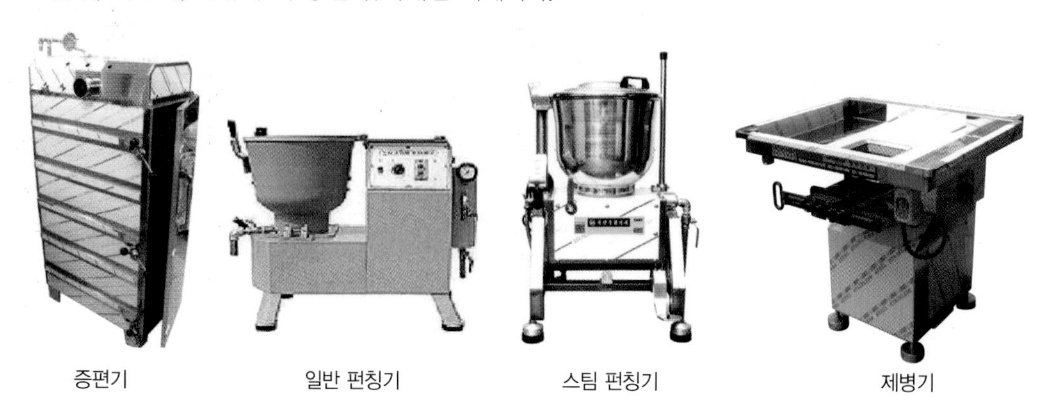

증편기 　 일반 펀칭기 　 스팀 펀칭기 　 제병기

⑦ **바람떡기계**

떡 반죽과 소를 각각 투입구에 넣으면 바람떡이 만들어져 나오는 기계이다.

⑧ **성형기**

꿀떡, 송편, 경단 등의 모양과 크기를 조절해 만드는 기계이다.

⑨ **절단기**

반죽을 넣으면 원하는 크기로 자르는 기계로, 인절미 절단기, 절편 절단기, 가래떡 절단기 등이 있다.

⑩ **포장기**

떡을 자동으로 포장하는 기계이다.

⑪ **볶음솥**

콩, 팥, 깨 등 많은 양의 부재료를 볶을 때 쓰는 기계이다.

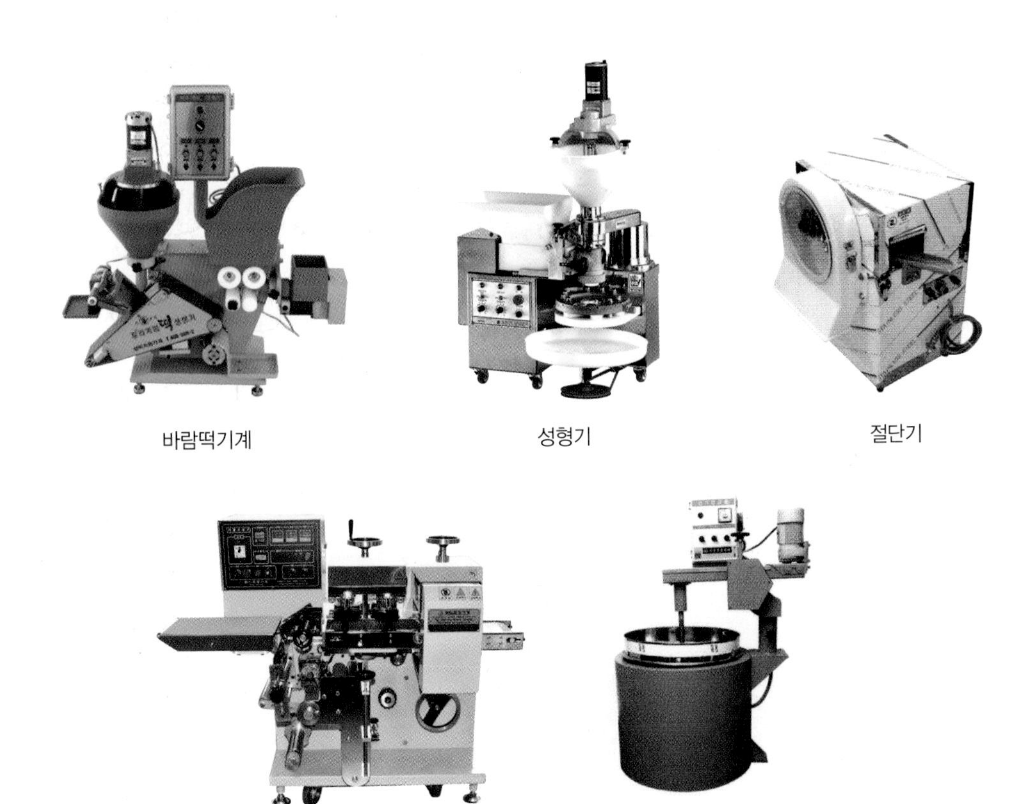

바람떡기계　성형기　절단기

포장기　볶음솥

01. 다음 중 지용성 색소에 해당하는 것은?

① 클로로필 ② 안토시아닌
③ 플라보노이드 ④ 아이소플라본

02. 멥쌀과 찹쌀의 특징으로 옳지 않은 것은?

① 멥쌀과 찹쌀은 열량이 같다.
② 찹쌀은 아밀로펙틴이 20~25% 함유되어 있다.
③ 찹쌀은 멥쌀에 비해 끈기와 점성이 높아 천천히 노화하는 특징이 있다.
④ 찹쌀은 멥쌀에 비해 흰색을 많이 띠며 불투명하다.

03. 우리나라를 포함한 동북아시아에서 주로 재배되는 쌀의 종류는?

① 단립종 ② 장립종
③ 중립종 ④ 미립종

04. 쌀 불리기에 대한 설명으로 맞지 않는 것은?

① 찹쌀의 최대 수분 흡수율은 37~40%이다.
② 멥쌀과 찹쌀의 최대 흡수율은 다르다.
③ 쌀은 일반적으로 8시간 이상 불리며, 종류에 따라서는 12~24시간을 불리기도 한다.
④ 찹쌀은 물에 불린 후 무게가 2배 정도 된다.

05. 백미는 다음 도정률로 보면 몇 분 도미에 속하는가?

① 7분 도미 ② 6분 도미
③ 5분 도미 ④ 10분 도미

06. 떡을 찔 때 사용되는 소금의 양으로 적합한 것은?

① 쌀 무게의 0.3%
② 쌀 무게의 1%
③ 쌀 무게의 5%
④ 쌀 무게의 10%

07. 떡을 만들 때 쓰인 도구 중 성격이 다른 하나는?

① 돌확 ② 맷돌
③ 절구 ④ 동구리

08. 다음 중 노화가 가장 빨리 일어나는 떡은?

① 찹쌀떡 ② 가래떡
③ 인절미 ④ 화전

· 보충설명 ·

1. 천연색소에는 물에 녹는 수용성 색소와 기름에 녹는 지용성 색소가 있다.
   - 지용성 색소 → 카로티노이드, 클로로필(엽록소)
   - 수용성 색소 → 플라보노이드, 안토시아닌, 아이소플라본 등

2. 찹쌀은 아밀로펙틴으로만 구성되어 있다.

3. 우리나라의 쌀의 품종은 단립종으로 길이가 짧고 둥글게 생겼으며 끈기가 있다.

4. 찹쌀을 물에 불리면 무게가 1.4배 정도 는다. 흑미와 현미는 왕겨만 벗겨낸 쌀이므로 단단하여 12~24시간 정도 불려서 사용한다.

5. 도정은 벼, 밀, 보리 등 곡식의 껍질을 벗기는 과정이다. 백미는 현미에서 쌀겨층과 씨눈을 완전히 제거하여 현미 무게를 기준으로 93% 이하로 도정한 것으로 10~12분 도미에 해당한다. 씨눈을 70% 정도 남기고 현미 중량의 95% 정도가 되게 한 것을 7분 도미, 씨눈을 전부 남기고 현미 중량의 97% 정도 되도록 한 것을 5분 도미라 한다.

8. 멥쌀로 만드는 가래떡은 찹쌀로 만드는 떡보다 아밀로펙틴의 함량이 적어 노화가 빨리 일어난다.

해답 1.① 2.② 3.① 4.④ 5.④ 6.② 7.④ 8.②

09. 수증기로 멥쌀가루를 호화시키는 떡은 무엇인가?

① 백설기 ② 화전
③ 부꾸미 ④ 경단

10. 멥쌀의 아밀로오스 함량은?

① 아밀로오스 10~15%
② 아밀로오스 20~30%,
③ 아밀로오스 20~25%
④ 아밀로오스 30~40%

11. 떡의 재료에 대한 설명 중 옳은 것은?

① 찹쌀은 멥쌀보다 물을 많이 넣어야 한다.
② 설탕은 전분의 노화를 지연시켜 떡이 빨리 굳는 것을 막는다.
③ 흑설탕은 꿀 대신 사용할 수 있다.
④ 올리고당은 설탕보다 칼로리가 높으므로 조금만 사용한다.

12. 전분의 호화에 영향을 미치는 요인이 아닌 것은?

① 소금 ② 수분 함량
③ 중조 ④ 곡류의 성장기간

13. 당의 특징으로 맞지 않는 것은?

① 설탕의 감미는 100으로 당의 감미 표준 물질이다.
② 전화당은 포도당과 서당이 반반 섞인 당이다.
③ 당의 종류로 설탕 이외에도 황설탕, 흑설탕, 분말설탕 등이 있다.
④ 조청은 여러 가지 곡류의 전분을 맥아로 당화시킨 다음 오랫동안 가열하여 농축한 것이다.

14. 설탕과 물을 넣고 끓여 설탕이 단당류로 분해된 혼합물은 무엇인가?

① 과당 ② 유당
③ 전화당 ④ 포도당

15. 설탕을 170~190℃에서 가열할 때 갈색 물질로 변하는 현상을 가리키는 말은?

① 겔화 ② 캐러멜화
③ 호정화 ④ 가수분해화

16. 보리의 특징으로 바르지 않은 것은?

① 보리는 쌀보리와 겉보리가 있다.
② 주된 단백질은 호르데인(hordein)으로 약 10% 정도 함유되어 있다.
③ 보리는 섬유소가 많아 정장작용에 좋지 않으며 소화율이 매우 높다.
④ 엿기름(malt)은 보리싹으로, 식혜 등의 제조에 사용된다.

• 보충설명 •

11. 흑설탕은 색이 진하므로 색을 진하게 내는 약식이나 수정과 등에 사용한다. 올리고당은 100g당 293㎉로 설탕(100g당 400㎉)보다 칼로리가 낮다.

12. 전분현탁액의 pH가 알칼리 상태일수록 호화가 빨리 진행된다. 소금은 수소결합에 크게 영향을 미치므로 호화를 촉진한다.

14. 설탕을 물과 함께 가열하면 전화당을 얻을 수 있다.

해답 9.① 10.③ 11.② 12.④ 13.② 14.③ 15.② 16.③

17. 전분의 노화에 영향을 미치는 요인으로 맞지 않는 것은?

① 전분입자의 크기가 크면 노화되기 쉽다.
② 수분함량이 15% 이하이거나 60% 이상이면 노화가 억제된다.
③ 60℃ 이상이거나 -2℃ 이하에서는 노화가 잘 일어나지 않는다.
④ 설탕을 첨가하면 보습성이 커져서 노화를 억제한다.

18. 식물성 천연색소가 아닌 것은?

① 클로로필 ② 안토시아닌
③ 미오글로빈 ④ 플라보노이드

19. 충분한 양의 물에 전분가루를 넣고 가열할 때 입자가 팽윤되고 투명해지는 현상은?

① 호화 ② 호정화
③ 노화 ④ 겔화

20. 다음 떡류 재료 중 바르게 연결된 것은?

① 주재료 – 쌀, 보리, 밀, 조, 팥
② 향료 – 계피, 들기름
③ 발색료 – 오미자, 백년초가루
④ 윤활제 – 중조, 참기름

21. 쌀가루를 체로 치는 이유로 적합하지 않은 것은?

① 쌀가루를 체에 치면 노화가 잘 일어나지 않는다.
② 혼합재료를 넣을 경우 떡에 균일한 색과 맛을 준다.
③ 분쇄되지 않은 큰 입자를 선별할 수 있다.
④ 떡을 찔 때 쌀가루 사이로 증기가 잘 통과하도록 하여 떡이 잘 익는다.

22. 떡의 부재료로 쓰이는 두류를 사용하는 방법으로 옳지 않은 것은?

① 콩은 식초를 넣고 불리면 빨리 물러진다.
② 조리 시간이 오래 걸리므로 가열 전 3~5시간 정도 물에 불려서 사용한다.
③ 데칠 때 0.3%의 식소다를 첨가하면 흡습성이 높아져 콩을 연하게 해준다.
④ 대두의 경우 1%의 소금물에 불려 사용하면 연화성과 흡습성이 높아진다.

23. 다음 중 곡류가 아닌 것은?

① 보리 ② 귀리
③ 팥 ④ 밀

24. 익반죽을 하는 이유에 해당되지 않는 것은?

① 쌀에는 밀가루와 같은 글루텐이 없어서 반죽할 때 점성이 쉽게 생기지 않는다.
② 멥쌀은 끈기가 적기 때문에 익반죽하면 반죽에 끈기를 얻을 수 있다.
③ 전분의 일부를 호화시켜 점성을 높이기 위해서이다.
④ 설기떡은 익반죽을 해야 노화를 막을 수 있다.

• 보충설명 •

17. 전분입자가 작으면 노화가 쉽다.

18. 헤모글로빈, 멜라닌, 미오글로빈 등은 동물성색소이다.

20. 팥은 두류로, 고물로 사용되는 부재료이고, 오미자와 백년초는 떡에 색을 내는 재료이다.

22. 콩의 흡습성을 높이기 위한 방법은 다음과 같다.
① 높은 온도의 물로 불림 (온도가 높을수록 효과적이다)
② 0.3%의 식소다나 0.2%의 탄산칼륨 첨가
③ 1%의 소금물 사용

23. 팥은 두류에 속한다.

해답 17.① 18.③ 19.① 20.③ 21.① 22.① 23.③ 24.④

25. 곡류의 맛을 좋게 하고 소화율을 증진시키기 위한 조리과정은?

① 겔화 ② 노화
③ 호정화 ④ 호화

26. 다음 중 전분의 형태가 아밀로펙틴 100%로 이루어져 있는 것은?

① 서리태 ② 기장
③ 팥 ④ 찹쌀

27. 다음 중 찌는 떡이 아닌 것은?

① 증편 ② 켜떡
③ 단자 ④ 설기떡

28. 떡 제조 과정에서 소금을 넣는 시기는?

① 쌀을 불리는 과정 ② 쌀가루를 내는 과정
③ 찌는 과정 ④ 치는 과정

29. 전분이 호정화 작용이 일어나는 온도로 맞는 것은?

① 80~90℃ ② 160~180℃
③ 100~120℃ ④ 200~230℃

30. 맥아 또는 엿기름으로 사용할 수 있는 곡류는?

① 보리 ② 조
③ 옥수수 ④ 귀리

31. 쌀의 취급 및 보관 방법으로 옳은 것은?

① 쌀가루를 만들 때는 쌀을 물에 오래 불려야 떡의 질감이 좋아진다.
② 쌀을 보관할 때는 따뜻하고 습기가 없고 쥐나 곤충을 차단할 수 있는 장소를 택한다.
③ 쌀은 저장 중 온도가 낮으면 냉해를 입어 쌀의 품질이 저하된다.
④ 쌀을 씻을 때는 매우 세게 문질러 씻는다.

32. 부재료의 전처리 방법으로 잘못된 것은?

① 생쑥, 시금치, 모싯잎 채소를 사용할 경우 시든 잎과 질긴 줄기를 떼어내고 씻은 후 사용한다.
② 마른 석이버섯은 먼지만 제거한 후 돌돌 말아 썰어 사용한다.
③ 치자는 씻은 후 그릇에 담고 따뜻한 물을 부어 색 성분이 우러나게 한다.
④ 시금치를 삶을 때는 약간의 소금을 넣고 끓인 물에 살짝 데친 후 찬물로 빨리 헹궈야 색을 최대한 유지할 수 있다.

33. 떡의 호화를 돕는 요인으로 알맞은 것은?

① 수분 함량이 많을수록 ② 온도가 낮을수록
③ 전분 입자가 작을수록 ④ 설탕의 양이 많을수록

· 보충설명 ·

27. 단자는 치는 떡(도병)이다.

28. 소금은 물을 뺀 쌀을 방아에 넣고 내릴 때 함께 넣는다. 소금을 넣지 않은 쌀가루는 체에 내리기 전 물주기 단계에서 넣는다.

32. 마른 석이버섯은 물에 불려 비벼 씻어서 안쪽에 있는 이끼를 벗겨내고 가운데 돌기를 떼어내 사용한다.

33. 설탕의 양이 많을수록 호화가 억제된다.

해답 25.④ 26.④ 27.③ 28.② 29.② 30.① 31.① 32.② 33.①

34. 메밀에 들어 있는 성분은?

① 글루텐　　② 루틴
③ 이포메인　　④ 퀘르세틴

35. 호화된 전분이 방치될 때, 흐트러졌던 미셀 구조가 규칙적으로 재배열되면서 딱딱해지는 현상은?

① 호화　② 노화　③ 호정화　④ 겔화

36. 발색제의 사용에 대한 설명으로 바르지 않은 것은?

① 떡에 예쁜 색을 나타내어 떡의 기호성을 증진시킨다.
② 색소 성분에 따라 항산화성을 나타내기도 한다.
③ 발색색소는 수용성과 지용성이 있다.
④ 분말과 생채소의 사용법은 모두 같다.

37. 전분에 물을 가하지 않고 160~180℃로 가열하는 작용은?

① 당화　　② 호정화
③ 전화당화　　④ 겔화

38. 떡의 노화 촉진과 억제 방법으로 맞는 것은?

① 떡을 0~4℃ 냉장에서 충분히 식히면 노화가 촉진된다.
② 수분의 이동이 노화의 가장 큰 원인이므로 수분을 고정할 수 있는 설탕을 넣는다.
③ 식초를 첨가하면 흡습성이 작용하기 때문에 노화가 억제된다.
④ 수분의 양이 많을수록 노화가 촉진된다.

39. 다음의 전분 중 겔화를 일으키는 것은?

① 녹두　② 감자　③ 고구마　④ 팥

40. 고물의 역할로 옳지 않은 것은?

① 송편, 단자, 개피떡은 속고물을 사용한다.
② 경단이나 단자는 겉고물을 사용하며 서로 붙는 것을 막아준다.
③ 시루떡의 고물은 맛과 영양을 부여한다.
④ 속고물은 주로 깨만 사용한다.

41. 송편을 찔 때 솔잎을 사용하는 이유는?

① 송편이 달라붙지 않고 향을 좋게 하기 위해
② 발색제 역할을 위해
③ 송진으로 윤기를 내기 위해
④ 비타민 성분을 함유시키기 위해

42. 쌀가루를 체에 칠 때 사용하는 체 눈의 단위는?

① mℓ　② mg　③ kg　④ mesh

· 보충설명 ·

34. 메밀에는 루틴 성분이 들어 있어 성인병과 고혈압 예방에 효과적이다.

36. 발색제는 분말과 생채소, 입자의 형태, 섬유질의 함량 등에 따라 사용법이 모두 다르다.

38. 0~4℃ 냉장고에 저장해 두면 노화가 촉진되어 빨리 굳는다.

39. 겔화는 호화된 전분이 굳어 겔(gel)로 변하는 현상이다. 겔화는 아밀로오스 함량이 높을수록 강해진다. 고구마·감자·쌀·팥 등은 아밀로오스보다 아밀로펙틴이 많아 겔화가 잘 일어나지 않는다.

41. 송편을 찔 때 솔잎을 까는 이유는 송편이 서로 달라붙지 않게 하고, 송편에 솔잎의 향을 주며 오래도록 상하지 않게 하기 위해서이다.

해답 34.② 35.② 36.④ 37.② 38.① 39.① 40.④ 41.① 42.④

43. 익반죽에 대한 설명으로 바르지 않은 것은?

① 익반죽은 뜨거운 물로 반죽하는 것으로 떡에 찰기를 준다.
② 설기떡은 익반죽으로 반죽한다.
③ 송편 반죽은 익반죽으로 반죽한다.
④ 빚는 떡은 익반죽으로 반죽한다.

44. 떡의 재료와 제조 원리에 대한 설명으로 맞는 것은?

① 불린 쌀은 쌀을 불린 시간만큼 물을 빼서 사용한다.
② 멥쌀은 곱게 빻고, 찹쌀은 성글게 빻는다.
③ 멥쌀은 찹쌀보다 수분을 많이 함유하므로 경우에 따라서 그대로 찌기도 한다.
④ 부재료는 수분주기, 반죽하기 과정에 한해 넣을 수 있다.

45. 곡류의 설명 중 맞지 않는 것은?

① 곡류는 수분 함량이 적어 저장성이 좋다.
② 곡류의 단백질은 부분적 불완전 단백질이다.
③ 곡류는 탄수화물 함량이 모두 같다.
④ 쌀은 도정에 따라 도정도 50%를 5분 도미, 도정도 70% 7분 도미라 한다.

46. 다음 중 단맛이 가장 강한 재료는?

① 조청 ② 물엿 ③ 올리고당 ④ 꿀

47. 다음 중 영양 성분의 연결이 잘못된 것은?

① 쌀–오리제닌 ② 보리–인디카
③ 옥수수–제인 ④ 메밀–루틴

48. 떡의 고물로 사용하는 재료가 아닌 것은?

① 깨 ② 마 ③ 콩 ④ 밤

49. 당의 감미 정도를 바르게 나타낸 것은?

① 과당 〉 전화당 〉 맥아당 〉 갈락토오스 〉 유당 〉 포도당
② 과당 〉 전화당 〉 포도당 〉 맥아당 〉 갈락토오스 〉 유당
③ 맥아당 〉 전화당 〉 과당 〉 갈락토오스 〉 유당 〉 포도당
④ 맥아당 〉 유당 〉 전화당 〉 과당 〉 갈락토오스 〉 포도당

50. 전분의 입자가 호화를 시작하는 온도로 알맞은 것은?

① 15~20℃ ② 30~35℃ ③ 60~65℃ ④ 70~75℃

51. 서류의 특징으로 맞지 않는 것은?

① 서류의 일반적인 수분 함량은 70~80%이다.
② 서류는 식물의 뿌리로 감자, 토란, 마 등이 있다.
③ 감자의 독성분인 솔라닌(solanin)은 발아 중인 싹에 함유되어 있다.
④ 고구마의 단백질은 뮤신이다.

• 보충설명 •

43. 설기떡은 시루나 찜기에 찌는 떡이므로 찬물로 반죽한다.

44. 불린 쌀을 너무 오랜 시간 물기를 빼면 쌀이 다시 말라서 갈라진다.

45. 곡류의 탄수화물 함량은 모두 다르고 100g당 열량도 다르다.

47. 보리의 단백질은 호르데인이다.

49. 단당류와 이당류는 단맛이 있으나 다당류는 단맛이 없다. 과당 〉 설탕(서당) 〉 포도당 〉 맥아당 〉 갈락토오스 〉 유당

51. 고구마의 주단백질은 이포메인(ipomain)이다.

해답 43.② 44.② 45.③ 46.④ 47.② 48.② 49.② 50.③ 51.④

52. 콩류 전처리에 대한 설명으로 적합하지 않은 것은?

① 콩류는 가열 전에 반드시 수침 과정을 거쳐야 한다.
② 콩을 삶을 때 사포닌의 작용으로 거품이 발생하는데 약간의 기름을 물에 가하여 거품의 발생을 줄일 수 있다.
③ 콩을 물에 불리는 이유는 콩류에 함유된 탄닌, 사포닌 등의 불순물을 제거하기 위해서이다.
④ 검정콩은 색을 좋게 하기 위해 불리지 않고 그대로 사용한다.

53. 다음 중 떡의 부재료가 아닌 것은?

① 은행 ② 수수 ③ 잣 ④ 땅콩

54. 부재료에 대한 설명으로 옳은 것은?

① 콩은 조리시간이 오래 걸리므로 가열 전 물에 불려서 사용한다.
② 땅콩은 볶아 놓은 상태이기 때문에 실온에서 오래 보관이 가능하다.
③ 두텁떡에 쓰는 팥은 붉은팥이다.
④ 감자는 알칼리성 식품으로 입자가 커서 호화되기 어렵다.

55. 캐러멜화가 가장 잘 일어나는 감미료는?

① 설탕 ② 벌꿀
③ 올리고당 ④ 조청

56. 색소 성분 연결이 옳지 않은 것은?

① 초록색 – 클로로필 ② 붉은색, 보라색 – 안토시아닌
③ 미색 – 카로티노이드 ④ 갈색 – 탄닌

57. 떡의 제조 과정에서 떡의 노화를 억제하는 방법은?

① 물 빼기 ② 치기
③ 냉각하기 ④ 소금 넣기

58. 다음 중 찬물을 넣어 반죽하는 떡은 무엇인가?

① 설기떡 ② 송편
③ 빚는 떡 ④ 수수부꾸미

59. 탄닌(tannin)을 함유하고 있는 곡류는?

① 수수 ② 귀리
③ 호밀 ④ 조

60. 탄수화물의 기능에 대한 설명이 아닌 것은?

① 1g당 4 ㎉의 열량을 내는 에너지 공급원이다.
② 혈당량을 유지해준다.
③ 섬유소는 탄수화물 식품이 아니다.
④ 감미료로 쓰인다.

• 보충설명 •

53. 곡류는 떡의 주재료이다.

54. 땅콩은 지방이 45%로 구성되어 있으며 곰팡이 독소에 오염될 수 있으므로 보관에 유의하고 되도록 빨리 사용해야 한다.

55. 설탕의 감미는 100으로 당의 감미 표준 물질이다.

56. 미색은 플라보노이드이다.

57. 떡을 치는 과정은 떡의 식감을 좋게 하고 노화를 지연시켜 떡이 딱딱해지는 속도를 늦춘다.

60. 탄수화물은 열량원이며 섬유소와 당류들도 탄수화물에 속한다.

해답 52.④ 53.② 54.① 55.① 56.③ 57.② 58.① 59.① 60.③

제 2 장

떡류 만들기

학습 항목

❶ 재료 계량과 전처리

❷ 떡류 제조 과정

❸ 떡의 포장 방법 및 보관 방법

제1절 재료준비

1 재료의 도구와 계량

떡을 만들 때는 반드시 재료의 적량을 계량하여 제조하여야만 실패의 확률을 줄일 수 있다. 특히 초보자일수록 계량은 필수적으로 해야 하는 작업이다.

(1) 계량 도구

① 저울

- 저울은 무게를 측정하는 기구로 조리에서는 음식 재료의 양을 측정할 때 사용한다.
- g, ㎏으로 표시되며 종류에는 디지털방식과 아날로그방식이 있다. 디지털방식이 더욱 정확한 계측이 가능하다.
- 저울이 분리형일 경우는 꼭 몸체를 들어 옮기도록 한다.

더 알아보기 저울 사용 방법

저울을 평평한 곳에 놓고 바늘을 '0'에 고정시킨 후 재료를 올린다. 아날로그일 경우 시선은 저울 눈금과 수평이 되도록 해 바늘을 읽는다. 가루 종류를 잴 때는 먼저 그릇을 올려 그릇의 무게를 잰 다음 그릇에 가루 재료를 담아 무게를 재되, 그릇의 무게는 빼고 계산한다.

② 계량컵, 계량스푼

계량컵과 계량스푼은 부피를 재는 데 사용한다. 계량을 할 때는 담은 재료의 윗면이 수평이 되도록 반드시 깎아서 계량하고 가루, 액체, 반고체 등 재료에 따라 측정 방법에 차이가 있으므로 미리 숙지해둔다.

[계량컵]

우리나라에서는 1컵 200cc, 서구에서는 1컵 240cc 규격을 사용한다.
계량컵이 없을 때는 비슷한 용량의 종이컵을 대신한다.

[계량스푼]

1큰술, 1작은술이라 읽고, 1TS, 1ts로 표기한다.
분량은 1큰술은 15cc, 3작은술과 같으며 1작은술은 5cc이다.

단위	표기	분량(부피)	비고(중량)
1컵	1C	13과 1/3Ts	200g
1큰술	1Ts	1T=3ts=15cc	15g
1작은술	1ts	1ts=5cc	5g

더 알아보기 **계량도구 사용 시 주의사항**

수분이나 유분이 묻지 않은 상태에서 계량한다. 또한 액체와 가루 재료를 함께 계량해야 할 경우는 가루를 먼저 계량하고 나중에 액체 재료를 계량하는 것이 효율적이다.

(2) 재료의 계량

① 재료의 형태에 따른 계량 방법

재료의 형태	계량방법
가루 식품	쌀가루, 밀가루, 설탕 등의 가루 재료는 덩어리가 졌을 경우 잘게 부수어서 체에 거르고 흔들거나 눌러 담지 않도록 하며 용기의 윗면이 수평이 되도록 깎아 잰다.
액체 식품	물, 간장과 같은 액체 재료는 투명용기를 이용하는 게 편리하다. 액체는 표면장력이 있으므로 투명한 계량컵의 눈금과 액체 표면의 가장 낮은 선을 눈높이와 평행으로 맞추어서 측정한다.
알갱이 형태의 식품	쌀, 콩, 깨 등 알갱이 형태의 재료는 계량컵에 가득 담아 살짝 흔들어 윗면이 수평이 되도록 깎아 잰다.
반유동성 식품	꿀, 물엿 등은 용기에 담아 측정하고, 계량컵이나 스푼에 남아 있는 잔량을 모두 훑어낸 후 사용한다.

② 전통적 계량 단위

계량 단위	무게 또는 부피	비고
1관	3.75kg	10근(채소류, 밀가루)
1근	600g	설탕, 육류
	375g	채소류, 밀가루, 과일
1가마	80kg	10말
1말	약 18l	10되
1되	약 1.8l	10홉
1홉	약 0.18l	180cc

③ 팽창률

팽창률을 미리 알고 있으면 불렸을 때 재료의 분량을 환산할 수 있어 매우 유용하다. 평소 자주 쓰는 재료라면 팽창률을 외워두자.

	말린 식품	팽창률
불렸을 때	콩	2.6배
	쌀(멥쌀)	1.2배
	호박고지	6배
	석이버섯	2.5배

④ 목측량

목측량은 재료를 저울에 측정하기 어려울 때 각각 재료의 무게를 어림하는 것을 말한다. 보통크기를 기준으로 각 재료의 목측량을 알고 있으면 재료 준비에 용이하다.

분류	품목	단위	분량	비고
곡류 및 두류 외	찹쌀, 멥쌀	1컵	160g	건조도에 따라 차이
	현미, 흑미	1컵	160g	
	붉은팥	1컵	160g	
	콩(서리태,대두)	1컵	160g	
	거피팥	1컵	160g	
	거피녹두	1컵	170g	
	흑임자	1컵	110g	
	참깨	1컵	120g	볶은 정도에 따라 차이
쌀가루 및 기타 가루 재료	멥쌀가루	1컵	85g(100g)	수분 함유 정도에 따라
	찹쌀가루	1컵	85g(100g)	수분 함유 정도에 따라
	거피녹두고물	1컵	100g	
	밀가루	1컵	105g	
	감자전분	1컵	90g	
	콩가루	1컵	70g	
	찰수수가루	1컵	115g	
	계핏가루	1큰술	7g	
	단호박가루	1큰술	7g	
	딸기주스가루	1큰술	13g	
	녹차가루	1큰술	7g	
	비트가루	1큰술	7g	
	보리순가루	1큰술	4g	

분류	품목	단위	분량	비고
견과류 외	잣	1컵	140g	1큰술 10g, 약 50알
	깐 호두살	1컵	80g	1알 5g
	대추(대)	1개	5g	소 2g
	깐 밤	10개	100g	피 밤 1개 20g
	깐 은행	1컵	160g	
양념류	간장	1컵	230g	
	소금	1컵	130g	
	꿀	1컵	290g	
	설탕	1컵	180g	
	황설탕	1컵	146g	
	흑설탕	1컵	106g	
	물엿	1컵	290g	
기타	흰 앙금	1컵	220g	
	엿기름	1컵	115g	

2 재료의 전처리

(1) 쌀가루 만들기

① 멥쌀

멥쌀은 깨끗이 씻어 8~12시간 정도 충분히 불려 건진 다음 30분 정도 물기를 빼고 기계를 이용해 두 번 곱게 빻는다(여름에는 규정 시간보다 짧게, 겨울에는 길게 불린다).
이때 충분히 불린 멥쌀은 무게가 약 1.2배 정도 된다. 소금은 1% 내외로 넣는다.

② 찹쌀

찹쌀은 깨끗이 씻어 5시간 이상 충분히 불려 건진 다음 30분 정도 물기를 빼고 기계를 이용해 거칠게 한 번 빻는다(멥쌀보다 짧게 불린다).
이때 충분히 불린 찹쌀은 무게가 약 1.4배 정도 된다. 소금은 1% 내외로 넣는다.

> **더 알아보기**
>
> 찹쌀은 점성이 강하기 때문에 너무 곱게 가루를 내면 입자와 입자와의 간격이 좁아져 찔 때 김이 오르지 못해 설익게 되므로 멥쌀보다 거칠게 빻고 여러 번 체에 내리지 않는 것이 좋다.

③ 현미, 흑미

- 깨끗이 씻어 12~24시간 물에 불린 다음 30분간 체에 밭쳐 물기를 뺀다.

④ 찰수수가루

- 찰수수는 깨끗이 씻은 후 물을 여러 번 갈아주며 2~3일간 불린다. 이렇게 해야 떫은맛과 붉은 색이 제거된다.
- 수수팥떡, 수수부꾸미 등에 쓰인다.

> **더 알아보기**
>
> 수수가루의 떡에 이용되는 것은 찰수수이다. 찰수수는 탄닌을 함유하고 있는 곡류로 떫은맛이 강하다.

⑤ 그 외 쌀가루에 도토리가루, 동부콩가루 등을 섞어 기능성 떡을 만들기도 한다.

* 쌀가루(멥쌀, 찹쌀 등)는 냉동고에서 꺼내 바로 사용하면 떡을 쪘을 때 설익게 되므로 반드시 실온에 꺼내 냉기를 제거한 후 사용한다.

(2) 고물 만들기

고물은 인절미, 단자, 경단 등의 겉에 묻히거나 시루떡의 켜와 켜 사이에 얹는 가루를 말한다. 다양한 종류의 콩, 팥, 녹두, 깨 등이 사용된다.

찌는 고물류

찌는 고물은 삶는 고물보다 대체로 수분이 적으므로 고물이 쉽게 상하기 쉬운 여름철 편의 고물로 사용한다.

① 거피팥고물

- 거피팥을 4~6시간 충분히 불린 다음 제물에 비벼 씻어 속껍질을 완전히 제거한다.
- 체에 밭쳐 물기를 뺀 다음 면보나 시루밑을 깔고 고루 편 후 김 오른 찜기에 푹 무르도록 찐다.
- 다 쪄지면 그릇에 쏟아 소금을 넣고 고루 섞으면서 수증기를 한 김 날려준 후 방망이로 대강 찧는다.
- 중간체나 어레미에 내린다.
- 거피 팥고물은 각종 편의 고물이나 단자, 송편의 소로 이용된다.

> **더 알아보기**
>
> 통팥을 맷돌에 갈아 반으로 쪼갠 것 등 탄 것을 물에 불려 껍질 벗긴 팥을 거피팥이라 한다.

② 볶은 거피팥고물

- 거피팥을 물에 담가 4~6시간 충분히 불린 다음 제물에 비벼 씻어 속껍질을 완전히 제거한다.
- 체에 밭쳐 물기를 뺀 다음 면보나 시루밑을 깔고 고루 편 후 김 오른 찜기에 푹 무르도록 찐다.
- 다 쪄지면 그릇에 쏟아 소금을 넣고 고루 섞으면서 수증기를 한 김 날려준 후 방망이로 대강 찧는다.
- 중간체나 어레미에 눌러 내린다.
- 체에 내린 거피고물에 진간장, 설탕, 계핏가루를 넣어 골고루 섞은 후 가루가 타지 않도록 주의하면서 번철에 보슬보슬하게 볶는다.
- 두텁떡 등의 고물로 사용한다.

③ 녹두고물

- 거피녹두에 미지근한 물을 넉넉히 붓고 4~6시간 충분히 불린 다음 여러 번 비벼 씻어 껍질을 깨끗이 제거한다.
- 체에 밭쳐 물기를 뺀 다음 면보나 시루밑을 깔고 고루 편 후 김 오른 찜기에 푹 무르도록 찐다.
- 다 쪄지면 그릇에 쏟아 소금을 넣고 고루 섞으면서 수증기를 한 김 날려준 후 방망이로 대강 찧는다.
- 중간체나 어레미에 내린다.
- 고물이 질 경우에는 번철에 볶아 사용한다.
- 주로 경단이나 송편의 속재료로 쓴다.

---

* 알갱이를 손으로 으깼을 때 다 으깨지면 익은 것이다. 녹두고물은 녹두를 통으로 쓸 경우에는 그대로 사용하고, 고운 고물을 원할 때는 찐 것을 중간체에 내려 사용한다.

---

④ 동부콩고물

- 동부콩을 물에 가볍게 씻어 5~8시간 정도 물에 불린 후 손으로 비벼 씻어 껍질을 벗긴다.
- 김이 오른 찜기에서 40~50분간 찐 다음 소금을 넣고 절구에 찧어 체에 내린다.
- 송편 등의 소나 떡고물로 이용할 수 있다.

⑤ 밤고물

- 밤의 껍질을 벗겨 김이 오른 찜기에서 부드럽게 쪄낸다.
- 쪄진 밤을 뜨거울 때 으깨서 체에 내려 소금 간하여 고물이나 소로 사용한다.

삶는 고물류

⑥ 붉은팥고물

- 붉은팥을 깨끗이 씻어 팥이 잠길 정도의 물을 붓고 불에 올려 끓어오르면 첫물은 쏟아버린다.
- 다시 팥의 6~8배 물을 부어 삶는다. 이때 팥은 너무 푹 삶지 않도록 하며 거의 익었을 때 물을 따라내고 불을 줄여 뜸을 들인다. 따뜻할 때 절구에 옮겨 담은 다음 소금을 넣고 대강 찧어 팥고물을 만든다.
- 고물이 질거나 더 고슬고슬한 고물을 원할 때에는 번철에 적당히 볶아 사용한다.

* 팥에는 사포닌 성분이 있어 장을 자극하여 설사를 일으킬 수 있기 때문에 첫물은 반드시 버린다.

⑦ 팥앙금가루

- 붉은팥을 깨끗이 씻어 2배수의 물울 붓고 불에 올려 끓어오르면 첫물은 쏟아버린다.
- 다시 팥의 6~8 배의 물을 부어 푹 무르게 으깨지도록 삶아 어레미에 내린다.
- 체에 남은 껍질과 여분의 건지에 물을 부어 주물러서 중간체에 내린다.
- 다시 고운체에 내린 다음 앙금을 비롯한 팥물을 고운 면주머니에 붓고 물기를 꼭 짜서 팥앙금을 만든다.
- 면보의 앙금을 번철에 볶아 가루로 만들고 소금 간을 하여 팥앙금가루로 만든다.
- 쌀가루에 섞어 쓰거나 구름떡, 경단, 인절미 등의 고물로 사용한다.

볶는 고물류

⑧ 콩고물

- 콩은 이물질을 골라내고 재빨리 씻어 건진다.
- 물기 뺀 콩은 크고 두꺼운 솥에서 타지 않게 볶아 분쇄기나 맷돌 믹서에 간다.
- 간 콩에 소금을 넣고 다시 빻아 고운체에 내린다.
- 콩의 종류에 따라 노란콩가루, 파란콩가루를 만들 수 있다.
- 인절미, 경단의 고물과 다식의 재료로 이용된다.

⑨ 실깨(참깨)고물

- 참깨를 깨끗이 씻어 2시간 정도 불린다.
- 불린 깨를 양손으로 비벼가며 껍질을 벗긴다.
- 물 위에 뜨는 빈 껍질이 안 나올 때까지 여러 번 비벼 씻는다.
- 체에 받쳐 물기를 제거한 후 번철에 볶아 소금을 넣고 절구나 분쇄기에 빻는다.
- 소나 편떡의 고물로 많이 이용한다.

⑩ 흑임자(검은깨) 고물

- 검은깨는 깨끗이 씻어 체에 받쳐 물기를 제거하고 2시간 정도 불린다.
- 불린 깨를 양손으로 비벼가며 껍질을 벗긴다.

- 물 위에 뜨는 빈 껍질이 안 나올 때까지 여러 번 비벼 씻는다.
- 체에 밭쳐 번철에 타지 않게 저어가며 통통하게 볶아 식힌다.
- 볶은 깨에 소금 간을 하여 절구나 분쇄기에 빻는다.
- 단자 고물이나 편 떡 고물로 이용한다. 음식이 상하기 쉬운 한여름에 사용하면 좋다

다지는 고물

⑪ 잣고물

- 고깔을 떼어내고 면보로 닦아낸다.
- 바닥에 종이를 깔고 잘 드는 칼날로 다진다. 절구에 찧거나 칼등으로 으깨면 잣의 지방이 뭉쳐 기름에 전 내가 나며, 기름이 뭉쳐 보슬보슬한 잣가루가 될 수 없다.
- 흑임자편의 고물로 사용하거나 잣구리, 율란 등의 고물로 사용한다.

	분류	종류	만드는 법	비고
고물	찌는 고물류	거피팥고물	거피팥을 쪄서 으깨 고물이나 소로 이용한다.	각종 편의 고물, 단자, 송편의 소
		볶은 거피팥고물	거피팥을 쪄서 볶아 고물이나 소로 이용한다.	두텁떡 등의 고물
		거피녹두고물, 동부콩고물	녹두, 동부콩 등을 손질하여 찜기에 쪄서 으깨 고물이나 소로 이용한다.	경단이나 송편의 소, 고물
		밤고물	밤을 삶거나 쪄서 으깨 소금 간하여 고물이나 소로 사용한다.	밤단자와 송편의 소
	삶는 고물류	팥고물	판을 삶아 으깨 소금 간하여 고물이나 소로 이용한다.	팥시루떡, 팥수수경단
		팥앙금가루	팥고물을 앙금으로 만들어 볶아 가루를 내어 고물로 사용	경단, 구름떡의 고물
	볶는 고물류	콩, 실깨, 흑임자(검은깨),	각각의 가루를 내어 설탕이나 소금을 첨가하여 용도에 맞게 쓴다.	경단, 깨찰편의 고물
	다지는 고물	잣고물	종이를 깔고 잣을 올려 잘 드는 칼로 다져 사용	석이단자, 대추단자의 고물

(3) 소 만들기

소는 개피떡, 송편, 두텁떡 등의 떡 속에 넣는 재료에 양념을 한 것을 말하며, 고물에 소금 간을 하여 사용하거나, 견과류 및 두류 등이 사용된다.

분류	종류	만드는 법	이용되는 떡
소	깨	볶은 깨를 가볍게 으깨 고물로 이용하거나 꿀이나 설탕, 소금을 넣고 반죽하여 소로 사용한다.	송편, 개피떡, 깨찰편, 경단
	녹두고물, 거피팥, 붉은팥	녹두, 거피팥, 붉은팥 등의 재료를 삶거나 쪄서 으깨 소금 간하여 고물이나 소로 사용한다.	시루떡, 녹두편, 송편, 개피떡
	콩, 밤	콩을 삶아 간을 하여 송편소로 사용한다. 또는 콩고물이나 밤고물을 소로 이용하기도 한다.	송편, 두텁떡
기타	밤, 잣, 대추, 유자건지, 계핏가루	밤, 대추, 호두, 유자절임, 계핏가루 등을 썰어 팥고물과 꿀을 섞어 만든다.	두텁떡

(4) 고명 만들기

① 대추채, 대추꽃

- 대추채는 대추를 돌려깎기 한 후 밀대로 살짝 밀어 곱게 채 썬 것이다. 고명과 고물로 이용한다.
- 대추꽃은 대추를 돌려깎기 한 후 돌돌 말아 둥글게 편 썬 것이다.
  약밥, 증편 등의 고명으로 이용한다. 마름모꼴로 썰어 우메기떡의 고명으로도 쓴다.

② 밤채

- 밤의 겉껍질, 속껍질을 깨끗이 벗긴 다음 곱게 채 썰어 사용한다.
- 대추채와 같이 고명과 고물로 사용한다.

③ 석이버섯채

- 미지근한 물에 불린 다음 양손으로 비벼 씻는다.
- 버섯 뒷면의 이끼와 돌을 제거한다.
- 깨끗한 물에 여러 번 씻어 물기를 제거한 후, 돌돌 말아 곱게 채 썬다.
- 증편, 약편 등의 고명으로 사용한다.
- 석이버섯은 말려 가루를 내어 석이버섯단자에 사용하기도 한다.

분류	종류	만드는 법	이용되는 떡
고명	대추채 대추꽃, 대추 마름모형	대추살을 용도에 맞게 썰어 사용한다.	우메기떡, 색편약밥
	밤채, 석이버섯채	각각의 재료를 손질하여 채 썰어 사용한다.	증편, 색편

(5) 기타 재료 손질하기

① 검은콩

- 물에 충분히 불린 후 소금 한 꼬집을 넣고 삶는다.

- 삶아지면 체에 밭쳐 찬물에 살짝 헹군 후 소금 간을 한다.
- 콩설기나 송편의 소 등에 사용한다.

② 늙은호박, 단호박

- 호박은 반을 갈라 씨를 제거하고 껍질을 벗겨 과육을 용도에 맞게 썰어 사용한다.
- 삶아 으깨서 퓌레 형태로 만들어 쌀가루에 섞어 사용한다.
- 분말로 만들어 쌀가루에 섞거나 호박고지를 만들어 사용한다.

③ 마른호박고지

- 호박고지를 미지근한 물에 불린다.
- 적정 길이로 썰어 쇠머리찰떡 등의 재료로 사용한다.

④ 유자건지

- 유자껍질을 채 썰어 동량의 설탕이나 꿀에 재운다.
- 설탕이 모두 녹고 유자가 투명해지면 유자 껍질을 건져 사용한다.
- 두텁떡 등의 속재료로 쓴다.

⑤ 깐 호두살

- 끓는 물에 데쳐 떫은 맛을 제거한 후 적정 크기로 썰어 사용한다.
- 구름떡, 두텁떡의 속재료로 사용한다.

⑥ 쑥

- 소금을 넣고 삶은 후 찬물에 헹궈 꼭 짜서 사용하거나 냉동 보관한다.
  제철에 많은 양을 데쳐 냉동 보관하면 두고두고 오래 사용할 수 있다.
- 말려 가루로도 사용한다.

⑦ 모싯잎

- 푹 삶은 다음 찬물에 헹궈 꼭 짜서 사용한다. 냉동 보관하면 오래 두고 먹을 수 있다.
- 모싯잎은 쉽게 색이 변하고 바로 무르기 때문에 채취 후 바로 삶아 냉동 보관한다.

⑧ 수리취

- 잎만 떼서 소금을 넣고 푹 삶은 후 찬물에 헹궈 꼭 짜서 사용한다.
- 봄철에 많은 양을 데쳐 두었다가 냉동 보관하면 오래 사용할 수 있다.

---

* 쑥, 수리취, 모시잎을 삶을 때 소다를 넣어 삶으면 진한 녹색을 얻을 수 있다.

---

⑨ 대추고

- 말린 대추를 깨끗이 씻어 물을 넉넉하게 붓고 푹 삶아 뭉근하게 끓인다.
- 식기 전에 체에 내려 껍질과 씨는 걸러내고 약한 불에서 저어가며 은근하게 졸인다.
- 약편, 약밥 등에 사용한다.

제 2절 | 떡류 만들기

1 설기떡류 제조과정

설기떡은 멥쌀가루, 현미가루, 흑미가루 등 멥쌀을 주로 한 곡물을 가루로 내어 한 덩어리가 되게 하여 찐 떡으로 '무리떡' 또는 '무리병'이라고도 한다. 쌀가루에 콩이 들어간 콩설기, 천둥호박을 넣은 호박설기, 다양한 재료로 색을 내어 찐 무지개설기, 쑥을 이용한 쑥설기 등이 있다.

1 백설기

실기 레시피 p.210

멥쌀가루를 고물 없이 시루에 안쳐 쪄낸 떡으로 '흰무리'라고도 한다. 아기의 삼칠일, 백일, 첫돌을 비롯해 거의 모든 행사에 쓰인다. 계절이나 지역에 관계없이 먹는 가장 대중적인 떡이다.

재료

멥쌀가루 700g, 설탕 70g, 소금 7g, 물 105g

주요 공정

01 쌀 씻기 및 불리기

멥쌀을 깨끗이 씻어 8~12시간 정도 불리고 물기를 뺀다.

02 가루내기

멥쌀을 2번 곱게 빻는다.

03 쌀가루 물주기 및 체에 내리기

멥쌀가루에 소금을 넣고 섞은 후 물을 넣고 고루 비벼 중간체에 내린다.

04 안치기

찜기에 시루밑을 깔고 쌀가루를 가볍게 안친 다음 윗면을 스크레이퍼로 평평하게 정리한다.

05 찌기

김이 오른 물솥에 찜기를 올려 20~25분 찌고 약불에서 5분간 뜸들인다.
찜기를 뒤집어 떡을 빼낸 다음 찜기를 제거한다.

2 무지개설기

실기 레시피 p.214

멥쌀가루를 나누어 갖가지로 색을 들여 시루에 쪄낸 떡으로 '색편' 혹은 '오색편'이라고도 한다. 색이 화려하여 잔치음식 등에 많이 쓰인다. 색을 내는 재료는 치자물, 백년초가루, 쑥가루, 흑임자가루 등 다양하다.

재료

주재료 멥쌀가루 700g, 설탕 70g, 소금 7g, 물 105g

부재료 빨간색 재료(비트가루, 백년초가루, 딸기주스가루) 1g, 노란색 재료(단호박가루, 치자가루) 2g, 초록색 재료(쑥가루, 녹차가루, 말차가루) 1g, 검정색 재료(흑임자가루, 석이버섯가루) 3g

주요 공정

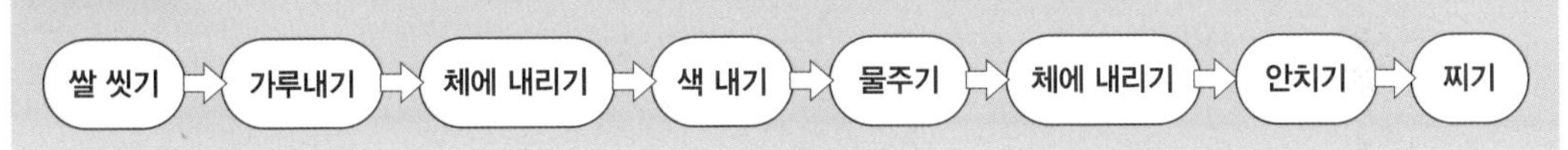

01 쌀 씻기 및 불리기

멥쌀을 깨끗이 씻어 8~12시간 정도 불리고 물기를 뺀다.

02 가루내기

멥쌀을 2번 곱게 빻고 소금을 넣어 섞는다.

03 체에 내리기

멥쌀가루를 체에 내린다.

04 쌀가루 색 내기

멥쌀가루를 5등분하여 각각의 색 내기 재료를 넣어 색을 들인다.

05 쌀가루 물주기 및 체에 내리기

색을 낸 멥쌀가루 각각에 물을 넣고 고루 비벼 다시 중간체에 내린다.
설탕은 안치기 전 넣고 가볍게 섞는다.

06 안치기

찜기에 시루밑을 깔고 검정색-초록색-노란색-빨간색-흰색 쌀가루 순으로 안친 다음 윗면을 스크레이퍼로 평평하게 정리한다.

07 찌기

김이 오른 물솥에 찜기를 올려 20~25분 찌고 약불에서 5분간 뜸들인다.
찜기를 뒤집어 떡을 빼낸 다음 찜기를 제거한다.

3 콩설기떡

실기 레시피 p.176

멥쌀가루에 검은콩(서리태), 동부콩, 청태콩 등 콩류를 부재료로 하여 고루 섞어 쪄낸 버무리떡이다. 가을에는 청태콩이나 동부콩을, 겨울에는 서리태를 불려 사용하며, 단백질이 풍부한 콩이 들어감으로써 영양을 보완할 수 있다.

재료

주재료 멥쌀가루 700g, 설탕 70g, 소금 7g, 물 105g
부재료 불린 서리태 160g

주요 공정

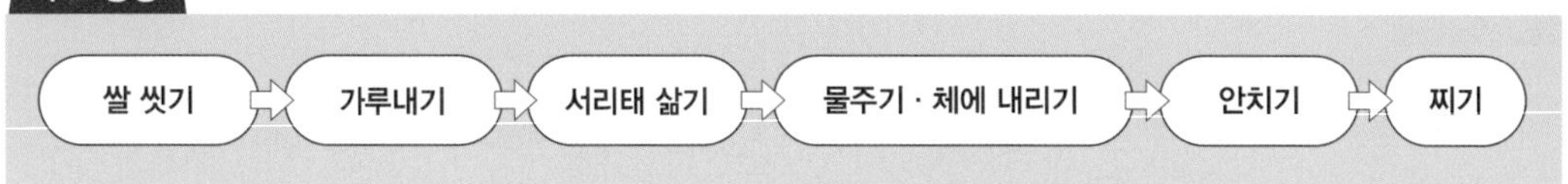

01 쌀 씻기 및 불리기

멥쌀을 깨끗이 씻어 8~12시간 정도 불리고 물기를 뺀다.

02 가루내기

멥쌀을 2번 곱게 빻고 소금을 넣어 섞는다.

03 서리태 삶기

서리태는 3~5시간 정도 불려 물기를 제거한 후 서리태 3~4배의 물을 넣어 삶는다.
물이 끓기 시작하면 약 20분 정도 더 삶고 체에 밭쳐 물기를 뺀다.

04 쌀가루 물주기 및 체에 내리기

멥쌀가루에 물을 넣고 고루 비벼 중간체에 내린다.
안치기 전 설탕을 넣고 가볍게 섞는다.

05 안치기

찜기에 시루밑을 깔고 서리태의 1/2을 바닥에 골고루 편다.
나머지 서리태는 멥쌀가루와 골고루 섞어 안친 다음 윗면을 스크레이퍼로 평평하게 정리한다.

06 찌기

김이 오른 물솥에 찜기를 올려 20~25분 찌고 약불에서 5분간 뜸들인다.
찜기를 뒤집어 떡을 빼낸 다음 찜기를 제거한다.

4 단호박설기

실기 레시피 p.218

찌서 으깬 단호박을 멥쌀가루에 섞어 쪄낸 떡으로 색이 아름다울 뿐 아니라 영양식으로도 좋다. 단호박은 당도가 높고 밤 맛이 나며 전분, 비타민, 무기질 등 영양 성분이 풍부한 것으로 알려져 있다.

재료

주재료 멥쌀가루 700g, 설탕 70g, 소금 7g, 물 적당량

부재료 찐 단호박 140g, 슬라이스 단호박 50g, 설탕 1꼬집

주요 공정

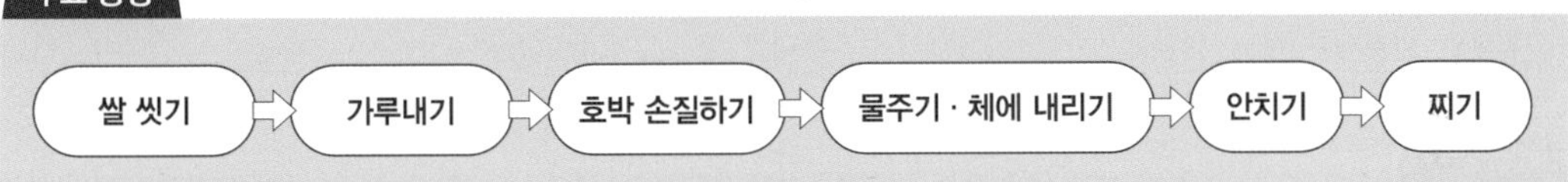

01 쌀 씻기 및 불리기

멥쌀을 깨끗이 씻어 8~12시간 정도 불리고 물기를 뺀다.

02 가루내기

멥쌀을 2번 곱게 빻고 소금을 넣어 섞는다.

03 호박 손질하기

쌀가루에 섞는 단호박은 씨를 빼고 껍질을 벗긴 다음 15~20분간 부드럽게 쪄서 으깬다.
모양내기용 단호박은 0.5㎝ 두께로 편썰어 설탕에 절인다.

04 쌀가루 물주기 및 체에 내리기

멥쌀가루에 으깬 단호박을 넣고 양손으로 고루 비벼 준다.
단호박의 수분만으로 부족할 경우 추가로 물을 넣고 비벼 준다. 중간체에 내린다.
안치기 전 설탕을 넣고 가볍게 섞는다.

05 안치기

찜기에 시루밑을 깔고 쌀가루의 1/2을 안친다.
찜기 둘레에 편 썬 단호박을 세워 모양을 내고 나머지 쌀가루를 안친다.
윗면을 스크레이퍼로 고르게 정리한다.

06 찌기

김이 오른 물솥에 찜기를 올려 20~25분 찌고, 약불에서 5분간 뜸들인다.
찜기를 뒤집어 떡을 빼낸 다음 찜기를 제거한다.

2 켜떡류 제조과정

쌀가루와 팥, 녹두, 깨 등의 고물을 시루에 차례로 안쳐 켜를 만들어 찌는 떡이다. 쌀가루는 멥쌀가루와 찹쌀가루 모두 사용한다. 켜떡에는 팥시루떡, 녹두찰편, 물호박떡, 깨찰편, 각색편 등이 있다. 고물 대신 밤, 대추, 석이채, 잣 등을 고명으로 얹어 찌는 각색편도 켜떡에 속한다.

1 팥시루떡

실기 레시피 p.222

멥쌀가루와 팥고물을 번갈아 켜켜이 안쳐 찐 시루떡이다. 예로부터 팥의 붉은 색이 귀신을 물리친다는 속설이 있어 고사나 이사 등의 액막이 떡으로 쓰였다. 귀신을 쫓는 떡이므로 제사상에는 올리지 않는다.

재료

주재료 멥쌀가루 500g, 설탕 50g, 소금 5g, 물 75g **부재료** 붉은팥 200g, 소금 2g

주요 공정

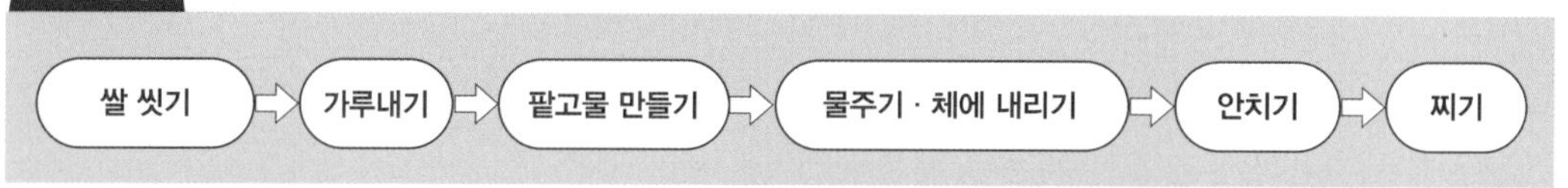

01 쌀 씻기 및 불리기

멥쌀을 깨끗이 씻어 8~12시간 정도 불리고 물기를 뺀다.

02 가루내기

멥쌀을 2번 곱게 빻고 소금을 넣어 섞는다.

03 팥고물 만들기

팥을 씻어 냄비에 넣고 물을 부어 삶는다. 끓어오르면 첫물은 따라 버리고 다시 팥의 6~8배 (묵은 팥은 10배)의 물을 부어 40~50분간 푹 삶는다. 다 삶아지면 뜸을 들인 다음 절구에 쏟아 소금을 넣고 찧는다.

04 쌀가루 물주기 및 체에 내리기

멥쌀가루에 물을 넣어 고루 비벼 중간체에 내린다. 안치기 전 설탕을 넣고 가볍게 섞는다.

05 안치기

찜기에 시루밑을 깔고 팥고물 1/2–쌀가루–나머지 팥고물 순으로 안친다.

06 찌기

김이 오른 물솥에 찜기를 올려 20~25분 찌고 약불에서 5분간 뜸들인다.
찜기를 뒤집어 떡을 빼낸 다음 찜기를 제거한다.

2 녹두찰편

실기 레시피 p.226

찹쌀가루에 녹두 고물을 올려 편으로 쪄낸 떡이다. 주로 의례상에 고임떡으로 쓰인다. 찰편은 두툼하게 찌면 잘 익지 않기 때문에 녹두메편보다는 얇게 찐다.

재료

주재료 찹쌀가루 500g, 설탕 50g, 소금 5g, 물 30g

부재료 불린 거피녹두 300g, 소금 2.5g

주요 공정

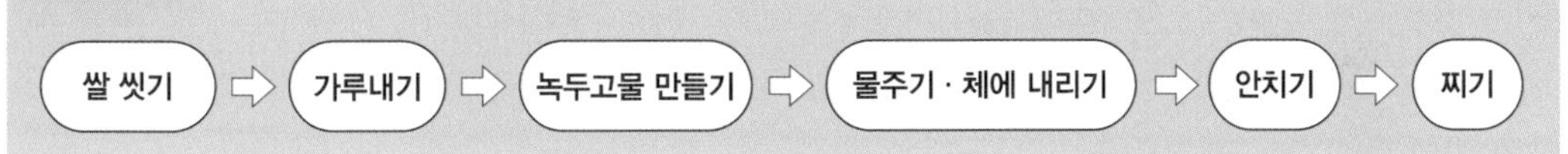

01 쌀 씻기 및 불리기

찹쌀은 깨끗이 씻어 5시간 이상 충분히 불리고 물기를 뺀다.

02 가루내기

찹쌀을 거칠게 1번 빻고 소금을 넣어 섞는다.

03 녹두고물 만들기

불린 거피녹두를 여러 번 씻어 속껍질을 깨끗하게 제거한 후 체에 밭쳐 물기를뺀다.

찜기에 면보를 깔고 40~50분간 무르게 찐다.

찐 녹두에 소금을 넣고 빻은 다음 체에 내려 고물을 만든다.

04 쌀가루 물주기

찹쌀가루에 물을 넣어 고루 비벼 준 후 설탕을 넣고 가볍게 섞어 체에 내린다.

05 안치기

찜기에 시루밑을 깔고 녹두고물 1/2–찹쌀가루–나머지 녹두고물 순으로 안친다.

06 찌기

김이 오른 물솥에 찜기를 올려 25~30분 찌고 약불에서 5분간 뜸들인다.

찜기를 뒤집어 떡을 빼낸 다음 찜기를 제거한다.

3 물호박시루떡

실기 레시피 p.230

늙은호박(천둥호박)을 얇게 썰어 설탕을 약간 뿌리고 멥쌀가루에 버무린 다음 거피팥고물, 쌀가루, 버무린 호박, 쌀가루, 거피팥고물 순으로 안쳐 쪄 낸 떡이다. 맛이 부드러워 노인과 어린이에게 좋으며 추석 무렵부터 겨울철에 많이 먹는다.

재료

재료 멥쌀가루 500g, 설탕 50g, 소금 5g, 물 70g

부재료 늙은호박 150g, 설탕 1큰술, 불린 거피팥 300g, 소금 1.5g

주요 공정

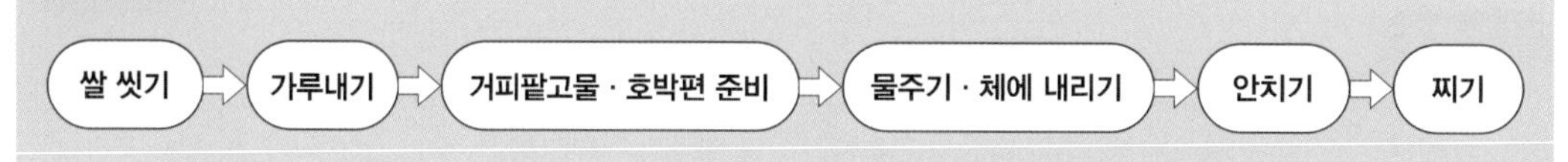

01 쌀 씻기 및 불리기

멥쌀을 깨끗이 씻어 8~12시간 정도 불리고 물기를 뺀다.

02 가루내기

멥쌀을 2번 곱게 빻는다.

03 거피팥고물 및 호박편 준비하기

- 불린 거피팥은 여러 번 씻어 속껍질을 완전히 제거한 다음 찜기에 마른 면보를 깔고 40~50분 무르게 푹 찐다. 다 쪄지면 절구에 쏟아 소금을 넣고 빻아 체에 내린다.
- 늙은호박은 씨와 껍질을 제거하고 0.5㎝ 두께로 편 썰어 설탕을 뿌려 둔다.

04 쌀가루 물주기 및 체에 내리기

멥쌀가루에 소금을 넣고 섞은 후 물을 넣고 고루 비벼 중간체에 내린다.
안치기 전 설탕을 넣고 가볍게 섞는다.

05 안치기

쌀가루 일부를 덜어 호박에 섞어 둔다. 찜기에 시루밑을 깔고 거피고물 1/2–쌀가루 1/2–쌀가루 섞은 늙은호박–나머지 쌀가루–나머지 거피팥고물 순으로 안친다.

06 찌기

김이 오른 물솥에 찜기를 올려 20~25분 찌고 약불에서 5분간 뜸들인다.
찜기를 뒤집어 떡을 빼낸 다음 찜기를 제거한다.

* 호박을 썰어 너무 일찍 설탕에 재어 놓으면 물이 생겨 질어진다.

4 깨찰편

실기 레시피 p.234

실깨와 흑임자로 각각 고물을 만들어 실깨, 쌀가루, 흑임자, 쌀가루, 실깨 순으로 안쳐 찐 시루편이다. 찰편은 찹쌀가루의 특성상 두툼하게 찌면 잘 익지 않기 때문에 얇게 쪄야 좋다.

재료

주재료 찹쌀가루 500g, 설탕 50g, 소금 5g, 물 30g

부재료 흰깨 150g, 흑임자 20g, 소금 1꼬집

주요 공정

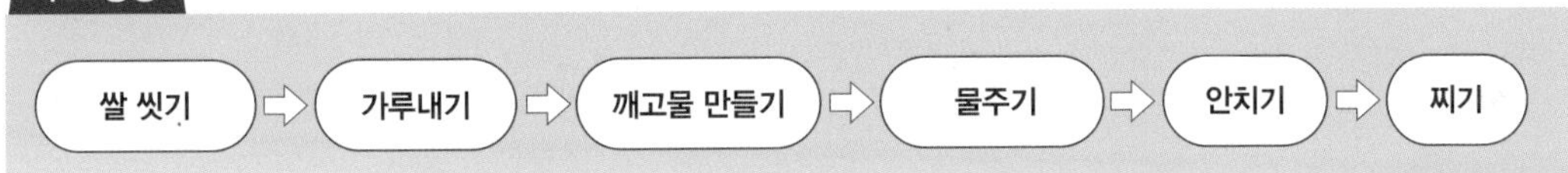

01 쌀 씻기 및 불리기

찹쌀을 깨끗이 씻어 물에 5시간 이상 충분히 불리고 물기를 뺀다.

02 가루내기

찹쌀을 거칠게 1번 빻는다.

03 깨고물 만들기

흰깨, 흑임자를 각각 씻어 2시간 정도 불린 다음 손으로 비벼 껍질을 벗기고 체에 밭쳐 물기를 제거한다. 각각 타지 않게 볶은 후 흰깨에만 분량의 소금을 넣고 각각 절구에 빻아 깨고물을 만든다.

04 쌀가루 물주기

찹쌀가루에 소금을 넣고 섞은 후 물을 넣어 고루 비비고 체에 내린다.
안치기 전 설탕을 넣고 가볍게 섞는다.

05 안치기

찜기에 시루밑을 깔고, 실깨고물 1/2, 쌀가루 1/2 순으로 안친다.
흑임자고물을 체로 쳐 얇게 뿌리고 다시 나머지 쌀가루, 나머지 실깨고물 순으로 안친다.

06 찌기

김이 오른 물솥에 찜기를 올려 25~30분간 찐다.
찜기를 뒤집어 떡을 빼낸 다음 찜기를 제거한다.

3 빚어 찌는 떡류 제조과정

찹쌀가루나 멥쌀가루를 뜨거운 물로 익반죽하여 모양을 빚어 만든 떡을 말한다. 익반죽을 하는 이유는 반죽에 점성을 주어 쉽게 모양을 만들기 위해서이다. 송편, 쑥갠떡, 경단류가 이에 속한다.

1 송편

실기 레시피 p.188

멥쌀가루를 뜨거운 물로 익반죽하여 소를 넣고 반달이나 모시조개 모양으로 빚어 찐 떡이다. 솔잎과 함께 찌기 때문에 송병(松餠)이라고도 한다. 소는 깨, 팥, 콩, 녹두, 밤 등 다양한 재료를 사용한다. 추석 때 빚어 차례상에 올리는 떡이다.

재료

주재료 멥쌀가루 200g, 소금 2g, 물 60g **부재료** 불린 서리태 70g, 참기름 적당량

주요 공정

01 쌀 씻기 및 불리기

멥쌀은 깨끗이 씻어 물에 8~12시간 정도 불린 후 물기를 뺀다.

02 가루내기

멥쌀을 2번 곱게 빻는다.

03 서리태 삶기

서리태는 3~5시간 정도 불려 물기를 제거한 후 서리태 3~4배의 물을 넣어 삶는다.
물이 끓기 시작하면 약 20분 정도 더 삶고 체에 밭쳐 물기를 뺀다.

04 익반죽하기

멥쌀가루에 소금을 넣고 섞은 후 분량의 끓는 물을 넣어 익반죽한다.

05 성형하기

익반죽한 쌀가루를 12등분해 둥글게 빚은 다음
서리태를 5~6알씩 넣고 손으로 오므려 반달 모양으로 만든다.

06 찌기

찜기에 시루밑을 깔고 송편을 안쳐 김이 오른 물솥에 25~30분 찐 후
찬물에 헹궈 참기름을 바른다.

2 쑥갠떡

실기 레시피 p.238

멥쌀가루에 삶은 쑥을 넣고 익반죽하여 동글납작하게 빚어 찐 떡으로 쪄낸 후 참기름을 바르면 표면이 마르지 않는다. 봄에 나오는 해쑥(햇쑥)을 이용해 간단하게 만들어 허기를 달랬던 서민들의 음식이다.

재료

주재료 멥쌀가루 500g, 소금 5g, 물 100g

부재료 삶은 쑥 100~150g, 참기름 또는 식용유 적당량

주요 공정

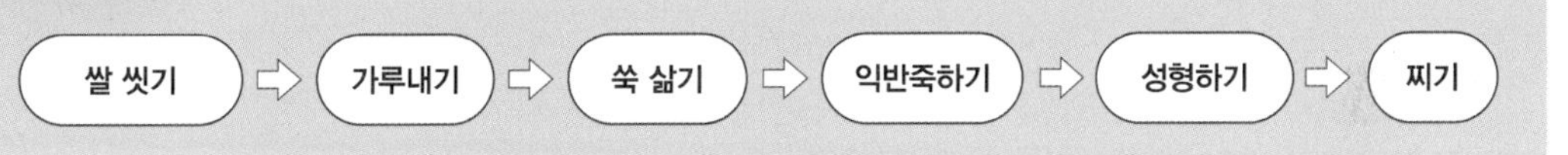

01 쌀 씻기 및 불리기

멥쌀을 깨끗이 씻어 8~12시간 정도 불린 후 물기를 뺀다.

02 가루내기

멥쌀을 2번 곱게 빻고 소금을 넣어 섞는다.

03 쑥 삶아 다지기

쑥은 다듬고 씻어 끓는 물에 삶은 후 찬물에 씻고 물기를 짜 곱게 다진다.

04 익반죽하기

멥쌀가루에 다진 쑥을 넣고 섞은 다음 분량의 끓는 물을 넣어 익반죽한다.

05 성형하기

잘 반죽한 떡을 일정한 양으로 떼어 둥글리고 떡살로 찍어 모양을 낸다.

06 찌기

찜기에 시루밑을 깔고 김이 오른 물솥에 올려 25~30분 정도 찐다.
기름을 골고루 발라 마무리한다.

3 경단

실기 레시피 p.180

찹쌀가루를 익반죽하여 밤톨만한 크기로 동글동글하게 빚어 끓는 물에 삶아 낸 후 고물을 묻힌 떡이다. 고물로는 콩고물, 팥고물, 깨고물, 녹두고물, 대추채, 밤채, 석이채 등 여러 가지가 쓰인다.

재료

재료 찹쌀가루 200g, 소금 2g, 물 30~40g

부재료 볶은 콩가루 50g

주요 공정

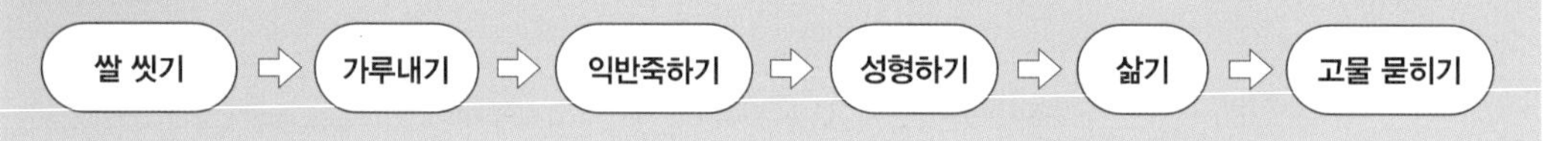

01 쌀 씻기 및 불리기

찹쌀을 깨끗이 씻어 5시간 이상 충분히 불리고 물기를 뺀다.

02 가루내기

찹쌀을 거칠게 1번 빻는다.

03 익반죽하기

찹쌀가루에 소금을 넣고 섞은 후 분량의 끓는 물을 넣어 익반죽한다.

04 성형하기

반죽을 떼어 2.5~3㎝ 정도의 일정한 크기로 20개 이상 둥글게 빚는다.

05 삶기

끓는 물에 경단을 넣어 삶는다.

경단이 떠오르면 찬물을 부어 다시 끓여 속까지 완전히 익힌다.

06 고물 묻히기

찬물에 담가 식히고 물기를 제거한 후, 볶은 콩가루에 굴려 고물을 묻힌다.

4 수수경단

실기 레시피 p.242

찰수수가루를 익반죽해서 끓는 물에 삶아 낸 후 붉은 팥고물을 묻힌 떡이다. 흔히 수수팥떡이라고도 불리며 아기의 백일이나 돌날에 만들어 이웃과 나누어 먹던 떡이다. 수수는 잘 쉬기 때문에 보관에 각별히 유의한다.

재료

주재료 찰수수가루 200g, 찹쌀가루 50g, 소금 2.5g, 물 30~40g

부재료 붉은팥 80g, 소금 1g

주요 공정

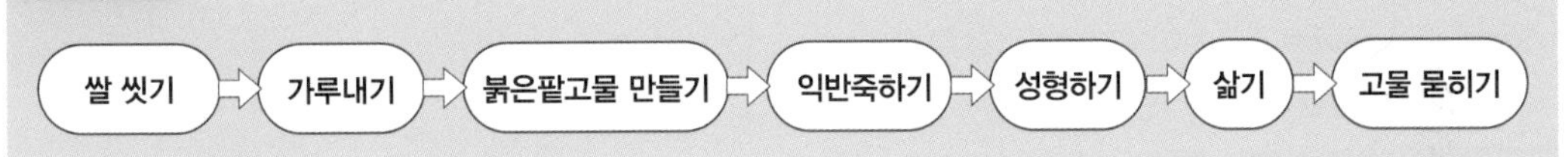

01 쌀 씻기 및 불리기

찹쌀을 깨끗이 씻어 5시간 이상 충분히 불리고 물기를 뺀다.

02 가루내기

찰수수는 물을 갈아주면서 불린 뒤 씻어 건져 곱게 가루를 빻는다.

찹쌀을 거칠게 1번 빻는다.

03 붉은팥고물 만들기

팥을 씻어 일어 물을 붓고, 끓어오르면 첫물을 쏟아 버린다.

다시 팥 6~8배(묵은 팥은 10배)의 물을 부어 40~50분 정도 푹 삶고 수분을 날리며 뜸을 들인다.

소금을 넣고 절구에 찧어서 고물을 만든다.

04 익반죽하기

찰수수가루와 찹쌀가루를 섞고 소금을 넣어 섞어 체에 친 후 분량의 끓는 물을 넣어 익반죽한다.

05 성형하기

반죽을 떼어 일정한 크기로 둥글게 빚는다.

06 삶기

끓는 물에 경단을 넣어 삶는다.

경단이 떠오르면 찬물을 부어 다시 끓여 속까지 완전히 익힌다.

07 고물 묻히기

찬물에 담가 식히고 물기를 제거한 후, 팥고물을 묻힌다.

4 약밥 제조과정

1 약밥

실기 레시피 p.246

찹쌀을 쪄서 만든 밥에 꿀, 진간장, 참기름 등으로 간을 하고 대추, 밤, 잣 등을 섞어 다시 시루에 찐 떡이다. 약은 꿀이 들어간 음식을 뜻하며 귀한 것으로 약밥, 약고추장, 약과 등이 있다. 정월 대보름에 먹는 절식일 뿐 아니라 회갑, 혼례 등에 즐겨 먹었다.

재료

주재료 불린 찹쌀 500g, 소금물(물 1/3컵+소금 1/4작은술), 간장 30g, 황설탕 140g, 꿀 2큰술, 계핏가루 1/2작은술

부재료 깐 밤 5개, 대추 5개, 잣 1큰술, 참기름 적당량

캐러멜소스 대추물 1/4컵, 설탕 1/4컵, 물 1큰술, 물엿 1큰술

주요 공정

01 찹쌀 불리기

찹쌀은 5시간 정도 불려서 체에 밭쳐 물기를 뺀다.

02 찹쌀 1차 찌기

젖은 면보를 깐 찜기에 넣고 김이 오른 물솥에 올려 약 30분 정도 찐다.
뚜껑을 열고 소금물을 뿌리면서 찹쌀을 뒤집어가며 20분 정도 더 찐다.

03 부재료 손질하기

밤은 속껍질을 벗겨 4~6등분하고, 대추는 씨를 제거 후 4~5등분한다.
잣은 고깔을 떼고 젖은 면보로 닦는다.
냄비에 대추물과 설탕을 넣고 중불에서 젓지 말고 끓인다. 갈색으로 변하면 불을 끄고 분량의 끓는 물, 물엿을 넣어 캐러멜소스를 완성한다.

04 양념하기

찐 찹쌀을 그릇에 담고 캐러멜소스, 간장, 황설탕, 꿀, 계핏가루, 참기름으로 양념하여 밥알이 잘 풀어지게 고루 섞는다. 손질한 부재료를 섞고 양념이 배도록 잠시 놓아 둔다.

05 안치기 및 2차 찌기

찜기에 젖은 면보를 깔고 양념한 찹쌀을 안쳐 김이 오른 물솥에 약 30~40분 정도 찐다.

5 인절미 제조과정

1 인절미

실기 레시피 p.250

찹쌀이나 찹쌀가루를 쪄서 뜨거울 때 바로 절구나 안반에 친 다음 적당한 크기로 썰어 고물을 묻힌 떡이다. 고물로는 노란콩가루가 가장 많이 쓰이지만 거피팥가루, 흑임자가루 등 여러 가지가 사용된다. 오래 치댈수록 쫄깃한 맛을 즐길 수 있다.

재료

주재료 찹쌀가루 500g, 소금 5g, 물 30~40g, 소금물(물 1/3컵+소금 1/4작은술)

부재료 볶은 콩가루 50g, 식용유 적당량

주요 공정

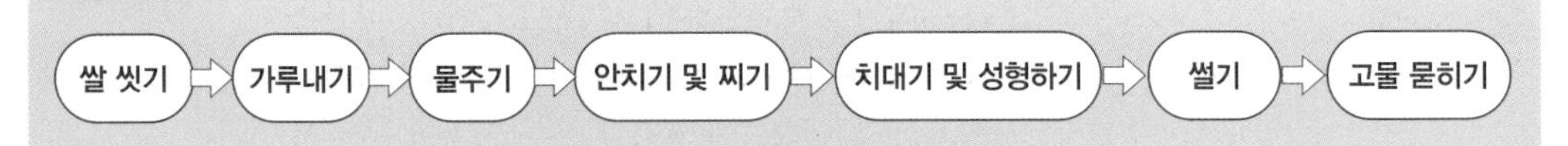

01 쌀 씻기 및 불리기

찹쌀을 깨끗이 씻어 5시간 이상 충분히 불리고 물기를 뺀다.

02 가루내기

찹쌀을 거칠게 1번 빻는다.

03 쌀가루 물주기

찹쌀가루에 소금을 넣어 섞고 물을 넣어 고루 비벼 준다.

04 안치기 및 찌기

찜기에 젖은 면보를 깔고, 쌀가루가 고루 익도록 가볍게 주먹을 쥐어 안친다.
김에 오른 물솥에 올려 25~30분간 찐다.

05 치대기 및 성형하기

쪄낸 떡을 기름칠한 비닐에 싸 치대거나 절구에 넣고 소금물을 발라가며 꽈리가 일도록 찧는다.
비닐을 이용해 모양을 잡고 완전히 식힌다.

06 썰기 및 고물 묻히기

스크레이퍼로 적당한 크기로 잘라 볶은 콩가루를 묻힌다.

6 가래떡류 제조과정

1 가래떡

실기 레시피 p.254

가래떡은 멥쌀가루를 쪄서 안반에 잘 친 다음 도마에 놓고 양손으로 둥글리면서 늘여 원통형으로 만든 떡이다. 요즘은 기계를 이용해 길게 뽑아 일정한 길이로 자르는 것이 일반적이지만 여기서는 손으로 만드는 법을 소개한다.

재료

주재료 멥쌀가루 500g, 소금 5g, 물 120~150g, 소금물(물 1/3컵+소금 1/4작은술)

부재료 식용유 적당량

주요 공정

01 쌀 씻기 및 불리기

멥쌀을 깨끗이 씻어 8~12시간 정도 불린 후 물기를 뺀다.

02 가루내기

멥쌀을 2번 곱게 빻는다.

03 쌀가루 물주기

멥쌀가루에 소금을 넣어 섞고 물을 넣어 고루 비벼 준다. 이때 물의 양은 설기보다 많다.

04 안치기 및 찌기

찜기에 젖은 면보를 깔고 쌀가루를 안쳐 김이 오른 물솥에 25~30분 정도 푹 찐다.

05 치대기 및 성형하기

쪄낸 떡을 기름칠한 비닐에 싸 치대거나 절구에 넣고 소금물을 발라가며 꽈리가 일도록 찧는다. 반죽을 치대며 3㎝ 정도의 일정한 두께로 둥글고 길게 늘인다.

06 썰기

끝을 잘라내고 일정한 길이로 썬다.

2 떡볶이떡

실기 레시피 p.258

가래떡의 한 종류로 가래떡보다 좀 더 가는 원통형으로 만들어 검지손가락 정도의 길이로 썬 떡이다. 간장, 고추장 등의 양념과 갖가지 부재료를 넣어 만든 떡볶이의 주재료로 쓰인다.

재료

주재료 멥쌀가루 500g, 소금 5g, 물 120~150g, 소금물(물 1/3컵+소금 1/4작은술)

부재료 식용유 적당량

주요 공정

01 쌀 씻기 및 불리기

멥쌀을 깨끗이 씻어 8~12시간 정도 불린 후 물기를 뺀다.

02 가루내기

멥쌀을 2번 곱게 빻는다.

03 쌀가루 물주기

멥쌀가루에 소금을 넣어 섞고 물을 넣어 고루 비벼 준다. 이때 물의 양은 설기보다 많다.

04 안치기 및 찌기

찜기에 젖은 면보를 깔고 쌀가루를 안쳐 김이 오른 물솥에 25~30분 정도 푹 찐다.

05 치대기 및 성형하기

쪄낸 떡을 기름칠한 비닐에 싸 치대거나 절구에 넣고 소금물을 발라가며 꽈리가 일도록 찧는다. 반죽을 치대며 1㎝ 정도의 일정한 두께로 둥글고 길게 늘인다.

06 썰기

끝을 잘라내고 일정한 길이로 썬다.

3 조랭이떡

실기 레시피 p.262

가래떡을 굳기 전에 가늘게 하여 가운데를 잘록하게 눌러 조롱박 모양으로 만든 떡이다. 개성 지방의 향토음식으로 새해 아침에 조랭이떡으로 떡국을 끓여 먹었다고 한다. 재물이 넘치길 기원하는 의미가 담겨 있다.

재료

주재료 멥쌀가루 500g, 소금 5g, 물 120~150g, 소금물(물 1/3컵+소금 1/4작은술)

부재료 식용유 적당량

주요 공정

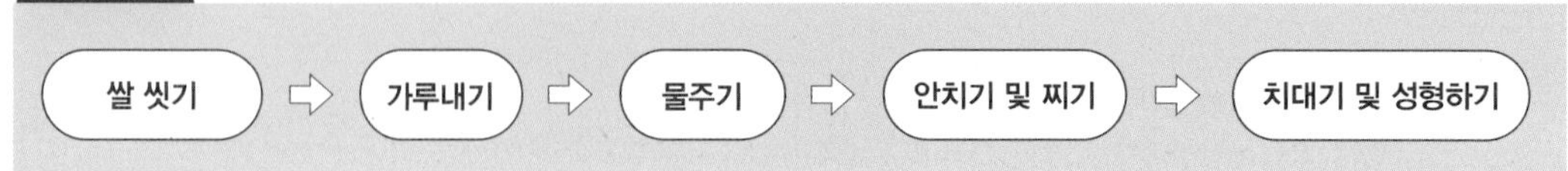

01 쌀 씻기 및 불리기

멥쌀을 깨끗이 씻어 8~12시간 정도 불린 후 물기를 뺀다.

02 가루내기

멥쌀을 2번 곱게 빻는다.

03 쌀가루 물주기

멥쌀가루에 소금을 넣어 섞고 물을 넣어 고루 비벼 준다. 이때 물의 양은 설기보다 많다.

04 안치기 및 찌기

찜기에 젖은 면보를 깔고 쌀가루를 안쳐 김이 오른 물솥에 25~30분 정도 푹 찐다.

05 치대기 및 성형하기

쪄낸 떡을 기름칠한 비닐에 싸 치대거나 절구에 넣고 소금물을 발라가며 꽈리가 일도록 찧는다.
반죽을 치대며, 일정한 크기로 떼어 내 타원형으로 둥글린다.
반죽 가운데에 나무젓가락이나 꼬챙이를 대고 위아래로 살짝 누르며 굴려
누에고치 모양을 만든다.

4 절편

실기 레시피 p.266

멥쌀가루를 쪄서 절구나 안반에 잘 친 다음 넓적하게 늘여 떡살로 문양을 내고 모나거나 둥글게 썬 떡이다. 쑥이나 모싯잎 등을 삶아 넣기도 한다. 절편은 흰떡처럼 다른 음식의 재료가 되지 않는다.

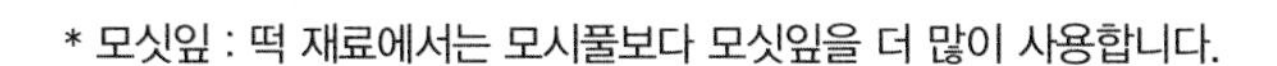

* 모싯잎 : 떡 재료에서는 모시풀보다 모싯잎을 더 많이 사용합니다.

재료

주재료 멥쌀가루 500g, 소금 5g, 물 150g, 소금물(물 1/3컵+소금 1/4작은술)

부재료 삶은 쑥 50~70g, 참기름 또는 식용유 적당량

주요 공정

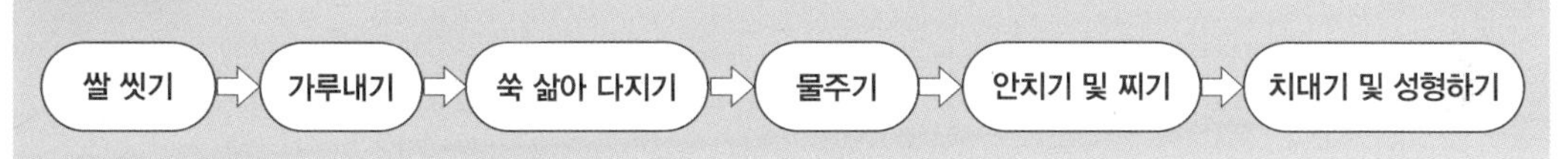

01 쌀 씻기 및 불리기

멥쌀을 깨끗이 씻어 8~12시간 정도 불린 후 물기를 뺀다.

02 가루내기

멥쌀을 2번 곱게 빻는다.

03 쑥 삶아 다지기

쑥은 다듬고 씻어 끓는 물에 삶은 후 찬물에 씻고 물기를 짜 곱게 다진다.

04 쌀가루 물주기

멥쌀가루에 소금을 넣어 섞은 후 반으로 나누어 한쪽에 쑥을 섞는다.
각각의 멥쌀가루에 물을 넣어 고루 비벼 준다. 이때 물의 양은 설기보다 많다.

05 안치기 및 찌기

찜기에 젖은 면보를 반으로 나누어 깔고 쌀가루를 각각 안쳐 김이 오른 물솥에 25~30분 정도 푹 찐다.

06 치대기 및 성형하기

쪄낸 떡을 기름칠한 비닐에 싸 치대거나 절구에 넣고 소금물을 발라가며 꽈리가 일도록 찧는다.
잘 치댄 반죽을 막대 모양으로 밀고 일정한 크기로 떼어 내 동그랗게 둥글린다.
떡살로 모양을 내고 식용유와 참기름을 섞어 바른다.

5 개피떡(바람떡)

실기 레시피 p.270

개피떡은 멥쌀가루를 쪄서 치댄 절편 덩어리를 얇게 밀대로 밀어 소를 넣고 접어 오목한 그릇 같은 것을 이용해 반달모양으로 찍어 만든 떡이다. 이 과정에서 공기가 들어가 볼록해지므로 '바람떡'이라고도 한다.

재료

주재료 멥쌀가루 500g, 소금 5g, 물 150g, 소금물(물 1/3컵+소금 1/4작은술)

부재료 삶은 쑥 50~70g, 흰앙금 200g, 참기름 또는 식용유 적당량

주요 공정

01 쌀 씻기 및 불리기

멥쌀을 깨끗이 씻어 8~12시간 정도 불리고 물기를 뺀다.

02 가루내기

멥쌀을 2번 곱게 빻는다.

03 쑥 손질하기

쑥은 다듬고 씻어 끓는 물에 삶은 후 찬물에 씻고 물기를 짜 곱게 다진다.

04 반죽하기

멥쌀가루에 소금을 넣어 섞고 물을 넣어 고루 비벼 섞어준다.
이때 물의 양은 설기보다 많다.

05 안치기 및 찌기

찜기에 젖은 면보를 깔고 쌀가루를 안쳐 김이 오른 찜기에 25~30분 찐다.
흰앙금을 막대 모양으로 밀어 일정한 크기로 잘라 둔다.

06 치대기 및 성형하기

쪄낸 떡을 기름칠한 비닐에 싸 치대거나 절구에 넣고 소금물을 발라가며 꽈리가 일도록 찧는다.
반죽 일부를 밀대로 밀어 1/3지점에 앙금을 올리고 접은 후 바람떡 도장을 이용해 찍어낸다.
완성된 떡에 기름칠을 한다.

7 찌는 찰떡류 제조과정

찹쌀가루에 부재료를 넣고 찐 떡을 말한다. 구름떡, 쇠머리떡, 콩찰편, 두텁떡이 이에 속한다.

1 쇠머리떡

실기 레시피 p.192

콩, 밤, 대추, 감, 호박고지 등을 찹쌀가루에 섞어 찐 떡이다. 잘 굳지 않는 특징이 있으며 쌀에 부족한 영양소가 잘 보충된 떡으로 달짝지근하고 쫀득하다. 썰어 놓은 모습이 쇠머리편육 같다고 하여 '쇠머리떡'이란 이름이 붙여졌다.

재료

주재료 찹쌀가루 500g, 설탕 50g, 소금 5g, 물 30g

부재료 불린 서리태 100g, 소금 1꼬집, 대추 5개, 깐 밤 5개, 호박고지 20g, 식용유 적당량

주요 공정

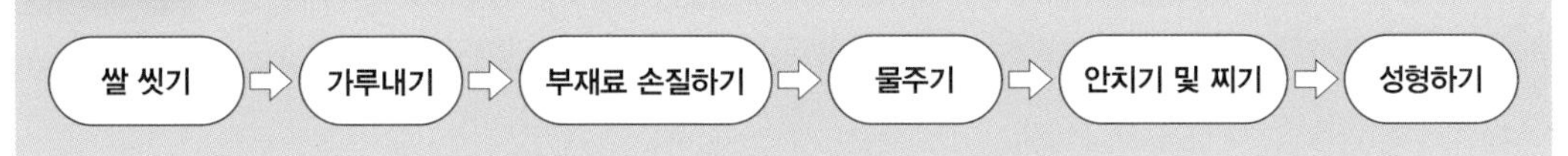

01 쌀 씻기 및 불리기

찹쌀을 깨끗이 씻어 5시간 이상 충분히 불리고 물기를 뺀다.

02 가루내기

찹쌀을 거칠게 1번 빻는다.

03 부재료 손질하기

밤은 속껍질을 벗겨 4~6등분하고, 대추는 씨를 제거한 후 4~5등분한다.
호박고지는 적당한 크기로 잘라 따뜻한 물에 불리고 물기를 제거한다.
서리태는 3~5시간 정도 불려 물기를 제거한 후 서리태 3~4배의 물을 넣어 삶는다. 물이 끓기 시작하면 약 20분 정도 더 삶고 체에 밭쳐 소금을 넣고 식힌다.

04 쌀가루 물주기

찹쌀가루에 소금을 넣어 섞고 물을 넣어 고루 비벼 준다.

05 안치기 및 찌기

찜기에 젖은 면보를 깔고, 부재료 1/2을 안치고 나머지 부재료는 쌀가루에 설탕과 잘 섞어 혼합한 후 안친다. 김이 오른 물솥에 찜기를 올려 25~30분 정도 찐다.

06 성형하기

기름칠한 비닐에 찐 떡을 올려 모양을 잡으면서 15×15㎝ 정도의 사각형으로 만든다.

2 구름떡

실기 레시피 p.274, 278

찹쌀가루에 밤, 호두, 잣 등의 부재료를 넣고 찐 후 팥앙금가루나 흑임자가루를 묻혀 불규칙한 층이 생기도록 사각형 틀에 넣어 굳힌 떡이다. 자른 단면이 구름이 흩어져 있는 것처럼 보인다고 하여 '구름떡'이라 불린다.

재료

주재료 찹쌀가루 500g, 설탕 50g, 소금 5g, 물 35g

부재료1 대추 5개, 깐 밤 5개, 잣 1큰술, 호두 3개

부재료2 흑임자(또는 팥앙금)가루 2컵, 설탕시럽(설탕 1컵+물 1컵)

주요 공정

01 쌀 씻기 및 불리기

찹쌀을 깨끗이 씻어 5시간 이상 충분히 불리고 물기를 뺀다.

02 부재료 손질하기

밤은 속껍질을 벗겨 4~6등분하고, 대추는 씨를 제거한 후 4~5등분한다.
호두는 살짝 데쳐 잘게 다지고, 잣은 고깔을 떼고 젖은 면보로 닦는다.
냄비에 설탕과 물을 넣고 1/2이 되도록 약불에 졸여 시럽을 만든다.

03 가루내기 및 물주기

찹쌀을 거칠게 1번 빻은 후, 소금을 넣어 섞고 물을 넣어 고루 비빈다.
손질한 부재료와 설탕을 넣고 가볍게 섞는다.

04 쌀가루 안치기 및 찌기

찜기에 젖은 면보를 깔고, 쌀가루가 고루 익도록 가볍게 주먹을 쥐어 안친다.
김이 오른 물솥에 찜기를 올려 25~30분 정도 충분히 쪄 준다.

05 성형하기

쪄낸 떡 반죽을 뜨거울 때 조금씩 떼어 내 흑임자(팥앙금)가루를 묻혀
비닐을 깐 틀에 담아 채운다. 채우면서 설탕시럽을 중간중간 발라준다.
떡이 식으면 틀에서 빼 적당한 크기로 자른다.

3 콩찰편

실기 레시피 p.282

검은콩(서리태)을 삶아 달게 조린 후 시루에 검은콩, 찹쌀가루, 검은콩 순으로 안쳐 쪄낸 떡이다. 콩찰편에는 검은콩의 한 종류인 서리태 콩이 주로 사용되는데 서리태는 물에 담갔을 때 잘 무르고 당도가 높다.

재료

주재료 찹쌀가루 500g, 황설탕 50g, 소금 5g, 물 35g

부재료 불린 서리태 3컵, 소금 3g, 흑설탕 30g, 물 1컵, 조청 50㎖+적당량(마무리용)

주요 공정

01 쌀 씻기 및 불리기

찹쌀을 깨끗이 씻어 5시간 이상 충분히 불리고 물기를 뺀다.

02 서리태 삶아 졸이기

서리태는 3~5시간 정도 불려 물기를 제거한 후 서리태 3~4배의 물을 넣어 삶는다.
물이 끓기 시작하면 약 20분 정도 삶고 체에 밭쳐 소금을 넣고 식힌다.
삶은 서리태에 흑설탕, 물 1컵을 넣고 물기가 없어질 때까지 졸인 후
조청을 넣어 다시 졸이고 펼쳐 식힌다.

03 가루내기 및 물주기

찹쌀을 거칠게 1번 빻는다. 찹쌀가루에 소금을 넣어 섞고 물을 넣어 고루 비벼 준 후,
체에 내리고 안치기 전 황설탕을 넣고 가볍게 섞는다.

04 안치기

찜기에 젖은 면보를 깔고, 서리태 1/2–쌀가루–나머지 서리태 순으로 고루 펴서 안친다.

05 찌기

김이 오른 물솥에 찜기를 올려 25~30분 정도 찐다.
기름칠한 비닐에 쪄낸 떡을 엎어서 조청을 골고루 바른다.

4 두텁떡(봉우리떡)

실기 레시피 p.286

거피팥고물을 한 켜 깔고 그 위에 찹쌀가루를 한 수저씩 간격을 두어 놓은 다음 소를 넣고 다시 찹쌀가루, 거피팥고물 순으로 얹어 찐 떡이다. 보통 시루떡처럼 평평하게 안치지 않고 하나씩 떠낼 수 있게 소복소복 안쳐 봉우리떡, 후병(厚餠), 합병(盒餠)이라고도 한다. 궁중떡으로, 만드는 방법에는 조금씩 차이가 있다.

재료

주재료 찹쌀가루 500g, 간장 1큰술, 소금 1/3작은술, 설탕 75g

고물양념 불린 거피팥 6컵, 간장 1큰술, 설탕 30g, 계핏가루 1/2작은술, 소금 1/4작은 술

팥소 거피팥고물 1컵, 밤 5개, 대추 5개, 계핏가루 1/3작은술, 유자건지 1큰술, 꿀 1큰술, 잣 1/2큰술

주요 공정

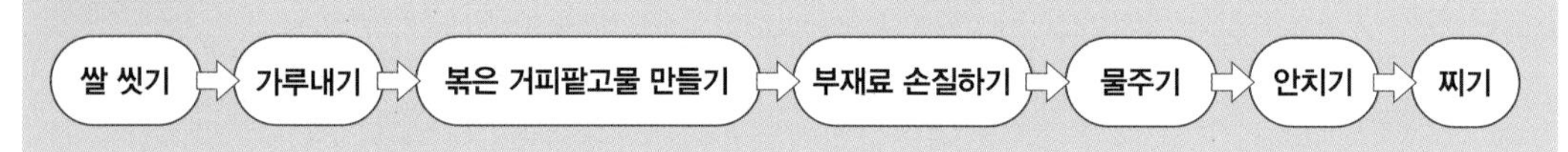

01 쌀 씻기 및 불리기 · 가루내기

찹쌀을 깨끗이 씻어 5시간 이상 충분히 불리고 물기를 뺀다.
찹쌀을 거칠게 1번 빻는다.

02 볶은 거피팥고물 만들기

거피팥은 4~6시간 정도 불려 여러 번 비벼 씻어 속껍질을 제거하고 체에 밭쳐 물기를 뺀다.
찜기에 마른 면보를 깔고 거피팥을 넣어 40~50분 정도 찐다. 찐 거피팥에 소금을 넣고
체에 내려 간장, 설탕, 계핏가루를 넣고 섞는다. 번철에 볶아 다시 한 번 체에 내린다.

03 부재료 손질하기

밤, 대추는 손질하여 잘게 썰고, 잣은 고깔을 떼고, 유자건지는 곱게 다져 준비한다.
볶은 거피팥고물에 손질한 부재료와 꿀, 계핏가루를 넣고 동글납작하게 반죽해 팥소를 만든다.

04 쌀가루 물주기

찹쌀가루에 간장과 소금을 넣고 고루 비벼 중간체에 내린 후, 설탕을 가볍게 섞는다.

05 안치기

찜기에 젖은 면보를 깔고, 볶은 거피팥고물을 넉넉히 편다. 쌀가루를 한 수저씩 적당한 간격으로
올리고 그 위에 팥소를 하나씩 놓고 다시 쌀가루를 올린다. 체를 이용해 볶은 거피팥고물을
넉넉히 뿌려 덮는다.

06 찌기

김이 오른 물솥에 25~30분 정도 찌고 수저로 하나씩 떠낸다.

8 부풀려 찌는 떡

멥쌀가루를 따뜻한 물과 막걸리로 발효시킨 다음 틀에 담고 대추, 밤, 석이버섯 등의 고명을 얹어 찐 떡이다. 기주떡, 기지떡, 술떡 등 다양한 이름으로 불린다. 빨리 쉬지 않아 여름철에 먹기 좋다.

1 판증편

실기 레시피 p.292

고운체에 친 멥쌀가루에 막걸리와 설탕을 넣어 발효시켜 달콤하면서도 천연의 새콤한 맛이 나는 여름 떡이다.

재료

주재료 멥쌀가루 500g, 설탕 80g, 생막걸리 160g, 물 160g, 소금 3g

부재료 대추 2개, 석이버섯 1쪽, 밤 1개, 식용유 적당량

주요 공정

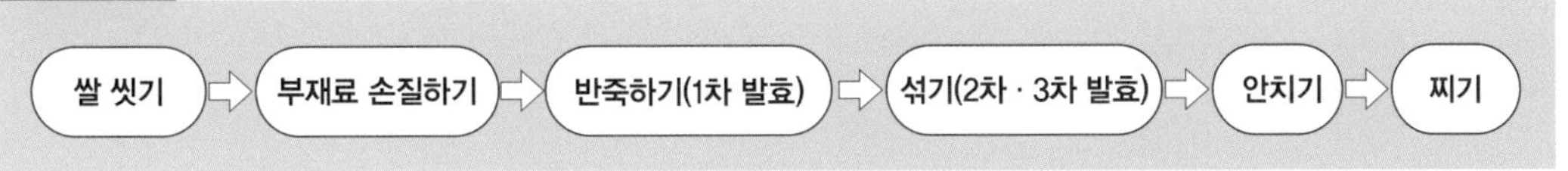

01 쌀 씻기 및 가루내기

멥쌀을 깨끗이 씻어 8~12시간 정도 불리고 물기를 빼서 2번 빻고 고운체에 내린다.

02 부재료 손질하기

대추, 밤은 씻어 곱게 채 썰고, 석이버섯은 물에 불려 이끼를 제거하고 깨끗이 손질 후 곱게 채 썬다.

03 반죽하기(1차 발효)

40℃의 따뜻한 물에 소금, 설탕과 막걸리를 섞고 쌀가루를 넣어 섞는다.
랩을 씌워 35~40℃ 조건에서 3~4시간 정도 1차 발효시킨다.

04 섞기(2차 · 3차 발효)

2배로 부풀어 오르면 반죽을 나무주걱으로 잘 저어 공기를 빼고 다시 랩을 씌워 같은 조건에서 2시간 정도 2차 발효시킨다. 다시 나무주걱으로 저어 공기를 빼고 1시간 정도 3차 발효시킨다.

05 안치기

찜기에 젖은 면보를 깔고 기름칠한 증편틀을 올린다. 반죽을 잘 섞어 공기를 빼고 증편틀에 약 70~80% 정도 채워 탁탁 쳐 공기를 뺀 후 고명을 올린다.

06 찌기

김이 오른 물솥에 찜기를 올리고 약불에서 10분, 강불에서 20분 끓인 후 약불에서 5분 뜸들인다.
다 쪄지면 윗면에 기름칠을 하고 꼬챙이로 틀에서 뺀다.

2 방울증편

실기 레시피 p.292

멥쌀가루를 익반죽하여 막걸리를 풀어서 발효시킨 다음 틀에 붓고 찐 떡이다. 판증편 반죽을 1개씩 용기에 부어 발효시켜 만들며 달면서 새콤한 맛이 좋은 여름 떡이다.

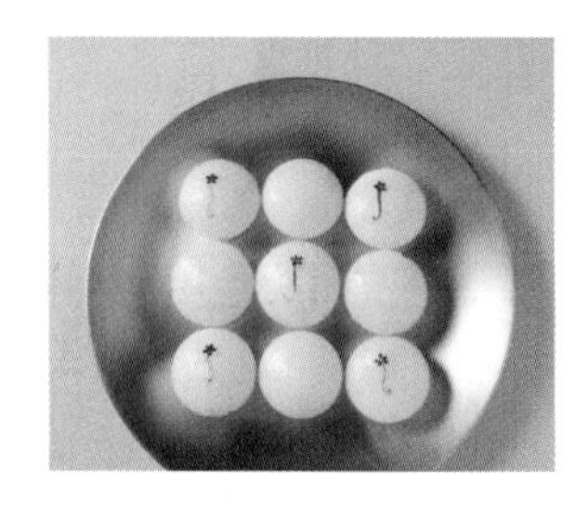

재료

주재료 멥쌀가루 500g, 설탕 80g, 생막걸리 160g, 물 160g, 소금 3g

부재료 대추 2개, 석이버섯 1쪽, 밤 1개, 식용유 적당량

주요 공정

01 쌀 씻기 및 가루내기

멥쌀을 깨끗이 씻어 8~12시간 정도 불리고 물기를 빼서 2번 빻고 고운체에 내린다.

02 부재료 손질하기

대추, 밤은 씻어 곱게 채 썰고, 석이버섯은 물에 불려 깨끗이 손질 후 곱게 채 썬다.

03 반죽하기(1차 발효)

40℃의 따뜻한 물에 소금, 설탕과 막걸리를 섞고 쌀가루를 넣어 섞는다.
랩을 씌워 35~40℃ 조건에서 3~4시간 정도 1차 발효시킨다.

04 섞기(2차 · 3차 발효)

2배로 부풀어 오르면 반죽을 나무주걱으로 잘 저어 공기를 빼고 다시 랩을 씌워 같은 조건에서 2시간 정도 2차 발효시킨다. 다시 나무주걱으로 저어 공기를 빼고 1시간 정도 3차 발효시킨다.

05 안치기

찜기에 젖은 면보를 깔고 기름칠한 증편틀을 올린다. 반죽을 잘 섞어 공기를 빼고 증편틀에 약 70~80% 정도 채워 탁탁 쳐 공기를 뺀 후 고명을 올린다.

06 찌기

김이 오른 물솥에 찜기를 올리고 약불에서 5분, 강불에서 10분, 약불에서 5분간 뜸을 들인다.
다 쪄지면 윗면에 기름칠을 하고 꼬챙이로 틀에서 뺀다.
고명 없이 찐 다음 흑임자로 깔끔하게 장식할 수도 있다.

9 단자류 제조과정

찹쌀가루에 거피팥, 대추, 밤, 석이버섯, 꿀 등의 소를 넣고 다시 고물을 묻혀 만드는 떡이다. 종류로는 쑥단자, 대추단자, 밤단자, 은행단자, 석이단자, 감단자, 율무단자 등이 있다.

1 대추단자

실기 레시피 p.296

둥글게 빚은 찹쌀가루 반죽에 대추, 밤, 석이버섯을 곱게 채 썰어 고물로 묻힌 떡이다. 예부터 각색편 위에 장식하는 웃기떡으로 사용했다.

재료

주재료 찹쌀가루 300g, 소금 3g, 물 30g

소 대추 10개, 꿀 1/2큰술 **고물** 대추 12개~15개, 밤 7개~9개, 석이버섯 5~7g, 식용유 적당량

주요 공정

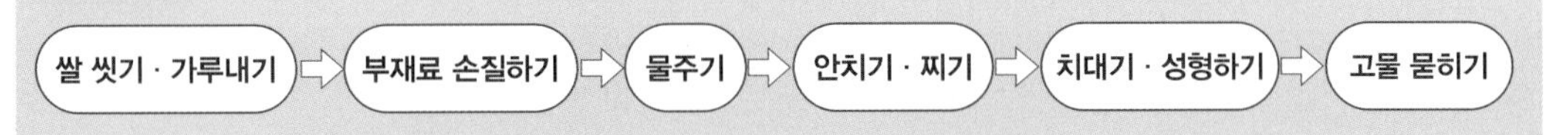

01 쌀 씻기 및 불리기 · 가루내기

찹쌀을 깨끗이 씻어 물에 5시간 이상 충분히 불리고 물기를 뺀다. 찹쌀을 거칠게 1번 빻는다.

02 부재료 손질하기

소에 사용할 대추는 씨를 빼서 곱게 다진다. 고물에 사용할 밤과 대추는 씻어서 채 썰고 석이버섯은 물에 불려 이끼를 제거하고 깨끗이 손질 후 말려 곱게 채 썬다.
찜기에 시루밑을 깔고 고물용 부재료를 올려 물솥에 살짝 찌고 펼쳐서 식힌다.

03 쌀가루 물주기

쌀가루에 소금을 넣어 섞고 물을 넣어 손으로 고루 비빈다.

04 안치기 및 찌기

찜기에 젖은 면보를 깔고 쌀가루를 가볍게 주먹을 쥐어 안친다.
김이 오른 물솥에 찜기를 올려 약 25~30분 정도 찐다.

05 치대기 및 성형하기

기름칠한 비닐에 떡을 올리고 치댄 후 도톰하고 길게 펼친다. 다진 대추 소에 꿀을 섞어 긴 막대 모양으로 만든 후 떡 위에 올리고 말아 준다. 손날로 일정한 크기로 잘라 둥글게 매만진다.

06 고물 묻히기

채 썬 대추, 밤, 석이버섯에 굴려 고물을 묻힌다.

2 쑥단자

실기 레시피 p.300

삶아서 다진 쑥을 찹쌀가루에 섞어 안치고 소와 고물에 거피팥고물을 사용한 떡이다. 쑥이 나는 봄철에 먹는 절식이며 쑥구리단자, 보풀떡이라고도 한다.

재료

주재료 찹쌀가루 300g, 삶은 쑥 60~70g, 소금 3g, 물 20g **부재료** 식용유 적당량
소 불린 거피팥 1/2컵, 소금 1꼬집, 꿀 1/2큰술 **고물** 불린 거피팥 2컵, 소금 2g

주요 공정

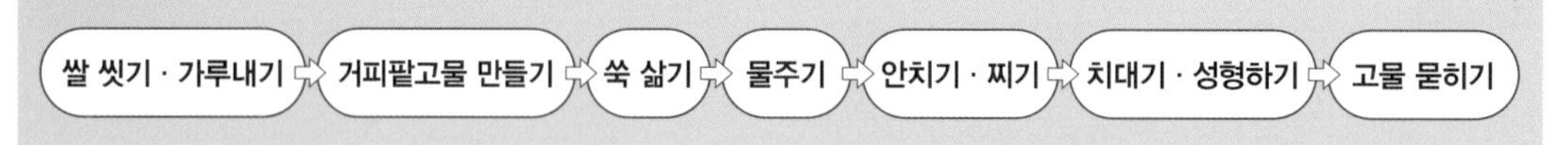

01 쌀 씻기 및 불리기

찹쌀을 깨끗이 씻어 물에 5시간 이상 충분히 불리고 물기를 뺀다.

02 가루내기

찹쌀을 거칠게 1번 빻는다.

03 거피팥고물 만들기

불린 거피팥은 여러 번 씻으면서 속껍질을 완전히 제거한 후 체에 밭쳐 물기를 뺀다.
찜기에 마른 면보를 깔고 거피팥을 40~50분간 무르게 푹 찐 다음
한 김 식혀 소금을 넣고 절구에 빻아 체에 내린다.

04 쑥 삶기

쑥은 다듬고 씻어 끓는 물에 삶은 후 찬물에 씻고 물기를 짜 곱게 다진다.

05 쌀가루 물주기

쌀가루에 소금을 넣어 섞고 다진 쑥을 넣어 잘 섞는다. 물을 넣고 손으로 고루 비빈다.

06 안치기 및 찌기

찜기에 젖은 면보를 깔고 쌀가루를 가볍게 주먹을 쥐어 안친다.
김이 오른 물솥에 찜기를 올려 약 25~30분 정도 찐다.

07 치대기 및 성형하기

기름칠한 비닐에 떡을 올리고 치댄 후 도톰하고 길게 펼친다. 거피팥고물 소에 꿀을 섞어 긴 막대 모양으로 만든 후 떡 위에 올리고 말아 준다. 손날로 일정한 크기로 잘라 둥글게 매만진다.

08 고물 묻히기

거피팥고물에 굴려 고물을 묻힌다.

제3절 | 떡류 포장 및 보관

1 떡의 포장 방법

(1) 식품포장의 의미

식품의 보관 및 유통 과정에서 그 품질을 보존하고 위생적인 안전성을 유지하며 유통 및 판매가 용이하도록 적합한 재료, 또는 용기에 물품을 싸거나 담는 과정, 혹은 상태를 말한다.
우리말 '포장'이라는 말은 흔히 패키징과 랩핑을 포함하는 개념이지만 여기서는 패키징만을 다루도록 한다.

- **패키징(packaging)** – 적절한 포장 재료나 용기로 제품을 싸거나 장식하는 것
- **랩핑(wrapping)** – 포장지 또는 포장 재료를 이용해 물건의 겉면을 감싸는 것

(2) 포장의 기능

식품은 포장을 통해 상품성을 확보한다. 포장은 그 기능적인 면으로 볼 때 예전에는 제품의 보호라는 측면이 중요했으나 오늘날에는 제품의 판매촉진이라는 마케팅적인 측면이 점차 강조되고 있다.

① 식품의 보존

제품의 특성을 고려한 효과적인 포장을 통해 영양과 맛이 저해되지 않도록 제품을 보존하고 외부적 요인으로부터 제품을 보호함으로써 위생성, 보존성, 저장성을 높인다.

② 취급의 편의

단위별로 규격 포장함으로써 운반과 유통, 판매를 용이하게 하며 섭취를 비롯해 진열, 폐기에 이르기까지 사용상의 편의성도 제공한다.

③ 판매 촉진

포장을 통해 제품을 차별화하고 상품 가치를 높임으로써 물건을 구입하고자 하는 소비자들의 구매 심리를 자극해 매출을 촉진한다.

④ 정보 제공

제품의 재료 및 성분, 유통기간, 보존방법, 유의사항 등의 정보를 소비자에게 제공한다. 이때 표시사항은 식품위생법 등을 준수해야 하며 과장광고가 되지 않아야 한다.

(3) 포장의 분류

포장은 포장 형태, 최종 목적, 재료, 기법, 내용물의 종류, 포장의 수준 등에 따라 여러 가지로 분류할 수 있다.

포장의 수준	내용	예
1차 포장 (primary package)	제품과 직접 접촉하는 포장으로 차단성 부여	플라스틱파우치, 캔, 병
2차 포장 (secondary package)	1차 포장된 것을 여러 개씩 한 단위로 포장	대형 박스
3차 포장 (tertiary package)	2차 포장된 것을 여러 개씩 묶음	팔레트(pallet) 포장
4차 포장 (quarternary package)	3차 포장된 여러 개의 팔레트를 담음	컨테이너

(4) 떡에 쓰이는 포장 재질

떡의 포장에 쓰이는 포장재는 위생적이어야 하며, 식품에 직접 접촉하는 만큼 유해하거나 건강을 해칠 우려가 있는 포장용품은 사용하지 않도록 한다. 포장용품은 재질에 따라 캔, 병, 종이, 플라스틱 등이 있으나 떡 포장에는 주로 종이와 플라스틱 포장재가 많이 쓰인다.

① 종이, 지기

포장에 사용되는 종이 포장재는 매우 다양하나 상판지, 크래프트지 등 대부분 가공종이류(converted paper)를 사용하고, 파라핀 처리나 비닐코팅처리가 된 파라핀왁스지, 폴리에텔렌 가공지 등 특수 가공 포장용지를 사용하기도 한다.

지기(paper containner)는 종이, 판지로 만든 용기를 말하며 종이로 만든 상자, 종이 그릇, 접시 등이 포함된다. 지기의 장점은 물리적 강도, 통기성, 내용물 보호, 완충작용, 위생성, 개봉성이 우수하다는 것이다. 단점은 내수성, 기체 차단성, 열봉합성이 부족하고 내유성, 내약품성이 없다는 것이다. 이러한 지기의 단점을 보완하기 위해 특수가공포장용지 등으로 만든 지기를 사용하기도 한다.

② 플라스틱

식품 용기로 사용하는 플라스틱은 PET, PE, PP, PS 등이다.

- **PET (폴리에틸렌 테레프탈레이트, polyethylene terephthalate)**

  흔히 페트병이라 불리는 소재로 투명도가 높고 가벼운 게 특징이다. 내열온도가 비교적 높은 편이지만 생수병처럼 얇은 용기에 뜨거운 물을 부으면 형태가 찌그러진다. 가장 많이 재활용되며 독성이 없다. 생수병, 음료수병, 투명한 아이스커피 컵이다.

- **PE (폴리에틸렌)**

  PE는 고밀도와 저밀도로 나뉘는데 고밀도는 요구르트나 우유병 등에, 저밀도는 랩과 비닐 등에 사용한다. PE는 비교적 안전한 소재로, 전자레인지에서 짧게 데우는 것이 가능하다. 우유팩이나 종이 컵라면 내면 코팅도 PE로 한다.

• PS (폴리스티렌, polystyrene)

플라스틱 중에서 가장 가공하기 쉬운 소재이나 내구성과 열에 약하다. 때문에 고온에 노출되면 비스페놀A 등 환경호르몬이 유출될 수 있으므로 뜨거운 제품을 담기에는 적합하지 않다. 스티로폼도 폴리스티렌의 일종인데 PS를 발포하여 다른 구조로 만든 것이다. 과자용기, 투명한 아이스커피 컵(PE보다 탁함), 테이크아웃 커피 잔 뚜껑(PP보다 얇음), 일부 컵라면 용기(스티로폼) 등으로 사용된다.

[플라스틱 종류와 특징 · 용도]

코드	명칭	특징	용도	위험성
1 PETE	PET(PETE) 폴리에틸렌 테레프탈레이트	투명하고 가볍다. 가장 많이 재활용되며 독성에 매우 안전하다. 재사용 시 박테리아 번식 가능성이 높다.	생수병, 주스, 이온 음료병 등	사용해도 좋음
2 HDPE	HDPE 고밀도 폴리에틸렌	화학성분 배출이 없고 독성에 매우 안전하다, 전자레인지 사용이 가능하다.	우유병, 영유아 장난감 등	사용해도 좋음
3 V	PVC 폴리비닐 클로라이드	평소에는 안정적인 물질이나 열에 약해 소각 시 독성가스와 환경호르몬, 다이옥신을 방출한다.	랩, 시트, 필름, 고무대야, 호스 등	사용하면 안 좋음
4 LDPE	LDPE 저밀도 폴리에틸렌	고밀도보다 덜 단단하고 투명하다. 일상생활 사용 시 안전하나 재활용이 불가해 가급적 사용을 자제할 것을 권유한다.	비닐봉투, 필름, 포장재 등	사용해도 괜찮음
5 PP	PP 폴리프로필렌	PP는 플라스틱 중 질량이 가장 가볍고 내구성이 강하다. 고온에도 변형되거나 호르몬 배출이 없다.	밀폐용기, 도시락, 컵 등	사용해도 좋음
6 PS	PS 폴리스티렌	성형이 용이하나 내열성이 약해 가열 시 환경호르몬 및 발암물질이 배출된다.	일회용 컵, 컵라면 용기, 테이크아웃 커피 뚜껑 외	사용하면 안 좋음
7 OTHER	PC(기타 모든) 폴리카보네이트	PC는 가공과 내충격성이 우수해 건축 외장재로 주로 쓰인다. 환경호르몬이 배출되어 식품용기로는 사용 불가하다.	물통, 밀폐용기, 건축 외장재 등	사용하면 안 좋음

• **PP (폴리프로필렌, polypropylene)**

가볍고 내구성이 강하며 열에 강한 것이 특징이다. 편의점이나 백화점에서 판매하는 도시락용기나 뜨거운 음식을 담는 용기로 사용된다. 전자레인지에서도 사용이 가능하다. 테이크아웃 커피잔 뚜껑, 불투명한 도시락 용기, 빵이나 쿠키 등의 포장지 등이라고 생각하면 쉽다.

• **OPP필름 (연신폴리프로필렌, oriented polypropylene)**

우리가 흔히 아는 비닐 포장재로 투명성과 광택이 뛰어나다. 가공 방법이 간단하고 가격이 저렴하다는 장점도 있다. 떡이나 빵의 개별포장에 이용된다. PE, PS로 만든 비닐 포장재보다 약간 단단한 느낌이다.

(5) 떡 포장 방법

① 일반적인 포장 방법

랩이나 OPP필름 등을 이용해 낱개 포장하거나, 종이나 플라스틱 포장용기(트레이)에 넣어 랩핑한다. 이때 떡이 너무 뜨거우면 포장재 안에 김이 서리고 수분이 많아 쉽게 상할 수 있으므로 한 김 식혀준 후(냉각) 포장하도록 한다. 기계 포장에 비해 시간은 오래 걸리나 떡의 모양을 해치지 않고 예쁘게 포장할 수 있다.

② 기계적인 포장 방법

말 그대로 자동 포장기계를 이용해 떡을 포장하는 방법이다. 대량의 제품을 짧은 시간 내에 포장할 수 있어 작업능률을 높이고 인건비를 절약할 수 있으나 가격이 비싼 것이 단점이다.

2 포장 용기 표시사항

(1) 식품표시의 목적

식품위생법은 식품에 대한 정보(제품명, 유통기한, 원재료명, 보관방법, 주의사항 등)를 식품의 포장이나 용기에 표시할 것을 규정하고 있다. 이는 소비자에게 올바른 정보를 제공함으로써 식품에 대한 위생적인 취급과 공정한 거래를 도모하기 위해서이다.

(2) 떡류 보관방법

떡류는 보관이 쉽지 않기 때문에 당일 생산, 당일 판매를 원칙으로 하고 오래 보관한 제품은 판매하지 않도록 한다.

① 냉장 보관

0~10℃에서 보관하는 방법을 말한다. 미생물 증식을 억제하고 화학 반응 속도를 지연하고 품질을 유지하고 저장성을 향상시키기 위한 방법으로, 난류, 채소, 과일의 보관에 적당하지만 떡류의 경우에는 냉장 보관하지 않는다. 떡류는 0~5℃에서 노화가 빠르게 진행되어 수분이 감소하고 떡이 딱딱해진다.

② 냉동 보관

−18℃ 이하에서 보관하는 방법이다. 미생물을 억제하고 효소 작용을 정지시켜 부패와 변질을 막고 전처리 식품의 경우 바로 조리해 먹을 수 있는 장점이 있으나 유통, 판매 중에 온도가 올라가면 식품이 쉽게 변질될 수 있다. 떡을 보관할 때 사용한다. 개별 포장하거나 용기 등에 소분해 보관하고 너무 오래 보관하지 않도록 한다.

③ 급속냉동법

온도를 급속하게 떨어뜨려 세포나 조직에 아주 작은 얼음 결정만 생성되기 때문에 조직을 파괴하지 않고 떡의 맛을 유지할 수 있다. −40℃ 이하의 저온이 사용된다.

(3) 떡류 식품표시 사항

표시사항	비고
제품명	
식품의 유형	
영업소(장)의 명칭(상호) 및 소재지	
유통기한 내용량 및 내용량에 해당하는 열량	제조일로부터 소비자에게 판매가 가능한 기간 단, 열량은 떡류는 해당 없음
원재료명	
용기 · 포장 재질	
품목보고번호	식품위생법에 따라 제조시설별로 부여되는 고유번호
성분명 및 함량	해당 경우에 한함
보관방법	해당 경우에 한함
주의사항 방사선조사 유전자 면형 식품 기타표시사항	소비자 안전을 위한 주의사항 해당 경우에 한함 해당 경우에 한함

01. 다음 중 한국에서 쓰는 계량기의 기준 용량으로 맞지 않는 것은?

① 1컵 = 240cc ② 1컵 = 13과 1/3큰술
③ 1작은술 = 5cc ④ 1큰술 = 3작은술

02. 다음 중 조리공정이 다른 것은?

① 무지개설기 ② 팥시루떡 ③ 증편 ④ 깨찰편

03. 약밥의 기본 재료가 아닌 것은?

① 찹쌀 ② 꿀 ③ 석이버섯 ④ 대추

04. 쌀가루에 대한 설명이다. 잘못 설명한 것은?

① 쌀가루에 요오드액을 한 방울 떨어뜨려 적자색으로 변하면 찹쌀가루이다.
② 쌀가루를 계량할 때는 자연스럽게 가득 담아 평편한 것으로 깎는다.
③ 쌀가루는 쉽게 쉬기 때문에 냉동고에서 꺼내 바로 사용한다.
④ 쌀가루를 익반죽 하면 부드럽고 쫄깃하다.

05. 떡을 보관하기 가장 좋은 온도는?

① 0~5℃ ② 10℃ 이하
③ 5~10℃ ④ −30~−18℃

06. 다음 떡 가운데 제조공정이 다른 하나는?

① 경단 ② 쑥버무리 ③ 팥시루떡 ④ 석탄병

07. 계량스푼의 계량법이 잘못된 것은?

① 잼, 퓌레 등은 용기의 빈 공간이 없도록 채워 담고 깎아서 잰다.
② 밀가루, 설탕 등 가루 재료는 계량기 윗면이 수평이 되도록 깎아서 잰다.
③ 액체는 표면장력이 있기 때문에 액체의 윗선에 닿는 계량기의 눈금을 측정한다.
④ 쌀, 콩 등의 곡류는 용기에 가득 담아 살짝 흔든 후 다시 채워 담아야 한다.

08. 다음 중 쌀가루의 특성이 다른 떡은?

① 두텁떡 ② 콩설기 ③ 백설기 ④ 쑥갠떡

09. 계량에 관련된 내용 중 잘못된 것은?

① 1큰술은 3작은술의 계량스푼 분량과 같다.
② 수분과 가루를 함께 계량할 때는 수분을 먼저 계량하는 것이 좋다.
③ 한국을 비롯한 아시아에서 1컵의 기준은 200cc이다.
④ 일반 저울을 이동시킬 때에는 접시보다는 몸체를 들어 이동한다.

· 보충설명 ·

1. 한국식 1컵은 200cc이다.

2. 증편은 찌기 전에 발효 과정을 거친다.

4. 쌀가루는 냉동고에서 꺼내 바로 사용하게 되면 떡을 쪘을 때 설익게 되므로 반드시 실온에서 냉기를 제거한 후 사용한다.

6. 찌는 떡은 체에 내리기-물주기-안치기-찌기 과정을 거치지만 삶는 떡인 경단은 반죽하기가 추가된다.

7. 액체는 표면장력이 있기 때문에 계량기의 눈금보다 액체의 밑선을 측정한다.

8. 두텁떡에는 찹쌀가루를 사용한다.

해답 1.① 2.③ 3.③ 4.③ 5.④ 6.① 7.③ 8.① 9.②

10. 콩설기에 대한 설명으로 잘못된 것은?

① 쌀가루는 곱게 빻으면 설익기 때문에 한 번만 빻는다.
② 설탕은 떡을 찌기 직전 마지막 단계에서 가볍게 섞는다.
③ 찜기에 시루밑을 깔고 서리태의 1/2을 바닥에 골고루 편다.
④ 나머지 서리태는 멥쌀가루와 골고루 혼합하여 쌀가루 위에 안친다.

11. 대추단자에 어울리는 고물은?

① 콩가루 ② 잣가루
③ 팥고물 ④ 녹두고물

12. 증편에 들어가는 막걸리의 가장 주된 역할은?

① 산화제 ② 발효제
③ 감미료 ④ 산미료

13. 무리떡과 관련이 있는 것은?

① 송편 ② 깨찰편 ③ 백설기 ④ 약밥

14. 떡을 찌는 과정에 대한 내용으로 잘못된 것은?

① 떡을 안칠 때는 솥뚜껑을 면보로 감싸는 것이 좋다.
② 찜통의 윗부분을 베보자기로 덮고 그 위에 뚜껑을 덮는다.
③ 찜통에 물을 반 이상 넣어 끓인다.
④ 찰떡은 쌀가루 입자가 매우 고와서 메떡보다 더 잘 쪄진다.

15. 다음 중 재료가 잘 쉬기 때문에 각별히 보관에 유의해야 하는 떡은?

① 수수경단 ② 콩찰편
③ 깨찰편 ④ 증편

16. 떡을 찌는 기구인 질시루에 대한 설명으로 옳은 것은?

① 질시루는 떡을 찔 때 수분을 잘 유지하는 특징이 있다.
② 질시루는 떡을 찔 때 쌀가루 속의 수분을 흡수한다.
③ 질시루는 열전달이 잘 되어 떡이 빨리 익는다.
④ 떡이 잘 쪄지도록 질시루가 젖지 않아야 한다.

17. 부재료를 손질하는 방법으로 옳지 않은 것은?

① 콩을 삶아 찬물에 헹군 후 소금 간을 해 콩설기나 송편소로 사용한다.
② 깐 호두살을 끓는 물에 데쳐 떫은 맛을 제거하고 썰어 사용한다.
③ 모싯잎을 채취 후 햇볕에 말렸다가 삶아 냉동보관한다.
④ 수리취는 소금을 넣고 삶은 후 찬물에 헹궈 꼭 짜서 사용한다.

18. 속고물로 유자절임이 들어가는 떡 이름은?

① 송편 ② 두텁떡 ③ 경단 ④ 개피떡

• 보충설명 •

10. 멥쌀가루는 한 번 이상 곱게 빻는다.

14. 찰떡은 쌀가루 입자가 치밀하여 더운 김이 떡가루 사이로 잘 오르지 못하므로 중간이 설익을 수도 있다.

17. 모싯잎은 쉽게 색이 변하고 무르므로 채취 후 바로 삶아야 한다.

해답 10.① 11.② 12.② 13.③ 14.④ 15.① 16.① 17.③ 18.②

19. 켜떡을 만들 때 켜의 재료로 쓰이는 것이 아닌 것은?

① 녹두 ② 옥수수 ③ 팥 ④ 거피팥

20. 다음은 어떤 떡을 설명한 것인가?

> 멥쌀가루를 쪄서 잘 친 떡 덩어리를 얇게 밀대로 밀어 소를 넣고 접어 반달 모양으로 찍어 만든 떡이다.

① 개피떡 ② 쑥갠떡 ③ 콩찰떡 ④ 두텁떡

21. 정월 대보름의 절식으로 알맞은 것은?

① 송편 ② 약밥 ③ 증편 ④ 경단

22. 다음 중 켜떡의 종류가 아닌 것은?

① 녹두찰편 ② 증편
③ 팥시루떡 ④ 물호박시루떡

23. 인절미를 만드는 방법에 대한 설명으로 틀린 것은?

① 찹쌀가루는 고와야 하므로 두 번 빻아 체에 내린다.
② 쌀가루가 고루 익도록 가볍게 주먹을 쥐어 안친 후 25분 정도 찐다.
③ 쪄낸 떡을 꽈리가 일도록 치고 소금물을 넣어 가며 적당한 농도를 맞춘다.
④ 친 떡은 완전히 식힌 다음 적절한 크기로 잘라 콩고물을 묻힌다.

24. 다음은 고물에 대한 내용이다. 잘못된 것은?

① 녹두고물은 쪄서 고운체에 내린다.
② 팥고물이 질 경우 번철에 볶아 사용한다.
③ 고물이 들어감으로써 떡의 맛이 증진된다.
④ 고물은 쌀가루 사이의 층을 이루어 떡이 잘 익도록 도와준다.

25. 고명에 대한 설명으로 틀린 것은?

① 붉은 대추는 살을 발라내고 밀대로 밀어 채 썰면 매끈하다.
② 석이버섯은 씻지 않고 이끼만을 제거해 채 썰어 사용한다.
③ 잣은 고깔을 떼어 내고 사용한다.
④ 밤은 껍질을 벗겨 물에 담갔다가 건져 채 썰어 사용한다.

26. 증편에 들어가는 고명이 아닌 것은?

① 대추 ② 콩 ③ 석이버섯 ④ 밤

27. 팥고물을 만들 때 처음 삶는 물을 버리는 이유가 아닌 것은?

① 생목이 오르지 않도록 하기 위해
② 사포닌을 제거하기 위해

· 보충설명 ·

22. 증편은 부풀려 찌는 떡의 한 종류이다.

25. 석이버섯은 따뜻한 물에 담가 비벼 씻어 이끼와 돌(배꼽)을 제거하고 채를 썰거나 말려 가루를 내어 사용한다.

26. 증편의 고명 재료로는 대추, 밤, 잣, 석이버섯 등이 있다.

27. 붉은팥을 삶을 때 첫물은 끓여 버린다. 그 과정을 거치지 않으면 떡을 먹었을 때 사포닌이 장을 자극해 설사를 유도하고 생목이 오른다.

해답 19.② 20.① 21.② 22.② 23.① 24.① 25.② 26.② 27.④

③ 독소를 제거하기 위해
④ 부드럽게 삶아지도록 하기 위해

28. 인절미에 대한 설명으로 잘못된 것은?

① 찹쌀로 밥을 지어 떡메로 친다.
② 반죽하는 조리 공정이 들어간다.
③ 고물을 묻히는 떡이다.
④ 찹쌀가루나 찰밥 어느 것이나 사용이 가능하다.

29. 약밥에 대한 올바른 설명이 아닌 것은?

① 약밥의 약은 꿀을 의미한다.
② 캐러멜소스를 넣어 색과 향을 낸다.
③ 간장, 꿀, 깨소금, 참기름 등의 양념이 들어간다.
④ 밤. 대추 등의 부재료가 들어간다.

30. 인절미는 어느 종류의 떡인가?

① 치는 떡 ② 찌는 떡 ③ 삶는 떡 ④ 빚는 떡

31. 찌는 찰떡류가 아닌 것은?

① 구름떡 ② 쇠머리떡 ③ 두텁떡 ④ 경단

32. 수수팥떡에 대한 설명이 잘못된 것은?

① 수수팥떡에 쓰이는 수수는 찰수수를 사용한다.
② 물에 불리지 않고 가루를 빻아야 색이 잘 유지된다.
③ 수수를 물에 담가 불릴 때는 물을 2~3일간 여러 번 갈아주어야 한다.
④ 찹쌀가루를 일부 섞어서 반죽한다.

33. 물호박시루떡에 대한 설명이 틀린 것은?

① 늙은호박은 간이 잘 배도록 썰어서 설탕에 오래 재어 둔다.
② 멥쌀가루는 호박이 들어가므로 시루편보다 물을 적게 준다.
③ 설탕을 뿌린 호박은 떡을 찌기 직전에 준비한다.
④ 호박은 쌀가루 일부와 섞은 다음 안친다.

34. 다음 중 의미가 서로 다른 것은?

① 고명 ② 웃기 ③ 꾸미 ④ 응이

35. 석탄병은 멥쌀가루에 여러 가지 부재료를 섞어 찐다. 다음 중 섞는 재료가 아닌 것은?

① 감가루 ② 잣가루
③ 석이버섯가루 ④ 계핏가루

• 보충설명 •

28. 반죽하기는 빚는 떡에 들어가는 조리 공정이다. 인절미는 치는 떡의 종류이다.

29. 약밥에 들어가는 양념 및 부재료는 간장 꿀, 참기름, 대추, 밤, 잣, 캐러멜소스이다.

32. 수수는 껍질에 탄닌 성분과 색소가 많아 물에 불리면서 자주 갈아 주어야 떫은맛과 붉은 색을 제거할 수 있다.

33. 늙은호박(천둥호박)에 설탕을 미리 뿌려 놓으면 호박에서 수분이 나오므로 떡이 질어진다.

34. 응이는 율무의 사투리로 녹말에 물을 풀어 쑨 죽의 총칭이다.

35. 석탄병은 멥쌀가루를 이용한 켜떡으로 쌀가루에 감가루, 잣가루, 생강녹말, 계핏가루를 나무주걱으로 섞고 밤. 대추를 썰어 넣어 준비하고 고물로는 여름에는 밤채와 대추채, 겨울에는 녹두를 사용한다.

해답 28.② 29.③ 30.① 31.④ 32.② 33.① 34.④ 35.③

36. 쌀가루에 대한 설명으로 바르지 않은 것은?

① 전분의 호화 개시 온도는 수침 시간이 경과함에 따라 낮아진다.
② 쌀가루는 고울수록 수분을 많이 흡수할 수 있어 떡 완성 시 호화도가 좋다.
③ 쌀가루의 물주기는 일반적으로 설기보다는 절편에 물을 더 준다.
④ 치는 떡은 많이 치댈수록 반죽 중에 작은 기포가 형성되어 떡 맛이 좋다.

37. 멥쌀가루 500g으로 백설기를 하려고 한다. 이에 대한 소금의 분량은?

① 5g ② 10g ③ 15g ④ 20g

38. 무지개떡을 만들 때 멥쌀가루 700g에 대한 설탕의 분량으로 맞는 것은?

① 105g ② 80g ③ 140g ④ 70g

39. 다음 중 지지는 떡의 종류가 아닌 것은?

① 주악 ② 화전
③ 꽃산병 ④ 부꾸미

40. 약밥을 만드는 방법으로 바르지 않은 것은?

① 1차 찌기에서는 불린 찹쌀을 50분~1시간 찐다.
② 2차에 또 한 번 찌는 과정이 있으므로 1차 때는 찹쌀을 덜 익히는 것이 좋다.
③ 1차로 쪄낸 찰밥에 간장, 설탕 등의 양념과 부재료를 섞는다.
④ 2차 찌기는 밤, 대추 등의 부재료를 넣고 찐다.

41. 떡에 물을 내린다 혹은 물을 준다는 의미는 무엇인가?

① 떡을 찌는 중에 물을 뿌린다.
② 쌀을 물에 침지한다.
③ 떡살을 물에 담가 물을 흡수하도록 한다.
④ 쌀가루에 물을 넣어 체에 친다.

42. 밀가루를 계량하는 방법으로 올바른 것은?

① 계량컵에 담아 흔들어서 윗면을 깎아 잰다.
② 계량컵에 꼭꼭 눌러 담고 윗면을 깎아 잰다.
③ 가루가 덩어리진 경우 계량컵을 체 아래에 놓고 체 쳐서 그대로 담고 윗면을 깎아 잰다.
④ 그대로 계량컵에 담아 윗면을 편편하게 깎아 잰다.

43. 콩설기에 대한 설명으로 틀린 것은?

① 서리태는 3~5시간 불려 삶거나 쪄서 사용한다.
② 멥쌀가루는 소금을 넣고 고루 비벼 중간체에 내린다.
③ 설탕은 떡을 찌기 직전 마지막 단계에서 가볍게 섞는다.
④ 서리태는 모두 쌀가루에 버무려 찜기의 바닥과 쌀가루 위에 반씩 올려 찐다.

• 보충설명 •

36. 흑미와 현미는 벼를 백미로 도정하기 전 단계이며 미강이 남아 있어 영양이 좋고 일반 쌀가루보다 거칠기 때문에 더 오래 침지하고 더 거칠게 빻는다.

37. 멥쌀가루에 대한 소금의 분량은 1%로 계량한다.

38. 멥쌀가루에 대한 설탕의 분량은 10%로 계량한다.

43. 찜기에 시루밑을 깔고 서리태의 1/2은 바닥에 골고루 펴고, 나머지 서리태는 멥쌀가루와 골고루 혼합하여 쌀가루 위에 안친다.

해답 36.② 37.① 38.④ 39.③ 40.② 41.④ 42.④ 43.④

44. 떡을 만들 때 주의사항으로 옳은 것은?

① 물호박시루떡을 만들 때 호박을 썰어 미리 설탕을 뿌려 두면 맛이 잘 밴다.
② 설기류의 떡을 만들 때 쌀가루에 넣는 설탕은 찌기 전에 넣는다.
③ 찹쌀은 멥쌀보다 곱게 가루낸다.
④ 설기류를 만들 때 시루의 둘레를 한 번씩 두드리면 떡이 부서지므로 주의한다.

45. 쇠머리찰떡에 대한 설명이다. 바르지 않는 것은?

① 쇠머리찰떡은 잘 굳지 않는 특징이 있다.
② 서리태는 3~5시간 정도 불려 약 20~25분 정도 삶는다.
③ 부재료는 모두 쌀가루에 잘 섞어 혼합한 후 찜기에 안친다.
④ 완성된 쇠머리찰떡은 썰지 않은 채 모양을 만든다.

46. 두텁떡에 대한 설명이다. 바르지 않는 것은?

① 불린 찹쌀은 곱게 빻아 체에 내린다.
② 찹쌀가루에 간장을 넣고 비벼 체에 내린 후, 설탕을 가볍게 섞는다.
③ 소는 볶은 팥고물에 밤, 대추, 유자, 꿀, 계핏가루를 넣고 동글납작하게 만든다.
④ 두텁떡 고물은 찐 거피팥에 간장, 설탕, 계핏가루를 섞은 후 팬에 볶아 식혀 중간체에 한 번 내린다.

47. 구름떡에 들어가는 재료가 아닌 것은?

① 대추　② 호두　③ 깐 밤　④ 콩

48. 두텁떡에 들어가는 소의 재료가 아닌 것은?

① 거피팥고물　② 견과류
③ 땅콩　④ 유자

49. 찰수수팥떡에 대한 내용이다. 잘못 설명한 것은?

① 수수경단이라고도 불린다.
② 찰수수는 색이 빠지지 않게 물에 담갔다가 그대로 빻는다.
③ 찰수수가루와 찹쌀가루를 섞어 체에 친 후 익반죽한다.
④ 고물은 콩고물이나 볶은 팥고물을 사용한다.

50. 떡의 고물 만드는 방법을 설명한 것이다. 잘못된 설명은?

① 밤은 삶아 물을 따라내고 볶아 뜸을 들이듯이 수분을 없애고 으깨 가루를 낸다.
② 팥은 1차로 끓여 내고 물을 버린 후 다시 삶아 으깨 사용한다.
③ 동부콩은 씻어서 침지한 후 껍질을 벗겨 쪄서 으깨 사용한다.
④ 잣은 절구에 찧거나 칼등으로 으깬다.

51. 포장 용기의 조건이 아닌 것은?

① 위생성　② 안전성
③ 청결성　④ 고급성

• 보충설명 •

44. 부재료로 들어가는 호박은 0.5㎝로 썰어 설탕은 가능한 늦게 뿌리고, 찹쌀가루는 조직이 치밀하여 거칠게 빻아야 김이 잘 올라와 설익지 않는다. 설기류를 만들 때 시루의 둘레를 한 번 두드리면 찜기에서 떡이 잘 떨어지므로 두드려서 빼낸다.

45. 부재료 1/2을 찜기에 안치고, 나머지 부재료는 쌀가루에 잘 섞어 혼합한 후 찜기에 안쳐 김이 오르면 20분 정도 찐다.

50. 잣은 잘 드는 칼로 바닥에 종이를 깔고 사각사각 썰어야 기름이 빠져 보슬보슬하며, 절구에 찧거나 칼등으로 으깨면 기름 찌든 내가 난다.

51. 포장 용기는 식품 포장재 자체에 유해물질이 있거나 포장재로 인하여 내용물이 오염 되어서는 안 되며 청결성이 있어야 한다.

해답 44.② 45.③ 46.① 47.④ 48.③ 49.② 50.④ 51.④

52. 식품 표시사항 중 유통기한에 대한 내용이다. 유통기한에 영향을 주는 외부적 요인이 아닌 것은?

① 제조 공정　② 제품의 배합 및 조성
③ 포장 재질 및 포장 방법　④ 저장 및 유통

53. 다음 중 식품 등의 표시 사항이 잘못된 것은?

① 원재료명　② 식품의 유형
③ 제조자와 사업주명　④ 제품명

54. 식품의 포장에 대한 설명으로 맞지 않는 것은?

① 식품의 보관 및 유통 과정에서 그 품질을 보존한다.
② 식품을 위생적으로 안전하게 유지한다.
③ 식품의 가치를 고급스럽게 한다.
④ 품질유지를 위한 식품의 운반에 필요하다.

55. 떡의 노화가 가장 잘 일어나기 쉬운 온도는?

① 0~5℃　② 20~25℃
③ 0~-3℃　④ -30~-18℃

56. 포장의 기능이 아닌 것은?

① 식품의 보존　② 취급의 편의
③ 재활용의 유무　④ 정보제공

57. 떡에 쓰이는 포장 재질 중 종이, 판지로 만든 지기의 장점이 아닌 것은?

① 통기성　② 위생성
③ 물리적 강도　④ 내수성

58. 떡류 표시사항이 잘못된 것은?

① 내용량의 열량　② 유통기한
③ 식품의 유형　④ 성분 및 함량

59. 떡 보관 중 미생물이 번식하기 좋은 온도 범위는?

① 10~20℃　② 30~60℃
③ 1~10℃　④ 5~30℃

60. 떡의 포장 재질로 널리 쓰이며 비교적 안전한 소재로, 전자레인지에서 짧게 데우는 것이 가능한 포장 재질은?

① 폴리에틸렌 테레프탈레이트(PET)　② 폴리스티렌(PS)
③ 폴리프로필렌(PP)　④ 폴리에틸렌(PE)

· 보충설명 ·

52. 유통기한에 영향을 주는 내부적 요인에는 원재료, 제품의 배합 및 조성, 수분 함량 및 수분 활성도, pH 및 산도 저장, 산소의 이용성 및 산화 환원 전위이다. 외부적 요인에는 제조공정, 위생 수준, 포장 재질 및 포장 방법, 저장, 유통, 진열 조건(온도, 습도, 빛, 취급 등), 소비자 취급을 포함한다.

55. 떡을 바로 먹지 않고 보관할 때는 가능한 한 냉동 보관하는 것이 좋다. 냉장 온도(0~5℃)에서 노화가 가장 빨리 일어난다.

56. 포장은 식품의 보존, 취급의 편의, 정보제공 외에 판매 촉진의 기능이 있다.

57. 지기의 장점은 물리적 강도, 통기성, 내용물 보호, 완충작용, 위생성, 개봉성이 우수하다는 것이다.

58. 내용량 및 내용량에 해당하는 열량은 떡류 표시사항에 해당되지 않는다.

59. 미생물의 번식이 가장 왕성한 온도는 30~60℃이다.

해답 52.② 53.③ 54.④ 55.① 56.③ 57.④ 58.① 59.② 60.④

제 3 장

위생 · 안전관리

학습 항목

❶ 개인위생관리
❷ 감염병 및 식중독 원인과 예방
❸ 식품 위생 관련 법규 및 규정
❹ 공정별 위해요소 관리 및 예방(HACCP)
❺ 안전 관리

제1절 개인위생관리

식품을 제조하고 판매하는 식품취급자는 철저하게 개인위생관리를 해야 할 의무가 있다. 식품취급자는 식재료를 입고하고, 조리하고, 운반하고, 판매하는 모든 과정에서 식품을 쉽게 오염시킬 수 있기 때문에 철저한 개인위생관리를 통해 식품에 위해를 끼칠 만한 요인을 제거하여야 한다.

1 개인위생관리 방법

(1) 건강 진단 및 질병관리

① 건강검진

식품을 취급하는 사람, 즉 영업자나 종사자는 정기적으로 건강검진을 받는다. 영업자는 영업 시작 전에 미리 건강 진단을 받아야 하고 건강검진 받은 날을 기준으로 연 1회 검사를 받아야 한다. 이를 위반하여 건강 진단을 받지 않는 경우에는 500만 원 이하의 과태료가 부과된다.

> 식품 또는 식품첨가물(화학적 합성품 또는 기구 등의 살균 · 소독제는 제외)을 채취 · 제조 · 가공 · 조리 · 저장 · 운반 또는 판매하는 일에 직접 종사하는 영업자 및 그 종업원은 건강 진단을 받아야 한다(식품위생법 제40조 제1항, 식품위생법 시행규칙 제49조 제1항).

② 영업에 종사하지 못하는 질병

식품위생법 40조와 그 시행규칙 50조에 콜레라 등 전염병, 결핵, 간염, 피부병, 화농성질환, 후천성면역결핍증 등의 질병이 있는 사람은 영업에 종사하지 못한다.

> ○ 제1군 전염병 : A형 간염, 장티푸스, 콜레라, 파라티푸스, 세균성이질, 장출혈성 대장균 감염증
> ○ 제3군 전염병 : 결핵(비감염성인 경우 제외)
> ○ 전염병 병원균 보균자인 경우
> ○ 피부병 및 기타 화농성질환이 있을 때
> ○ B형 간염 : 전염의 우려가 없는 비활동성 간염은 예외
> ○ 후천성면역결핍증 : 「감염병의 예방 및 관리에 관한 법률」에 따라 성병에 관한 건강 진단을 받아야 하는 영업에 종사하는 자만 해당

③ 평상시의 건강 점검

- 발열, 콧물, 설사, 구토, 피부병, 황달 등이 있는지 수시로 체크한다.
- 종기나 화농 등이 있는 사람은 음식을 직접 취급하지 않는다.

(2) 개인위생 습관

① 식품취급자의 위생 습관

- 손가락으로 음식 맛을 보지 말고 도구를 이용한다.
- 식품이나 식품용기 근처에서 침을 뱉거나 기침, 재채기를 하면 안 된다.
- 식품을 취급하는 도구나 기구 등은 신체에 접촉하지 않는다.
- 도구나 장비는 깨끗하게 관리하고 오염된 도구나 장비는 음식에 닿지 않도록 한다.
- 주방은 항상 깨끗하게 청소하여 청결을 유지한다.
- 정기적인 위생 교육을 받는다.

② 손 씻기

- 조리실을 들어가기 전에 씻는다.
- 작업 시작 전에 씻는다.
- 원재료를 다듬거나 세척작업 후에 씻는다.
- 취급하는 식재료가 바뀔 때마다 씻는다.
- 입, 코, 귀, 머리와 같은 신체 부위를 만지거나 긁었을 때 씻는다.
- 음식 또는 음료 섭취 후 씻는다.
- 기타 손을 오염시킬 수 있는 것을 만졌을 경우 씻는다.
- 외출에서 돌아왔을 때 씻는다.
- 화장실을 다녀온 후 씻는다.
- 애완동물을 만지고 난 후 씻는다.
- 흡연 후 씻는다.
- 쓰레기 등 오물이나 청소도구를 만졌을 때 씻는다.

더 알아보기 손 씻는 방법

- 손을 씻을 때는 비누거품을 내 팔꿈치까지 씻고 미지근한 흐르는 물에 충분히 헹군다. 손톱과 손가락 사이도 꼼꼼히 문질러 닦고 비누의 알칼리 성분이 남지 않도록 한다. 손을 씻은 후에는 일회용 종이 타월 혹은 손 건조기를 이용해 물기를 제거하고 앞치마 등에 손을 닦지 않도록 주의한다.
- 역성비누(양성비누)는 무미 · 무해하며 일반 비누보다 살균효과가 좋아 식품, 조리도구, 피부 소독에 이용한다. 손소독은 10% 원액을 200~400배 희석해 사용한다.

(3) 식품취급자의 복장

식품을 다루는 사람은 주방에 들어가기 전에 머리부터 발끝까지 청결하게 관리해야 하며 조리모, 조리복, 앞치마, 조리화를 바르게 착용한 후 업무에 임해야 한다. 조리복을 입은 상태로 외출하거나 밖에 출입하지 말아야 하며, 화장실에 갈 때에는 앞치마를 벗고 가야 하고 다녀와서 손을 세척하고 다시 앞치마를 착용해야 한다. 조리복은 더러워지면 수시로 교환해 착용하여야 하며, 더럽지 않더라고 매일 갈아입는 것이 좋다.

구분	복장 수칙
머리 및 모자	머리는 매일 감고 긴 머리는 묶어 망에 넣는다. 조리용 모자는 눈썹 위, 즉 이마 반 정도를 가리도록 착용한다.
화장, 장신구, 마스크	지나친 화장은 피하고 향이 짙은 향수는 사용하지 않는다. 인조속눈썹 등 부착물을 사용하지 않는다. 시계, 반지 등 장신구는 착용하지 않는다. 마스크는 코까지 덮는다.
손	손톱을 짧게 하고 인조손톱을 붙이지 말아야 하며, 투명 매니큐어도 바르지 않는다.
상, 하의	긴팔 조리복 상의와 10부 바지를 착용한다.
신발	신고 벗기 편하고 미끄럽지 않은 안전화를 착용한다. 조리화를 신고 조리실 밖을 나가서는 안 된다.
앞치마	앞치마는 청결한 것을 착용하고 오염 시에는 바로 교체한다.

2 식품 오염 및 변질의 원인

(1) 식품의 오염

식품 오염은 식품에 유해한 물질이 존재해 소비자가 먹었을 때 질병을 일으키고 식품의 품질을 저하시키는 것을 말한다. 식품을 조리하거나 가공하는 모든 과정에서 일어날 수 있으며 크게는 세균, 바이러스, 곰팡이, 기생충 등의 생물학적 원인, 천연독소와 화학적 오염물질로 인한 화학적 원인, 머리카락 등 이물질로 인한 물리적 원인으로 나눌 수 있다.

식품 오염의 구분	오염원
생물학적 원인	세균, 바이러스, 곰팡이, 효모, 원생동물(기생충) 등에 의한 오염
화학적 원인	천연독소와 화학적 오염물질에 의한 오염
물리적 원인	이물질에 의한 오염

(2) 생물학적 원인

① 세균

병원 미생물 중 대부분을 차지하는 세균은 단세포의 원핵생물로, 분열에 의해 증식한다. 형태에 따라 구균, 간균, 나선균 등으로 구분한다. 식중독을 일으키는 세균의 특징은 다음과 같다.

- 음식, 물, 흙, 사람, 벌레 등 다양한 방법을 통해서 식품에 운반된다.
- 세균 성장의 최적 환경 상태가 되면 기하급수적으로 증가한다.

- 어떤 균은 냉동 상태에서 생존한다.
- 생육조건이 나빠질 경우 어떤 것은 포자(胞子)로 변형되어 생존한다.
- 독소를 생산하는 세균도 있으며 이 독소 중 일부는 가열에 의해 쉽게 파괴되지 않는다.

② 바이러스

바이러스는 라틴어로 '독'이라는 뜻으로, 세균보다 훨씬 작은 크기이다. 독립적으로 대사활동을 할 수 없으므로 번식을 위해서 사람이나 동물과 같은 살아 있는 숙주가 필요하다. 바이러스에 의한 질병을 예방하는 방법은 식품을 취급하는 사람의 개인위생 수준을 철저히 유지하는 것이다.

- 세균과 달리 바이러스는 식품 내에서는 증식하지 못한다.
- 어떤 바이러스는 가열 조리나 냉동 환경에서도 생존할 수 있다.
- 사람과 사람, 사람에서 식품, 그리고 사람에서 식품접촉표면으로 전달된다.
- 식품과 물 모두를 오염시킬 수 있다.

더 알아보기

바이러스는 크게 간염 바이러스, AIDS(후천성면역결핍증) 바이러스, 위소장염 바이러스로 나누어진다. 위소장염 바이러스는 위와 장에 급성염증을 유발하는데 그 종류로는 노로 바이러스, 로타 바이러스, 아스트로 바이러스 등이 있다.

③ 곰팡이

진균류에 속하는 호기성미생물로 본체가 실처럼 길고 가는 모양의 균사로 되어 있는 사상균을 가리킨다. 곰팡이의 생육 최적온도는 25~30℃이고 증식 pH 범위는 2.0~9.0으로 넓다. 세균보다 증식 속도는 느리지만 세균이 증식하지 못하는 수분 13~15%의 건조식품에서도 적절한 온도만 유지되면 증식할 수 있고, 식염 농도가 높은 식품에도 증식해서 식품을 변질시킨다.

④ 효모

효모(yeast)는 통성 혐기성 미생물로서 곰팡이와 같은 진균류에 속하며 주로 출아법에 의해 증식한다. 형태는 구형, 난형, 타원형, 원통형 등이 있다. pH, 온도, 수분활성도가 비교적 낮은 환경에서도 잘 자라는 생리적 특성은 곰팡이와 비슷하나 통성 혐기성균이기 때문에 산소가 없는 환경에서도 잘 성장한다는 점이 다르다. 양조나 제빵에 이용하는 이로운 효모도 있으나 식품을 변패시켜 품질을 저하시키는 효모도 있다.

* 통성 혐기성균 : 산소 호흡을 주로 하지만 무산소 환경에서도 증식할 수 있는 미생물

⑤ 원생동물(원충류)

원생동물(protozoa)은 2~100㎛정도 크기의 단세포 생물이다. 엽록소를 갖지 않으며 활발한 운동성이 있고 영양분 섭취는 동물적인 소화형도 있고 용액 상태의 유기화합물을 섭취하는 형태도

있다. 기생충학에서는 원충이라고도 한다. 원생동물에는 편모충류, 근족충류, 포자충류, 섬모충류가 있다.

⑥ **기생충**

기생충은 숙주 특이성이 높아 기생하는 대상이 정해져 있다. 숙주는 중간숙주와 최종숙주가 있으며, 기생충은 성숙하면 숙주의 특정 장기에 정착한다.

(3) 식품의 변질

① **식품의 변질**

식품을 보존하거나 유통하는 과정에서 색깔, 향기, 물성(物性) 따위가 변하는 현상으로, 식품 변질의 종류에는 부패, 산패, 변패, 발효 등이 있다.

변질의 종류	의미
부패	단백질 식품이 미생물에 의해 분해되고, 악취가 나며 인체에 유해한 물질이 생성되는 현상
산패	지방 식품을 오래 방치하면 공기 중의 산소에 의해 산화되며, 불쾌한 냄새가 나고, 맛이 나빠지거나 빛깔이 변하는 현상
변패	탄수화물, 지방 등 식품이 미생물의 작용을 받아 변질되는 현상
발효	탄수화물이 미생물의 작용으로 분해되어 만들어지는 여러 가지 유기산과 알코올 등 사람에게 유익한 균을 생성하는 현상

② **식품 변질(미생물 증식)에 영향을 주는 요인**

식품 변질에 영향을 주는 요인으로는 여러 가지가 있으나 미생물(세균, 곰팡이, 효모 등)에 의한 변질이 대부분을 차지한다. 미생물의 증식을 위해서는 다음 6가지의 요소가 필요하다.

요인	상세설명
영양소	• 미생물에 영양분을 공급해주는 것은 식품의 영양소이다. • 미생물이 좋아하는 식품은 고단백, 고열량 식품으로 육류, 해산물, 유제품, 호화 상태의 곡류 등이다.
수분	• 미생물 증식을 촉진하는 수분 함량 : 60~65% • 미생물 증식을 억제하는 수분 함량 : 15% 이하 • 미생물이 성장하는 데 필요한 물의 양을 물리학적 용어인 수분활성도로 표시하며 수분활성도는 0~1로 나타낸다. 식품의 수분활성도 값이 클수록 미생물이 이용하기 쉽다. (예 : 과일 · 채소 0.97, 건조식품 0.60~0.65) • 미생물이 번식 가능한 최저 수분활성도 세균(0.91) 〉 효모(0.88) 〉 곰팡이(0.80)

온도	• 저온균 : 최적온도 15~20℃ • 중온균 : 최적온도 25~40℃ (병원성 세균. 식품 부패 세균) • 고온균 : 최적온도 45~60℃ • 리스테리아균, 여시니아균 및 세균의 포자는 냉장 온도에서도 증식이 가능하다.
산도(pH)	• 효모와 곰팡이는 pH 4~6 산성에서, 일반 세균은 pH 6.6~7.5 약산성이나 중성에서 잘 증식한다.
시간	• 위험온도범위(5~57℃)에 식품이 노출되는 시간을 되도록 짧게 해야 미생물 증식을 막을 수 있다
산소	• 호기성균(산소를 필요로 하는 미생물), 혐기성균(산소가 없어도 증식하는 미생물), 통기성균(산소유무와 관계없이 증식하는 미생물)으로 나뉜다.

(4) 교차오염관리

교차오염이란 음식을 생산하는 과정 중에 미생물에 오염된 식품이나 조리기구, 물 등이 오염되지 않은 식재료나 조리기구, 물 등에 접촉 또는 혼입되면서 오염을 옮기는 것을 말한다. 교차오염을 방지하기 위해서는 다음과 같은 사항을 준수해야 한다.

- 생식품의 전처리와 조리된 음식을 다루는 도마 및 칼은 식품별로 분리하여 사용한다.
- 적절한 세척·소독을 거친 주방기기 및 기구를 사용한다.
- 조리된 음식을 먼저 준비한 후 생식품을 다룬다.
- 생식품과 조리된 음식은 분리 보관하며 냉장보관 시 조리된 음식은 생식품보다 위에 보관한다.
- 개인위생관리와 손 세척을 철저히 한다.
- 조리된 음식을 취급할 때는 맨손으로 작업하는 것은 피한다.

3 감염병 및 식중독의 원인과 예방대책

가. 법정감염병의 분류

법정감염병이란 병의 발생과 유행을 방지하고 예방 및 관리가 필요해 법률로 관련 사항을 규정한 감염병이다. 이전에는 질환별 특성에 따라 군(群)별로 분류했으나, 감염병의 예방 및 관리에 관한 법률개정으로 2020년 1월부터 병의 심각도 · 전파력 · 격리수준 등을 고려한 급(級)별로 분류 체계가 개편되었다.

구분	특성	질환
제1급 감염병 (17종)	생물테러감염병 또는 치명률이 높거나 집단 발생 우려가 커서 발생하는 즉시 신고하고 음압격리가 필요한 감염병	에볼라바이러스병, 마버그열, 라싸열, 크리미안콩고출혈열, 남아메리카출혈열, 리프트밸리열, 두창, 페스트, 탄저, 보툴리눔독소증, 야토병, 신종감염병증후군, 중증급성호흡기증후군(SARS), 중동호흡기증후군(MERS), 동물인플루엔자 인체감염증, 신종인플루엔자, 디프테리아

제2급 감염병 (20종)	전파가능성을 고려하여 발생 또는 유행 시 24시간 이내에 신고하고 격리가 필요한 감염병	결핵, 수두, 홍역, 콜레라, 장티푸스, 파라티푸스, 세균성이질, 장출혈성대장균감염증, A형간염, 백일해(百日咳), 유행성이하선염(流行性耳下腺炎), 풍진(風疹), 폴리오, 수막구균 감염증, b형헤모필루스인플루엔자, 폐렴구균 감염증, 한센병, 성홍열, 반코마이신내성황색포도알균(VRSA) 감염증, 카바페넴내성장내세균속균종(CRE) 감염증
제3급 감염병 (26종)	발생 또는 유행 시 24시간 이내에 신고하고 발생을 계속 감시할 필요가 있는 감염병	파상풍, B형간염, 일본뇌염, C형간염, 말라리아, 레지오넬라증, 비브리오패혈증, 발진티푸스, 발진열, 쯔쯔가무시증, 렙토스피라증, 브루셀라증, 공수병, 신증후군출혈열, 후천성면역결핍증(AIDS), 크로이츠펠트-야콥병(CJD) 및 변종크로이츠펠트-야콥병(vCJD), 황열, 뎅기열, 큐열(Q熱), 웨스트나일열, 라임병, 진드기매개뇌염, 유비저(類鼻疽), 치쿤구니야열, 중증열성혈소판감소증후군(SFTS), 지카바이러스 감염증
제4급 감염병 (23종)	제1급~제3급 감염병 외에 유행 여부를 조사하기 위해 표본 감시 활동이 필요한 감염병	인플루엔자, 매독(梅毒), 회충증, 편충증, 요충증, 간흡충증, 폐흡충증, 장흡충증, 수족구병, 임질, 클라미디아감염증, 연성하감, 성기단순포진, 첨규콘딜롬, 반코마이신내성장알균(VRE) 감염증, 메티실린내성황색포도알균(MRSA) 감염증, 다제내성녹농균(MRPA) 감염증, 다제내성아시네토박터바우마니균(MRAB) 감염증, 장관감염증, 급성호흡기감염증, 해외유입기생충감염증, 엔테로바이러스감염증, 사람유두종바이러스 감염증

더 알아보기 **감염경로에 따른 감염병 분류**

직접 접촉 → 파상풍, 풍진, 매독, 임질 피부병
비말 감염(기침, 침 등) → 디프테리아, 성홍열, 결핵, 인플루엔자 등
수인성 감염 → 콜레라, 장티푸스, 파라티푸스, 이질, 유행성 간염 등
구충, 구서 감염 → 쯔쯔가무시증, 옴, 재귀열, 유행성출혈열 등

나. 식중독의 분류

식중독이란 식품의 섭취로 인하여 인체에 유해한 미생물, 또는 유독 물질에 의하여 발생하거나 발생한 것으로 판단되는 감염성 질환, 또는 독소형 질환을 말한다.

대분류	중분류	소분류	대표적 원인균
미생물 식중독	세균성 식중독	감염형 식중독 : 미생물에 오염된 음식을 먹은 후 발생하는 식중독으로 비교적 긴 잠복기를 가진다.	살모넬라, 장염비브리오, 콜레라, 병원성대장균, 예르시니아 등
		독소형 식중독 : 식품 내에서 균이 증식해 만든 독소를 섭취해 발생하는 식중독이다.	황색포도상구균, 보툴리누스, 세레우스, 웰치 등
	바이러스성 식중독	바이러스에 오염된 물, 식품, 접촉에 의해 장염 등을 유발하는 식중독이다. 2차 감염 가능	노로 바이러스, 로타 바이러스, 아스트로 바이러스, 장관아데노 바이러스 등
	원충성 식중독	원충에 감염된 원재료를 생으로 먹거나 원충에 의해 오염된 식수에 의해 일어나는 식중독이다.	이질아메바, 편모충 등
자연독 식중독		동물성	복어독, 시가테라독
		식물성	감자독, 버섯독 등
		곰팡이	황변미독, 맥각독, 아플라톡신 등
화학적 식중독		고의 또는 오용으로 첨가되는 유해물질	식품첨가물
		본의 아니게 잔류, 혼입되는 유해물질	잔류농약, 유해성 금속화합물
		제조 · 가공 · 저장 중에 생성되는 유해물질	지질의 산화생성물, 니트로아민
		기타물질에 의한 중독	메탄올 등
		조리기구 · 포장에 의한 중독	녹청(구리), 납, 비소 등

(1) 미생물 식중독

① 세균성 식중독

세균성 식중독에는 감염형 식중독과 독소형 식중독이 있다. 감염형 식중독은 다량의 미생물에 오염된 음식을 먹은 경우, 체내에서 증식한 균에 의해 발생하는 식중독을 말하며 독소형 식중독은 식품 내에서 균이 증식해 독소를 생산하고 그 독소를 섭취해 발생하는 식중독이다.

종류		증상 및 원인식품	예방법
감염형	살모넬라균	고열을 발생하며 복통 및 설사를 일으킨다. 원인식품은 유제품, 달걀, 가금육 등 동물성, 식물성 단백질이다.	• 60℃에서 20분 이상 가열 섭취 • 쥐, 곤충 등 방서, 방충 시설 • 달걀, 가금육 및 그 가공품의 취급 주의
	장염 비브리오균	여름철에 주로 발생하며 어패류의 생식(회, 초밥 등)이 주요 원인이다. 발열과 함께 급성위장염, 설사, 구토 등의 증상을 보인다.	• 열에 약하므로 가열 섭취 (60℃에서 5분) • 냉장 보관 • 조리기구, 용기 등의 2차 오염을 방지하기 위한 세정, 열탕 처리

감염형	병원성 대장균	일반대장균과 달리 전염성 설사, 급성 장염 등을 유발한다. 환자의 분변으로부터 오염된 우유, 햄, 치즈, 어패류 등의 음식. (햄버거: O-157식중독)	• 조리기구를 구분해 사용함으로써 2차 오염 방지 • 분변에 오염되지 않도록 철저한 위생관리 • 생육과 조리된 음식 구분하여 보관
독소형	황색 포도상구균	황색포도상구균이 식품에 증식해 만든 장독소를 섭취해 발생한다. 유제품, 김밥, 도시락, 떡이 원인 식품으로 구토, 설사, 복통, 오심 등을 일으킨다.	• 식품 및 도구 등의 오염 방지 • 손의 위생에 주의(창상이나 화농이 있을 때는 식품을 취급 금지) • 식품은 5℃ 이하 보관
	보툴리누스균	보툴리누스균에 오염된 음식이 산소가 없는 상태로 보관될 때 독소가 생긴다. 통조림, 병조림, 레토르트 식품 등이 원인식품이며 신경장애, 호흡곤란 등의 증상을 보인다. 세균성 식중독 중 치사율이 가장 높다.	• 병, 통조림 제조 시 120℃에서 30분 가열 • 가열 섭취

② 바이러스성 식중독

바이러스는 크기가 아주 작은 DNA와 RNA가 단백질 등의 외피에 싸여 있는 구조이다. 바이러스에 의한 식중독은 최근 증가추세이며, 세균성 식중독과 달리 미량의 개체로도 발병이 가능하고 2차 감염으로 인한 대량의 발병도 일으킬 수 있다. 반드시 숙주가 존재해야 증식이 가능하다.

종류	증상 및 원인식품
노로 바이러스	겨울철 주로 발생하며 구토, 설사, 위경련, 오한, 근육통 등을 일으킨다. 오염된 식수, 오염된 식품(샐러드, 과일, 냉장식품, 샌드위치 등)이 원인이다. 오염된 물건을 만진 손으로 입을 만지거나 환자의 식품이나 물건을 만졌을 때도 감염된다.
노타 바이러스	겨울철 주로 발생하며 영유아에게 묽은 설사를 일으킨다. 바이러스에 오염됨 물이나 식품으로, 혹은 손을 통해 경구로 감염된다.

③ 원충성 식중독

원충에 감염되어있는 식품을 익히지 않은 채로 섭취하면 걸리는 식중독으로 이질아메바, 람블편모충, 작은와포자충, 원포자충 등이 있다.

(2) 자연독 식중독

① 동물성 자연독

종류	독소물질
복어	테트로도톡신, 동물성 자연독 중 치사율이 가장 높다(60%). 5~6월

열대 독어	시가테라독, 치사율은 낮다.
대합조개, 섭조개	삭시톡신, 2~4월 독성이 강함. 열에 안정성
바지락, 굴, 모시조개	베네루핀, 여름철 독성이 강함. 열에 안정성

② 식물성 식중독

종류	독소물질
감자	솔라닌(solanine, 초록색 싹), 셉신(sepsine, 썩은 부위)
독버섯	무스카린, 아마니타톡신, 팔린
면실유(목화)	고시풀
매실, 사과씨, 살구씨	아미그달린
독미나리	시큐톡신
피마자	라시닌, 리신(라이신)
오색콩, 은행, 수수	리나마린

③ 곰팡이독 식중독

종류	독소물질
황변미(변색된 쌀)	황변미독(시트리닌, 시트레오비리딘, 아이슬란디톡신)
땅콩, 옥수수, 쌀, 보리, 간장, 된장	아플라톡신
보리, 밀, 호밀, 귀리	맥각균

(3) 화학적 식중독

① 유해 식품첨가물

구분	유해 식품첨가제
보존제	붕산, 승홍(염화 수은), 포름알데히드
착색제	오라민(황색), 파라-니트로아닐린(황색), 로다민(적색), 실크스크린(등적색)
감미제	둘신, 사이클라메이트 , 파라-니트로-오루소-톨루이딘, 페릴라틴
표백제	롱가리트(감자, 연근, 우엉), 삼염화질소(밀가루), 과산화수소(어묵, 국수), 아황산염
증량제	산성백토, 벤토나이트, 규조토

더 알아보기 타르계색소

합성착색료는 식품에 색을 첨가하거나 복원하는 역할을 하는데 주로 타르계색소에서 중독사고를 일으킨다.

타르색소 금지 품목 : 면류, 김치, 생과일주스, 묵류, 젓갈류, 꿀, 장류, 식초, 케첩, 고추장, 카레 등

오우민, 로다인, 실크 스칼렛 외에 기타 불허용 타르색소는 다음과 같다.

- 팥앙금 – 메틸바이올렛
- 마가린 – 버터옐로 또는 스피릿옐로
- 고춧가루 – 수단 Ⅲ

다. 기생충 감염병

기생충은 주로 음식물과 함께 경구 감염되어 소화기계와 내장의 여러 기관에 기생한다. 경구 감염경로는 어육, 회 등 날것으로 먹는 동물성식품이나 채소 등 일반식품을 통해서이다.

① 채소, 과일을 통한 감염증(중간숙주가 없는 것)

관련 기생충	원인식품	감염증	예방법
회충	채소, 과일 * 채소에 부착한 충란을 경구 섭취한 경우	복통, 간담 증세, 구토, 소화 장애, 변비 등의 전신 증세	분변의 위생적 처리, 청정 채소의 보급, 위생적인 식생활, 환자의 정기적인 구충, 채소는 흐르는 물에 5회 이상 씻기
구충 (십이지장충)	채소, 과일 * 경구 및 경피 감염	빈혈증, 소화 장애 등	회충과 같으나 인분을 사용한 밭에 맨발로 들어가지 말아야 함
요충	채소, 과일 * 불결한 손, 음식물, 침구 등 집단 감염	항문소양증, 집단 감염	침구 및 내의의 청결함 유지
편충	채소, 과일 * 사람의 맹장 근처에 살며 경피 감염	경구 감염되어 맹장부위에 기생, 따뜻한 지방에 많은데 우리나라에서도 감염률이 높음	분변의 위생적 처리, 청정채소의 보급, 위생적인 식생활, 환자의 정기적인 구충, 채소는 흐르는 물에 5회 이상 씻기
동양모양선충	채소, 과일 * 경피 감염	경구 감염 또는 경피 감염, 내염성이 강해서 절임채소에서도 발견	회충과 같으나 인분을 사용한 밭에 맨발로 들어가지 말아야 함

② 육류를 통한 감염증(중간숙주가 1개인 것)

관련 기생충	원인식품	감염증	예방법
유구조충 (갈고리촌충)	돼지고기	설사, 공복통, 체중감소, 소화장애	분변에 의한 오염 방지, 돼지고기 생식 금지
무구조충 (민촌충)	소고기	복통, 소화불량, 구토, 오심	오염방지, 소고기의 위생검사 및 생식 금지
선모충	돼지고기	설사, 구토, 부종, 근육통, 호흡장애	돼지고기 위생검사 및 생식금지, 돼지고기를 75℃ 이상 가열 섭취

③ 어패류를 통한 감염증(중간숙주가 2개인 것)

관련 기생충	제1중간숙주	제2중간숙주	감염증	예방법
간디스토마 (간흡충)	쇠우렁 (왜우렁이)	민물고기 (참붕어, 잉어)	황달, 혈변, 장출혈, 간비대	담수어 생식금지
요코가와흡충 (장흡충)	다슬기	담수어 (붕어, 잉어)	복통, 설사, 만성장염, 설사	담수어, 은어 생식금지
광절열두조충 (긴촌충)	물벼룩	연어, 송어	구토, 복통, 설사, 현기증	농어, 연어 등 생식금지
고래회충 (아니사키스)	소갑각류, 크릴새우	고등어, 청어, 오징어	복통, 오심, 구토	해산어류 생식금지
유극악구충	물벼룩	민물고기 (가물치, 메기)	피부종양	담수어(가물치, 메기 등) 생식금지

* 요코가와흡충(장흡충)은 섬진강 유역을 중심으로 감염률이 높음

④ 갑각류를 통한 감염증(중간숙주가 2개인 것)

관련 기생충	제1중간숙주	제2중간숙주	감염증	예방법
폐디스토마(폐흡충)	다슬기	갑각류(게, 가재)	기침, 혈담, 기관지염	게, 가재 생식금지

[식중독 예방 관리]
- 손 세척 및 개인위생 철저
- 조리기구의 세척 및 소독
- 생식품과 익힌 음식의 분리
- 칼, 도마의 식품별 구분 사용
- 완전히 익히기
- 안전한 온도에서 보관하기
- 안전한 물과 원재료 사용

[기생충 예방 관리법]
- 분변의 위생적 처리
- 손 세척 및 개인위생관리 철저
- 중간숙주인 육류, 어류 생식금지
- 도축검사 철저
- 오염된 조리기구를 통한 다른 식품 오염 주의(교차오염 예방)
- 충분하게 가열 후 섭취
- 정기적인 구충제 복용
- 칼, 도마 등 조리기구 소독

4 식품위생법 관련 법규 및 규정

(1) 식품위생법의 목적

식품으로 인하여 생기는 위생상의 위해(危害)를 방지하고 식품영양의 질적 향상을 도모하며 식품에 관한 올바른 정보를 제공하여 국민보건의 증진에 이바지하는 것이다(식품위생법 제1조).

(2) 구성과 체계

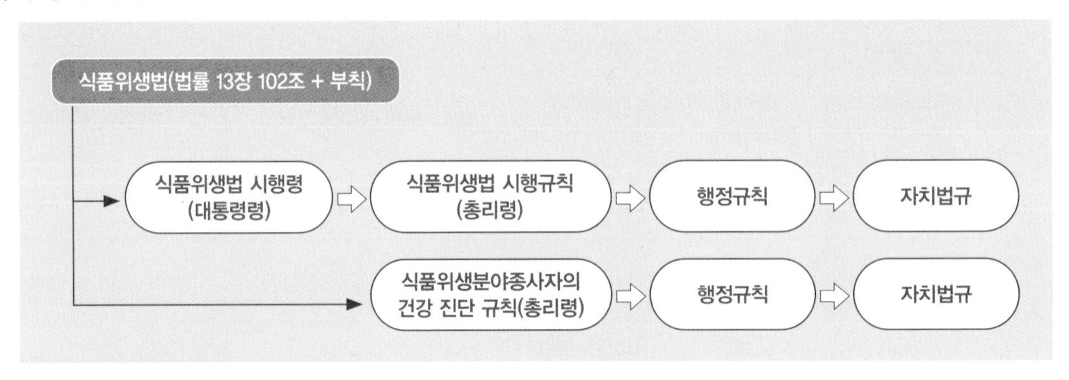

(3) 용어의 의미(식품위생법 제2조)

용어	법규상의 의미
식품	모든 음식물(의약으로 섭취하는 것 제외)
식품첨가물	식품을 제조 · 가공 또는 보존하는 과정에서 식품에 넣거나 섞는 물질, 또는 식품을 적시는 등에 사용되는 물질(기구 · 용기 · 포장을 살균, 소독하는 데에 사용되어 간접적으로 식품으로 옮아갈 수 있는 물질도 포함)
화학적 합성물	화학적 수단으로 원소, 또는 화합물에 분해 반응 외의 화학 반응을 일으켜서 얻은 물질(분해 반응은 제외)
기구	식품 또는 식품첨가물에 직접 닿는 기계 · 기구나 그 밖의 물건 • 음식을 먹을 때 사용하거나 담는 것 • 식품 또는 식품첨가물을 채취, 제조, 가공, 조리, 저장, 소분, 운반, 진열할 때 사용하는 것
용기 · 포장	식품 또는 식품첨가물을 넣거나 싸는 것으로서 식품 또는 식품첨가물을 주고받을 때 함께 건네는 물품
위해	식품, 식품첨가물, 기구 또는 용기 · 포장에 존재하는 위험요소로서 인체의 건강을 해치거나 해칠 우려가 있는 것
영업	식품 또는 식품첨가물을 채취 · 제조 · 수입 · 가공 · 조리 · 저장 · 소분 · 운반 또는 판매하거나 기구 또는 용기 · 포장을 제조 · 수입 · 운반 · 판매하는 업
영업자	식품위생법에 따라 영업허가를 받은 자, 영업신고를 한 자, 영업등록을 한 자
식품위생	식품, 식품첨가물, 기구 또는 용기 · 포장을 대상으로 하는 음식에 관한 위생을 말한다.
집단급식소	영리를 목적으로 하지 아니하면서 특정 다수인에게 계속하여 음식물을 공급하는, 대통령령으로 정하는 시설을 말한다. – 기숙사, 학교, 병원, 그 밖의 후생기관 등
식품이력추적관리	식품을 제조 · 가공단계부터 판매단계까지 각 단계별로 정보를 기록 · 관리하여 그 식품의 안전성 등에 문제가 발생할 경우 그 식품을 추적하여 원인을 규명하고 필요한 조치를 할 수 있도록 관리하는 것
식중독	식품 섭취로 인하여 인체에 유해한 미생물 또는 유독물질에 의하여 발생하였거나 발생한 것으로 판단되는 감염성 질환 또는 독소형 질환
집단급식소에서의 식단	급식대상 집단의 영양섭취기준에 따라 음식명, 식재료, 영양 성분, 조리방법, 조리인력 등을 고려하여 작성한 급식계획서

제2절 작업 환경 위생 관리

1 공정별 위해요소 관리 및 예방(HACCP)

(1) HACCP (Hazard Analysis Critical Control Points)

HACCP은 '해썹'이라 발음하며 식품의 원재료부터 제조, 가공, 보존, 유통, 조리 단계를 거쳐 소비자가 섭취하기 전까지의 각 단계에서 발생할 수 있는 위해요소를 파악하고, 이를 중점적으로 관리하는 '식품안전 관리인증기준'을 말한다. HACCP 관리는 준비 5단계와 본 단계인 7원칙을 포함해 총 12절차로 구성된다.

(2) 적용 식품업종

식품제조·가공업소(과자류, 빵 또는 떡류, 다류, 커피, 음료류 등), 식품접객업소(일반음식점, 휴게음식점, 제과점 등), 건강기능식품 제조업소, 식품첨가물 제조업소 등이 적용 대상이다. 연매출 100억 이상인 경우는 의무사항이고, 그 이하는 희망 업소에 한한다.

(3) 7원칙 12절차

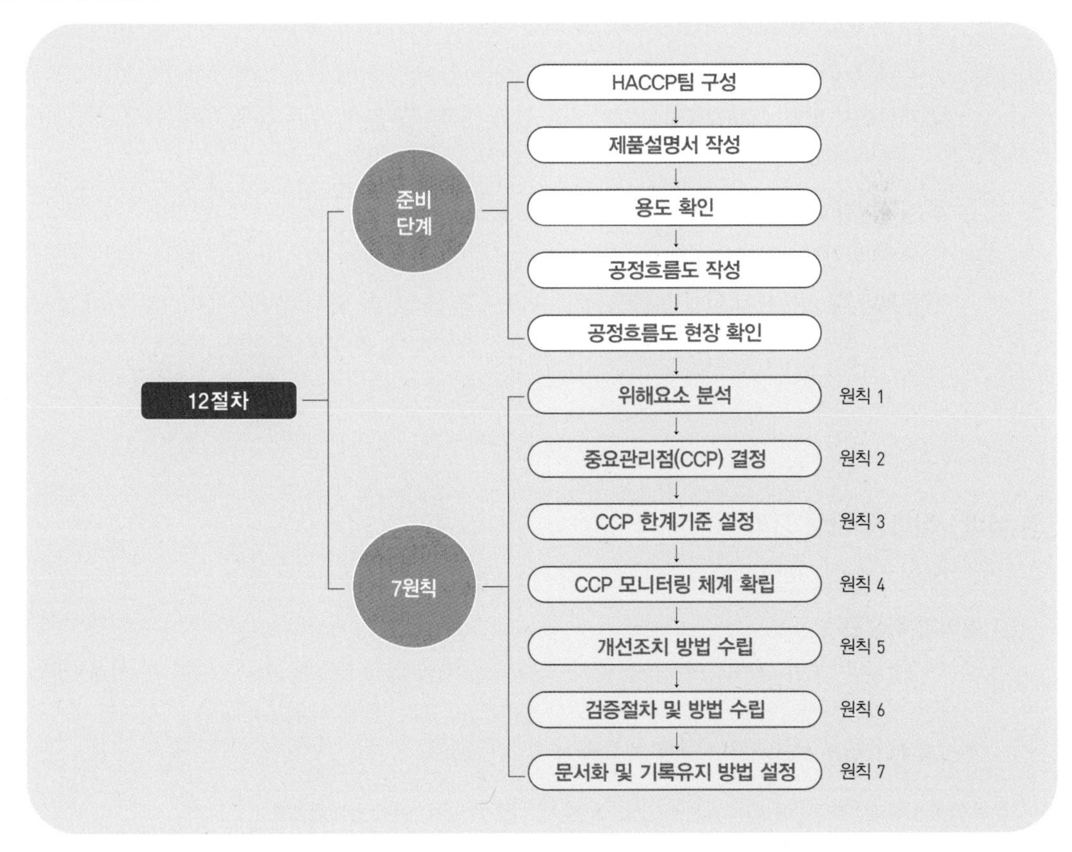

① **HACCP(해썹)팀 구성** : 업체 내에서 해썹 개발을 주도적으로 담당할 해썹팀을 구성한다.

② **제품설명서 작성** : 제품설명서를 작성한다.

③ **용도 확인** : 해당식품의 의도된 사용방법 및 대상 소비자를 파악한다.

④ **공정흐름도 작성** : 모든 공정단계들을 파악하여 작업장 평면도를 작성한다.

⑤ **공정흐름도 현장 확인** : 공정흐름도 및 평면도가 현장과 일치하는지를 검증한다.

⑥ **위해요소 분석(원칙1)** : 공정별로 생물학적, 화학적, 물리적 위해요소와 원인을 파악하고 예방방법을 찾는다.

⑦ **중요관리점(CCP) 결정(원칙2)** : 위해요소를 관리하기 위한 중요관리점(CCP)을 결정한다. 중요관리점이란 원칙1에서 파악된 위해요소를 예방, 제거, 또는 허용 가능한 수준까지 감소시킬 수 있는 공정을 말한다.

- 미생물 성장을 최소화할 수 있는 냉각공정
- 병원성 미생물을 사멸시키기 위해 특정 시간 및 온도에서 가열처리
- pH 및 수분활성도의 조절 또는 배지 첨가 같은 제품 성분배합
- 캔의 충전 및 밀봉 같은 가공처리
- 금속검출기에 의한 금속이물 검출공정 등

⑧ **CCP 한계기준 설정(원칙3)** : 각 중요관리점에서 행해야 할 예방조치에 대한 한계기준(최대치, 최소치)을 설정한다. 온도, 시간, 수분활성도, pH, 수분, 염소, 염분 농도 등이 해당된다.

⑨ **CCP 모니터링 체계 확립(원칙4)** : 중요관리점을 효율적으로 관리하기 위한 모니터링 체계를 수립한다.

⑩ **개선조치 방법 수립(원칙5)** : 모니터링 결과 한계기준을 벗어날 경우 취해야 할 개선조치방법을 사전에 정해 놓는다.

⑪ **검증절차 및 방법 수립(원칙6)** : 해썹 시스템이 올바르게 수립되었는지, 계획대로 실행되고 있는지를 확인한다.

⑫ **문서화 및 기록유지 방법 설정(원칙7)** : HACCP 시스템을 문서화하고 유지하기 위한 효율적인 방법을 설정한다. 쉽고 이해하기 쉬운 서식을 개발해야 유지할 수 있다.

2 설비 · 작업장 위생 관리

(1) 설비의 위생관리

조리 기구를 비롯한 기타 설비 등은 살균소독제를 이용하여 철저히 소독, 세척 후 사용하고, 작업조리대는 재료, 식기, 도구 등을 올려놓고 사용하므로 조리 전에 작업조리대와 가스레인지 등을 닦고, 중성세제나 염소소독제를 200배 희석해 소독, 관리한다.

* 염소 소독제(4%) 200배 희석 방법(1,000㎖ 제조 시) : 물 995㎖ + 염소 소독제 5㎖

(2) 작업장 위생관리

① 바닥

- 바닥은 내수처리를 한다.
- 매일 깨끗이 청소하고 건조된 상태를 유지하며 정기적인 소독을 한다.

② 내벽 및 창문

- 내벽은 내수처리를 하고 미생물이 번식하지 않도록 청결히 관리한다.
- 창문을 사용할 경우 방충망을 설치한다.

③ 출입문

- 재료 및 음식의 운반출입구와 종업원의 출입구는 구분하여 설치한다.

④ 천장

- 천장에 단열재를 사용하여 응축수가 떨어지지 않도록 하며 천장을 통과하는 배관도 덮개를 설치하여 관리해야 한다.

⑤ 환기시설

- 수증기 및 냄새 등을 배기를 통해 환기시키고 작업장 내의 온도를 적정하게 유지시킬 수 있는 환기 시설을 갖추어야 한다.
- 기름기 많은 장소에 있는 후드는 기름기 청소를 쉽게 할 수 있는 구조로 작업장 후드를 설치한다.

⑥ 조명

- 채광 및 조명은 220lx 이상을 유지하여 모든 조리에 적합하도록 한다.
- 전기배선, 조명 등은 식품오염이 발생되지 않도록 설치한다.

⑦ 전처리실

- 흙이나 이물질을 제거하고 재료를 다듬을 수 있는 충분한 공간을 확보한다.
- 전처리와 조리하는 공간은 따로 구분하여 교차오염이 발생하지 않도록 한다.

⑧ 조리실 및 조리설비

- 작업장은 충분한 공간을 확보하여 조리에 불편함이 없도록 하고 매장에서 조리실을 볼 수 있도록 하며, 조리장이 다른 곳과 연결통로에 있어서는 안된다.
- 식품과 식기류의 보관설비는 바닥에서 50㎝ 이상의 높이로 설치하고 조리대와 조리시설은 스테인리스 스틸로 제작하여 녹슬지 않도록 한다.
- 종업원 개인위생을 위한 수세시설을 따로 갖추어야 하며 세척시설과 같이 사용하지 않는다.
- 탈의 전용시설을 설치하여 종업원이 탈의를 할 수 있도록 한다.

⑨ 방충, 방서 시설

- 쥐, 곤충 등이 들어오지 못하도록 작업장에는 방충, 방서시설을 갖추어야 한다.
- 2개월에 1회 이상 물로 방충망의 먼지를 제거하고 청소를 한다.

- 쥐나 곤충의 흔적이 보일 때에는 관리책임자에게 즉시 보고하여 필요한 조치를 취한다.

⑩ 청소, 소독 시설

- 작업장의 주방설비 및 기구는 정기적으로 청소하고 소독한다.
- 관리대장을 만들어 청소 상태를 매일 점검하고 기록한다.
- 화장실이나 조리장 밖으로 이동하였다가 들어왔을 경우에는 70%의 에틸알코올 등 소독액을 조리장 입구에 비치하여 손등에 골고루 분무하여 소독하도록 한다.

(3) 살균소독의 종류 및 방법

① 물리적 방법

- 열탕소독(자비) : 행주, 식기 등을 대상으로 하며 100℃에서 30분 이상 충분히 삶는다. 완전 멸균을 기대하기는 어렵지만 가장 보편적으로 사용하는 방법이다.
- 건열소독 : 식기 등을 대상으로 하며 150~160℃의 건열 멸균기에 넣고 30분 이상 가열하는 방법이다. 미생물을 완전히 살균할 수 있다.
- 자외선소독 : 칼, 도마, 기타 식기류를 대상으로 포개거나 뒤집어 놓지 말고 자외선이 바로 닿도록 해 30~ 60분간 소독한다.

② 화학적 방법

- 작업대 기기, 도마, 생채소, 과일, 손(장갑)을 대상으로 염소 소독액 100ppm에서 5분간 담근 후 흐르는 물에 3회 이상 충분히 세척하는 방법과 70~75% 에틸알코올을 분무한 후 충분히 건조될 때까지 문지르는 방법이 있다.
- 그 외 차염소나트륨(락스, 50~100ppm 이하), 석탄산, 역성비누, 크레졸(3%), 승홍(0.1%, 부식성), 오존 등이 있다.

제3절 | 안전관리

1 개인 안전 점검

(1) 안전사고 방지를 위한 주의사항

① 화상사고 방지

- 뜨거운 음식 등을 옮길 때에는 젖은 행주나 앞치마를 사용하지 말고 마른 행주를 사용한다.

- 식재료를 기름에 튀길 때에는 주변을 깨끗이 정리정돈한 후 조리한다.
- 열과 스팀이 발생하는 장비를 열 때에는 안전조치를 하고 연다.
- 뜨거운 용기를 옮길 때에는 주위 사람들에게 크게 알려 충돌을 방지한다.
- 짐을 들고 이동할 때에는 뒤에 뜨거운 종류의 물건이 있는지 살펴보고 이동한다.

② 낙상사고 방지

- 몸에 맞는 청결한 조리복과 작업 활동에 알맞은 안전화를 착용한다.
- 바닥에 물, 유지류, 식재료가 있을 때에는 즉시 제거한다.
- 주방에서는 뛰거나 서두르지 않는다.
- 바닥이 미끄러우면 주의 표시를 함으로써 다른 종사자가 피해갈 수 있도록 한다.
- 발이 걸려 넘어질 우려가 있는 곳은 수리하거나 제거한다.
- 출입구나 비상구는 항상 깨끗하고 안전하게 관리한다.

③ 전기사고 방지

- 전기기계, 기구 사용 전 손상된 부분이 없는지 점검한다.
- 손상된 기계, 기구는 즉시 수리하거나 교체하여 사용한다.
- 전기 공급원에 장비를 연결하거나 조정하기 전에는 먼저 장비를 끈다.
- 덮개가 없는 전기 콘센트는 플라스틱 안전 플러그로 덮는다.
- 열, 물, 기름으로부터 전기코드를 멀리한다.
- 연장코드를 상설 전선으로 사용하지 않는다.
- 보호되지 않은 전기코드 위로 이동대차 등이 지나다니지 않도록 한다.
- 바닥을 지나가는 코드는 도관에 넣거나 코드 주위를 널빤지 등으로 보호해야 한다.

④ 화재 발생 시 행동 요령

- 불이 났다는 것을 주위에 알리고 119에 신고한다.
- 작은 화재의 경우 소화기를 이용해 초기에 잡고 큰 불일 경우 주변에 알리면서 대피한다.
- 대피 시에는 낮은 자세로 계단을 이용해 대피한다.

2 도구 및 장비의 안전점검

각 도구 및 장비의 사용법을 숙지하고 분해 · 세척법을 익혀 둔다. 특히 떡을 제조하는 공정에 사용되는 방아기계, 반죽기, 성형기, 절단기 등은 롤러나 회전 날개 등이 있어 작업 중에 작업복이나 신체가 끼는 사고가 발생할 수 있다. 그러므로 음주나 피로누적에 따른 집중도가 저하된 건강상태에서는 작업을 중단해야 한다. 또한 떡은 찜기, 튀김기, 오븐 등의 가열설비를 사용하므로 화상 등의 안전사고가 발생하지 않도록 개인보호장비를 착용하며 스팀에 의한 화상을 입지 않도록 주의해야 한다. 가스를 사용한 후에는 즉시 중간밸브를 잠그고, 전기를 사용했을 시에는 전기코드를 마른 손으로 뽑아야 하며 기기의 청소도 안전을 확인하고 실시한다.

01. 식품 취급자의 건강검진에 대한 설명 중 맞지 않는 것은?

① 식품종사자는 연 1회 건강검진을 받아야 한다.
② 영업자는 영업 시작 전에 미리 건강검진을 받아야 한다.
③ 아르바이트생이라도 식품을 취급하는 경우라면 건강검진을 받는다.
④ 건강검진의 의무를 위반할 시에는 100만원 이하의 과태료가 부과된다.

02. 식품 취급자의 복장에 관한 설명으로 적합하지 않은 것은?

① 손톱을 짧게 하고 투명 매니큐어도 바르지 않는다.
② 조리시간을 체크하기 위한 시계는 착용 가능하다.
③ 향이 짙은 화장품(향수 등)은 사용하지 않는다.
④ 앞치마는 청결한 것을 사용하고 오염 시에는 바로 교체한다.

03. 개인위생에 대한 설명으로 바르지 않은 것은?

① 종기나 화농 등이 있는 사람은 음식 만드는 일을 하지 않는다.
② 화장실을 다녀온 후에는 반드시 손을 씻는다.
③ 기침이 나오면 옆으로 돌려서 한다.
④ 손가락으로 음식 맛을 보지 말고 소도구를 이용한다.

04. 다음 중 식품 취급 업종에 종사하지 못하는 질병이 아닌 것은?

① 콜레라
② 비감염성 결핵
③ 화농성질환과 피부병
④ 장출혈성 대장균 감염증

05. 다음 중 손 씻는 방법으로 적절하지 않은 것은?

① 팔꿈치 아래까지 비누로 거품을 내어 충분히 씻는다.
② 미지근하고 깨끗한 물로 충분히 헹군다.
③ 손톱과 손가락 사이도 브러시를 사용하여 깨끗이 씻어야 한다.
④ 앞치마에 손에 있는 물기를 닦는다.

06. 다음 중 위생장갑 착용에 대한 설명으로 틀린 것은?

① 손을 씻지 않기 위해 장갑을 착용한다.
② 장갑이 더러워진 경우는 재료나 품목, 시간에 상관없이 교체한다.
③ 찢어진 경우에는 장갑을 즉시 교체하여야 한다.
④ 장시간 작업을 요한다면 중간 쉬는 시간에 장갑을 버린다.

07. 식품위생법상 떡을 만드는 업무에 종사할 수 없는 질병이 아닌 것은?

① A형 간염 ② 장티푸스
③ 세균성 이질 ④ 유행성 독감

· 보충설명 ·

1. 건강검진을 받지 않을 시에는 500만원 이하의 과태료가 부과된다.
2. 시계, 반지, 팔찌는 착용하지 않는다.
3. 식품이나 식품용기 근처에서 침을 뱉거나 기침, 재채기를 하면 안 된다.
4. 결핵은 식품 영업에 종사할 수 없으나 전염의 우려가 없는 비활동성 간염은 제외된다.
5. 손을 씻을 때는 흐르는 물에 충분히 헹궈 비누의 알칼리 성분이 남지 않도록 한다.

해답 1.④ 2.② 3.③ 4.② 5.④ 6.① 7.④

08. 지방이 분해되고 악취가 발생되는 식품의 변화로 옳은 것은?

① 발효　② 부패
③ 변패　④ 산패

09. 떡 등의 탄수화물 식품이 미생물의 작용에 의해 변질되는 현상은?

① 변패　② 산패
③ 부패　④ 변질

10. 탄수화물이 미생물의 작용으로 분해되어 유익한 균을 생성하는 현상으로 옳은 것은?

① 발효　② 산패
③ 부패　④ 변질

11. 식품을 오염시키는 세균에 대한 설명으로 옳지 않은 것은?

① 음식, 물, 사람 등 다양한 방법을 통해 식품에 운반된다.
② 온도, 습도, 영양 성분에 상관없이 증식 가능하다.
③ 어떤 균은 냉동 상태에서도 생존한다.
④ 식품을 오염시켜 식중독을 일으킬 수 있다.

12. 미생물 증식에 영향을 주는 요인이 아닌 것은?

① 식품의 색
② 식품의 영양
③ 식품의 수분
④ 식품의 pH

13. 미생물에 오염된 식품이나 기구로 인해 다른 식품이 오염되는 현상을 무엇이라 하나?

① 교차오염　② 위해식품
③ 불순물오염　④ 자외선살균

14. 교차오염 방지에 대한 설명 중 옳지 않는 것은?

① 적절한 세척 · 소독을 거친 주방기기 및 기구를 사용한다.
② 조리된 음식을 먼저 준비한 후 생식품을 다룬다.
③ 개인위생관리와 손 세척을 철저히 한다.
④ 조리가 끝날 때까지 도마와 칼은 한 가지만 사용한다.

15. 다음 법정감염병 중 1급 감염병이 아닌 것은?

① 에볼라바이러스병
② 중동호흡기증후군
③ 탄저
④ 결핵

• 보충설명 •

8. 지방 식품을 오래 방치하면 산패가 발생한다.

9. 부패는 단백질 식품이 미생물에 의해 분해되고, 악취가 나며 인체에 유해한 물질이 생성되는 현상이며, 변패는 탄수화물, 지방 등의 식품이 미생물의 작용을 받아 변질되는 현상이다.

10. 발효는 탄수화물이 미생물의 작용으로 분해되어 만들어지는 여러 가지 유기산과 알코올 등 사람에게 유익한 균을 생성하는 현상이다.

11. 세균은 온도, 습도, 영양 성분 등이 적정하면 자체 증식이 가능하다.

12. 미생물 증식 조건은 적당한 영양소와 온도, 수분, 산소, 시간, 산도 등이다.

14. 생식품의 전처리와 조리된 음식을 다루는 도마와 칼은 분리하여 사용한다.

15. 1급 감염병은 생물테러감염병, 혹은 치명률이 높아 발생하는 즉시 신고하고 음압격리가 필요한 감염병이다

해답 8.④ 9.① 10.① 11.② 12.① 13.① 14.④ 15.④

16. 오염된 물을 매개로 전해지는 수인성 감염병은?

① 파상풍 ② 세균성 이질
③ 인플루엔자 ④ 쯔쯔가무시증

17. 다음 중 감염형 식중독 예방에 관한 설명으로 맞지 않는 것은?

① 식품의 안전 보관, 저온 조리, 가열 처리로 예방한다.
② 쥐, 바퀴벌레, 파리 등을 구제한다.
③ 어패류의 생식을 피하고 보관에 유의한다.
④ 조리장은 주기적으로 살균하고 화농이 있는 자는 조리를 금지한다.

18. 다음 중 독소형 균에 포함되지 않는 것은?

① 황색포도상구균
② 보트리누스균
③ 클로스트리디움 퍼프리젠스
④ 장염비브리오균

19. 다음 중 자연독 식중독에 해당하지 않는 것은?

① 복어독 ② 메탄올
③ 감자독 ④ 시가테라독

20. 자연독 식중독의 연결로 옳지 않은 것은?

① 복어–테트로도톡신
② 조개–삭시톡신
③ 감자–솔라닌
④ 곰팡이–엔테로톡신

21. 화학적 식중독에 대한 설명으로 옳지 않은 것은?

① 오용으로 첨가되는 식품첨가물을 포함한다.
② 본의 아니게 잔류, 혼입되는 농약 등의 유해물질이다.
③ 기구나 포장에 의한 구리, 납 중독이 있다.
④ 곰팡이에 의한 아플라톡신 등의 유해물질이다.

22. 다음 중 전파 가능성을 고려하여 발생, 또는 유행 시 격리가 필요한 결핵, 수두 등의 법정감염병은?

① 제1급 감염병 ② 제2급 감염병
③ 제3급 감염병 ④ 제4급 감염병

23. 다음 중 제2급 감염병에 해당되지 않는 것은?

① 파상풍
② 장출혈성 대장균감염증
③ 홍역
④ 콜레라

• 보충설명 •

16. 수인성 전염병에는 세균성 이질, 장티푸스, 콜레라, 파라티푸스, 장출혈 대장균 감염증, A형 간염, 살모넬라 식중독 등이 있다.

18. 장염비브리오균은 감염형 세균성 식중독의 원인균이다.

19. 메탄올은 화학적 식중독이고 시가테라독은 열대 어류에 있는 독이다.

20. 곰팡이독은 에르고톡신이다.

21. 화학적 식중독·고의, 오용으로 첨가되는 유해물질-식품첨가물
- 본의 아니게 잔류, 혼입되는 유해물질-농약, 유해성 금속화합물
- 제조, 가공, 저장 중에 생성되는 유해물질-지질의 산화생성물, 니트로아민
- 기타 물질에 의한 중독-메탄올
- 조리기구·포장에 의한 중독-녹청(구리), 납, 비소 등

22. A형 간염, 결핵, 수두, 백일해, 성홍열, 세균성 이질 등은 제2급 감염병에 속한다.

23. 파상풍은 제3급 감염병에 속한다.

해답 16.② 17.④ 18.④ 19.② 20.④ 21.④ 22.② 23.①

24. 식중독 중 가장 많이 발생하는 유형은?

① 세균성 식중독
② 자연독 식중독
③ 화학적 식중독
④ 알레르기성 식중독

25. 바이러스성 식중독의 병원체가 아닌 것은?

① 아스트로 바이러스
② 장관아데노 바이러스
③ 노로 바이러스
④ 장염비브리오균

26. 식품 취급을 금지하는 화농성질환을 일으키는 대표적 원인균은?

① 비브리오균
② 대장균
③ 황색포도상구균
④ 헬리코박터균

27. 식중독을 예방하기 위한 방법으로 옳지 않은 것은?

① 오염의 가능성이 있는 식품은 즉시 폐기한다.
② 조리 도구는 정기적으로 소독한다.
③ 한 번 가열 조리한 식품은 실온 보관한다.
④ 조리장에 쥐, 바퀴벌레, 파리 등을 구제한다.

28. 세균성 식중독에 대한 설명 중 맞지 않는 것은?

① 살모넬라균은 12～36시간 잠복기를 가지며 설사를 한다.
② 황색포도상구균은 1～6시간 잠복기를 가지며 구토, 복통을 일으킨다.
③ 장염비브리오균은 2일 정도의 잠복기를 가지며 호흡곤란을 일으킨다.
④ 여시니아 엔테코로콜리티카는 1～10일 정도의 잠복기를 가지며 설사를 한다.

29. 다음 중 유해성 보존제가 아닌 것은?

① 붕산
② 승홍
③ 롱가리트
④ 포름알데히드

30. 다음 식중독에 대한 설명으로 옳지 않은 것은?

① 장염비브리오균에 의한 식중독은 여름철에 주로 발생한다.
② 장염비브리오균은 열에 강하므로 가열해도 죽지 않는다.
③ 살모넬라균에 의한 식중독을 예방하려면 방서, 방충 시설을 한다.
④ 병원성대장균은 일반대장균과 달리 전염성 설사 증상을 보인다.

• 보충설명 •

24. 발생 빈도가 가장 높은 것은 세균성 식중독이다.

27. 식품을 위험온도대(5~60℃)에 오래 노출하면 미생물 증식으로 인한 식중독을 일으킬 수 있다.

28. 장염비브리오균은 4~30시간 잠복기를 가지며 설사를 한다.

29. 롱가리트는 유해성 표백제이다.

30. 장염비브리오균은 열에 약하므로 가열 섭취한다.

해답 24.① 25.④ 26.③ 27.③ 28.③ 29.③ 30.②

31. 병, 통조림과 같은 밀봉 식품이 원인이 되는 독소형 식중독은?

① 비브리오균
② 황색포도상구균
③ 클로스트리듐 보툴리누스균
④ 대장균

32. 겨울철 주로 발생하며 최근 증가 추세인 식중독은?

① 세균성 식중독
② 바이러스성 식중독
③ 자연독 식중독
④ 화학적 식중독

33. 바이러스에 대한 설명으로 옳지 않은 것은?

① 크기가 작은 DNA 또는 RNA가 단백질 외피에 둘러싸여 있다.
② 숙주가 존재하여야 증식이 가능하다.
③ 일반적으로 치료법이나 백신이 없다.
④ 2차 감염이 되는 경우는 거의 없다.

34. 곰팡이독에 대한 설명으로 옳지 않은 것은?

① 항변미독을 생성하는 곰팡이는 수분 15% 이상에서 생육이 가능하다.
② 보리에는 곰팡이 균핵이 존재하며 이를 맥각이라 한다.
③ 아플라톡신은 땅콩에 번식하여 생산되는 형광성 독소이다.
④ 감자의 솔라닌은 대표적인 식물성 곰팡이독이다.

35. 자연독의 연결이 바르지 않은 것은?

① 복어–테트로도톡신
② 조개–삭시톡신
③ 목화–맥각독
④ 매실, 살구씨–아미그달린

36. 설탕 250배의 단맛을 내는 유해 감미료는?

① 둘신
② 사카린
③ 아스파탐
④ 붕산

37. 유해 착색료와 색의 연결이 잘못된 것은?

① 황색–오라민
② 청색–삼염화질소
③ 적색–로다민
④ 등적색–메틸바이올렛

· 보충설명 ·

31. 보툴리누스균은 신경독소인 뉴로톡신을 생산하여 독소형 식중독을 일으킨다.

32. 바이러스성 식중독은 최근 증가 추세를 보이고 있으며 주로 겨울철에 노로 바이러스, 노타 바이러스가 유행한다.

33. 대부분 2차 감염된다.

34. 곰팡이독에는 황변미독, 맥각독, 아플라톡신 등이 있다.

35. 목화- 고시풀

36. 둘신은 무색 결정의 인공 감미료로 설탕보다 250배의 단맛을 내지만, 몸 안에서 분해되면서 혈액독을 일으키므로 사용을 금지하고 있다.

37. 삼염화질소는 유해 표백제이다.

해답 31.③ 32.② 33.④ 34.④ 35.③ 36.① 37.②

38. 식품첨가물에 대한 설명으로 옳지 않은 것은?

① 허용보존제(방부제)라 할지라도 과량 사용하면 안전에 문제가 된다.
② 합성착색료는 식품에 색을 첨가하거나 복원하는 역할을 한다.
③ 허용물질인 표백제는 사용이 자유롭다.
④ 중량제로 허용된 식품첨가물은 단독 또는 합계된 잔존량이 0.5% 이하이어야 한다.

39. 채소류에서 감염되는 기생충은?

① 편충, 동양모양선충
② 요충, 유구조충
③ 회충, 무구조충
④ 십이지장충, 선모충

40. 민물고기를 생식했을 때 감염되기 쉬운 기생충은?

① 십이지장충
② 갈고리촌충
③ 폐디스토마
④ 간디스토마

41. 다음 중 기생충의 예방관리법이 아닌 것은?

① 조리 기구를 통한 교차 오염에 주의한다.
② 어류, 육류의 생식을 하지 않는다.
③ 유기농 채소를 섭취한다.
④ 정기적으로 구충제를 복용한다.

42. HACCP에 대한 설명으로 옳지 않은 것은?

① 해썹이라 발음하며 식품안전관리인증기준을 말한다.
② 자율적이고 과학적인 위생관리방식을 정착시키기 위한 것이다.
③ 첫 번째 원칙은 예방조치에 대한 한계관리기준을 설정하는 것이다.
④ 7원칙 12절차에 의한 체계적인 접근 방식을 적용하고 있다.

43. 다음 중 해썹 적용대상업종이 아닌 것은?

① 제과점 또는 떡집
② 건강기능식품제조 업소
③ 일반음식점
④ 슈퍼마켓

44. 식품위생법에 대한 다음 설명 중 틀린 것은?

① 식품위생법은 법률이다.
② 의약으로 섭취하는 식품을 포함해 모든 음식물을 대상으로 한다.
③ 식품으로 생기는 위생상의 위해를 방지하고 질적 향상을 도모하기 위한 것이다.
④ 식품에 관한 정보를 제공해 국민보건증진에 이바지한다.

• 보충설명 •

38. 표백제는 허용물질이라도 반드시 그 용량을 지켜야 한다.

39. 채소, 과일류에서 감염되는 기생충은 회충, 편충, 요충, 십이지장충, 동양모양선충이다.

40. 민물고기 생식으로 감염되기 쉬운 기생충은 간디스토마이고 참게나 가재 등으로 감염되기 쉬운 기생충은 폐디스토마이다.

42. 원칙1은 위해요소를 분석하는 것이다.

44. 의약으로 섭취하는 것을 제외한 모든 식품을 대상으로 한다.

해답 38.③ 39.① 40.④ 41.③ 42.③ 43.④ 44.②

45. 식품위생법 등 식품의 안전관리에 관한 행정업무를 담당하는 기관은?

① 환경부
② 식품의약품안전처
③ 보건복지부
④ 고용노동부

46. 식품위생법상 식품 위생의 대상으로 옳은 것은?

① 식품, 기구, 용기, 식품첨가물 등
② 식품, 식품첨가물, 그릇, 의류 등
③ 식품첨가물, 기계, 장비, 용기 등
④ 식품첨가물, 기계, 부재료, 용기 등

47. 작업장 위생관리에 대한 설명으로 옳지 않은 것은?

① 바닥은 미끄러지지 않는 재질로 한다.
② 바닥은 1주일에 한 번 청소한다.
③ 바닥의 경사를 주어 배수가 잘 되도록 한다.
④ 파손된 바닥은 즉시 보수한다.

48. 작업장 위생관리에 대한 설명으로 옳지 않은 것은?

① 채광 및 조명은 220lx 이상을 유지하여 모든 조리에 적합하도록 한다.
② 전처리실과 조리실은 따로 구분하여 교차오염이 발생하지 않도록 한다.
③ 화장실에 다녀온 경우 30%의 에틸알코올 소독액을 손등에 골고루 분무하여 소독한다.
④ 전용시설을 설치하여 종업원이 탈의를 할 수 있도록 한다.

49. 살균소독에 대한 설명으로 옳지 않은 것은?

① 열탕소독은 행주, 식기 등을 대상으로 하며 100℃에서 20분 이상 충분히 삶는다.
② 건열소독은 식기 등을 건조기에서 150℃ 이상으로 30분 이상 충분히 건조한다.
③ 자외선소독은 칼, 도마, 기타 식기류를 대상으로 포개거나 뒤집어 놓지 말고 자외선이 바로 닿도록 30~60분간 소독한다.
④ 작업대 기구, 도마를 대상으로 염소소독액(100ppm)에 1~2시간 동안 담근 후 흐르는 물에 3회 이상 충분히 세척한다.

50. 다음 중 안전사고 방지법으로 옳지 않은 것은?

① 뜨거운 음식 등을 옮길 때에는 마른 행주나 헝겊을 사용한다.
② 기름을 사용하는 조리는 기름이 튀지 않도록 유의한다.
③ 뜨거운 용기 이동 시에는 주위 사람들에게 크게 알려 충돌을 방지한다.
④ 몸에 맞는 청결한 조리복과 작업 활동에 알맞은 슬리퍼를 착용한다.

• 보충설명 •

47. 바닥은 매일 깨끗이 청소하고 건조된 상태를 유지하며 정기적인 소독을 한다.

48. 화장실이나 조리장 밖으로 이동하였다가 들어왔을 경우에는 70%의 에틸알코올 등 소독액을 조리장 입구에 비치하여 손 등에 골고루 분무하여 소독하도록 한다.

49. 작업대 기기, 도마, 생채소, 과일, 손(장갑)은 염소소독액 100ppm에서 5분간 담근 후 흐르는 물에 3회 이상 충분히 세척하는 방법과 70% 에틸알코올을 이용하여 분무 후 충분히 건조될 때까지 문지르는 방법의 소독이 있다.

50. 몸에 맞는 청결한 조리복과 작업 활동에 알맞은 안전화를 착용한다.

해답 45.② 46.① 47.② 48.③ 49.④ 50.④

51. 전기기구나 장비 사용 시 안전에 대한 설명으로 옳지 않은 것은?

① 사용하기 전에 손상된 부분이 없는지 점검한다.
② 젖은 손으로 만지지 말고 코드를 당겨 플러그를 뽑는다.
③ 손상된 기계, 기구는 즉시 수리하거나 교체하여 사용한다.
④ 전기 공급원에 장비를 연결하거나 조정을 하기 전에 장비를 끈다.

52. 식품위생법상 다음 용어에 대한 내용이 옳지 않은 것은?

① '식품'이란 모든 음식물을 말한다.
② '식품첨가물'이란 식품을 제조, 가공, 조리하는 과정에 사용되는 물질을 말한다.
③ '화학적 합성품'이란 화학적 수단으로 화학반응을 일으켜 얻은 물질을 말한다.
④ '기구'란 식품에 직접 닿는 기계, 기구, 위생용품을 말한다.

53. 다음 중 영업허가를 받아야 할 업종이 아닌 것은?

① 유흥주점영업
② 단란주점영업
③ 식품제조가공업
④ 식품조사처리업

54. 다음 중 소독의 의미를 바르게 서술한 것은?

① 모든 세균을 완전히 죽이는 것이다.
② 미생물을 제거하여 무균 상태로 만드는 것이다.
③ 병원성 미생물, 세균을 죽이거나 활성을 억제하는 것이다.
④ 미생물의 발육을 저지, 혹은 정지시켜 부패를 막는 것이다.

55. 세균성 식중독을 예방하는 방법과 거리가 먼 것은?

① 조리대 및 조리 공간의 청결을 유지한다.
② 조리 기구를 소독해 사용한다.
③ 식품의 유독한 부위는 반드시 제거하고 쓴다.
④ 신선한 재료를 사용한다.

56. 일반적으로 세균성 식중독 방지와 가장 관계가 깊은 처리 방법은?

① 식품 취급 시 마스크를 착용한다.
② 예방 접종을 한다.
③ 냉장, 냉동 보관한다.
④ 유전자조작식품을 사용하지 않는다.

57. 소음의 측정단위는?

① dB ② kg
③ Å ④ ℃

• 보충설명 •

51. 코드를 당기지 말고 플러그를 잡고 뽑는다.

52. '기구'란 식품에 직접 닿는 기계, 기구나 그 밖의 물건(농업과 수산업에서 식품을 채취하는 데에 쓰는 기계, 기구나 그 밖의 물건, 위생용품은 제외)을 말한다.

53. 식품제조·가공업은 영업신고를 하여야 하는 업종이다.

54. 모든 세균, 미생물을 사멸하는 것은 멸균이며 미생물의 번식을 저지해 부패를 막는 것은 방부이다.

57. 소음측정 단위
dB(데시벨)-음압측정

해답 51.② 52.④ 53.③ 54.③ 55.③ 56.③ 57.①

58. 안전사고 예방 과정으로 틀린 것은?

① 위험요인을 제거한다.
② 위험요인을 차단한다.
③ 위험사건 오류를 예방 및 교정한다.
④ 위험사건 발생 이후 개선조치보다는 대응을 한다.

59. 주방 내 작업장 환경관리에 대한 설명으로 틀린 것은?

① 여름철 작업장 온도는 20.6~22.8℃가 적당하다.
② 겨울철 작업장 온도는 18.3℃~21.1℃가 적당하다.
③ 소음허용 기준은 90dB(A) 이하가 적당하다.
④ 적정한 상대습도는 40~60%이다.

60. 화재 시 대처요령으로 틀린 것은?

① 화재경보기를 울리고 큰소리로 주위에 알린다.
② 해당 부서 및 119에 긴급 신고한다.
③ 소화기, 소화전을 이용하여 불을 신속하게 끈다.
④ 무조건 안전하게 대피부터 한다.

• 보충설명 •

58. 안전사고 예방 과정

- 위험요인의 원인을 제거한다.
- 안전방벽 등을 설치하여 위험요인을 차단한다.
- 초래할 수 있는 위험사건의 인적·기술적·조직적 오류를 예방 및 교정한다.
- 재발방지를 위하여 위험사건 발생이후 대응및개선조치를한다.

59.

- 작업장 온도는 여름철에는 20~23℃, 겨울철에는 18~21℃ 정도가 적당하다.
- 상대습도는 40~60% 정도가 적당하며, 소음은 일반적으로 50dB(A) 이상의 음이 발생하면 소음으로 간주하기 때문에 주방의 소음은 50dB(A) 이하가 적당하다.
- 조리장의 조도는 급식실의 조도를 기준으로 검수대 540lx, 조리장 220lx 이상이다.

60. 인명피해가 없도록 안전하게 대피를 하는 것이 중요하지만, 기본적으로 신속하게 주위에 알리고 상황에 맞게 행동한다.

해답 58.④ 59.③ 60.④

제 4 장

우리나라 떡의 역사 및 문화

학습 항목

❶ 떡의 어원과 시대별 떡의 역사

❷ 시, 절식으로서의 떡

❸ 통과의례와 떡

❹ 향토떡

제1절 떡의 역사

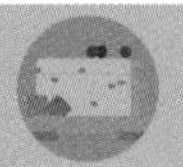

1 떡의 어원

'떡'이란 말을 처음 기록한 문헌은 『규합총서(1809)』이며 떡이란 말은 중국의 한자로부터 기원한 것으로 보인다. 중국에서는 곡식을 가지고 떡을 만들었을 때는 '이(餌)'나 '자(餈)', 밀가루로 떡을 만들었을 때는 명칭의 구별 없이 '떡'이라고 했으며 한자인 경우, 주로 '병(餠)'으로 표현하고 '고(糕, 餻)'로도 썼다. 우리의 떡은 쌀을 주재료로 만들어 왔으므로 원칙적으로는 '이'이지만 재료의 구분 없이 '떡'이라 하고 한자로 표기할 경우에만 '병'이라 한다.

2 시대별 떡의 역사

(1) 삼국시대 이전(상고시대)

우리 민족은 삼국이 성립되기 이전인 부족국가 시대부터 떡을 만들어 먹은 것으로 추정된다. 이는 이미 떡의 주재료인 곡물이 생산되고 있었고, 떡을 만드는 데 필요한 도구가 유물로 출토되고 있기 때문이다.

- 떡의 등장 시기는 청동기시대 또는 초기 철기시대이다. → 떡을 찌는 시루 발견
- 보리, 조, 수수 등 거친 잡곡을 부수어 먹기 좋은 형태로 섭취했다.
- 떡과 관련된 유물의 출토는 다음과 같다.
  - 황해도 봉산 신석기 유적지 : 갈돌(곡물의 껍질을 벗기고 가루로 만드는 데 쓰는 도구)
  - 경기도 북변리와 동창리의 무문토기시대 유적지 : 돌확(갈돌 이전 단계인 도구)
  - 함경북도 나진 초도 유적지의 신석기–청동기 시대 패총 : 시루(양쪽에 손잡이가 있고 바닥에 구멍이 여러 개 난 시루)

(2) 삼국시대와 통일신라시대

사회가 안정되면서 벼농사 중심의 농경이 발달해 쌀의 생산량이 늘고, 다양한 곡물의 생산량도 증대하였다. 또 『삼국사기』, 『삼국유사』 등의 문헌에도 떡에 관한 이야기가 많이 등장해 당시의 식생활에서 떡이 차지했던 비중을 알 수 있다.

- 쌀을 주식으로 하는 지배층이 부식으로 떡을 먹기 시작했다.
- 제천의식의 발달로 떡은 제례음식으로 사용되었다.

- 떡과 관련된 유물의 출토 및 기록은 다음과 같다.
  - 황해도 안악의 고구려 무덤 : 농경 형태와 부엌, 떡 제조 모습이 그려져 있다.
  - 삼국사기 : 유리왕이야기, 백결선생이야기에 도병(절편)류가 등장한다.
  - 삼국유사 : 설병이란 떡 이름이 등장하고 제례에 떡이 쓰였음을 알 수 있다.
  - 영고탑기략 : 발해 사람들도 시루떡을 만들었다고 기록되어 있다.

더 알아보기

- 삼국사기 유리본기 : 남해왕 서거 후 유리와 탈해가 서로 왕위를 사양하다 떡을 깨물어 잇자국이 많은 사람이 왕위를 계승했다는 이야기가 기록되어 있다.
- 삼국사기 백결선생조 : 거문고 명인인 백결선생이 가난하여 세모(해가 저무는 음력 섣달그믐)에 떡을 치지 못하는 부인을 위해 거문고로 떡방아 찧는 소리를 내 위로했다는 이야기가 기록되어 있다.

(3) 고려시대

권농정책에 따른 양곡의 증산과 불교의 영향은 떡 문화의 발전을 가져왔다. 떡은 그 종류와 조리법이 매우 다양해졌고, 육식을 멀리하고 차를 즐기는 풍속의 유행은 과정류와 함께 떡이 더욱 발전하는 계기를 만들어 주었다. 떡이 서민들의 생활과 밀접한 일상 음식으로 자리잡아 나간 시기이기도 하다.

- 제례음식으로 여겨지던 떡이 절기 때 먹는 절식(節食)으로 점차 자리잡게 되었다.
- 몽고 등 외국 문화와 교류하면서 떡의 종류와 조리법이 더욱 다양해졌다(상화병).
- 쌀가루에 밤과 쑥을 섞어 설기를 해먹었고 단자류인 수단, 수수전병 등을 먹었다는 기록이 있다.

(4) 조선시대

조선시대에는 조리가공법이 발달하고, 유교와 왕실, 사대부의 정착으로 각 계층과 법도에 따른 음식 문화가 매우 발전하였다. 관혼상제, 세시행사 등 각종 의례가 빈번해졌고 이에 필수 음식이었던 떡은 맛뿐만 아니라 형태와 빛깔 면에서도 더욱 다양해졌다.

- 궁중과 반가를 중심으로 사치스러울 만큼 화려한 떡이 등장했다.
- 쌀 외에 다른 곡물을 조합하고, 고물과 소에 과실, 꽃, 향신료 등 다양한 부재료를 사용함으로써 빛깔, 모양, 맛에 변화를 주었다.
- 치자 등의 천연색소를 사용하였다.
- 『음식디미방』, 『규합총서』, 『요록』, 『시의전서』, 『부인필지』와 같은 조리전문서에 석탄병 등 약 200여 종의 떡이 소개되어 있다.

(5) 근대

일제강점기부터 1960년대까지는 떡의 암흑기라 할 수 있다. 일제의 수탈과 전쟁을 겪으면서 음식 문화 또한 피폐해졌고, 떡은 일본 떡과 서양에서 들어온 빵에 가려 특별한 발전 없이 겨우 명맥을 유지했다. 그러나 한편으로 떡은 중요한 행사나 제사 등에 여전히 빠지지 않고 오르는 음식이기도 했다.

- 떡 방앗간이 등장하였으며 맞춤 형태로 소비되면서 떡의 종류도 축소되었다.
- 콩설기, 콩시루편, 콩버무리떡, 쇠머리떡 등 서민들이 이용하는 떡이 만들어졌다.
- 거피팥시루떡도 이 시기에 처음으로 만들어졌다.
- 이 시기의 문헌으로는 『조선무쌍신식요리제법』이 있다.

(6) 현대

1970년대 이후, 떡은 빵과 케이크, 패스트푸드 등의 영향으로 한동안 그 위상이 매우 약화되었으나 최근 들어 우리 식문화에 대한 관심이 높아지면서 다시 주목을 받고 있다. 세계화 시대에 걸맞게 우리의 고유성을 살리면서도 맛, 모양, 소재 면에서 다변화를 추구하고 있다.

제2절 | 떡 문화

1 시 · 절식으로서의 떡

(1) 설날 | 음력 1월 1일

흰 떡가래로 떡국을 끓여 먹는데 이는 한 해의 무사안녕을 기원하는 의미이다. 설날 아침에 떡국을 먹으면 나이를 한 살 더하게 되므로 첨세병(添歲餠)이라고도 한다.
쌀 생산이 적은 북쪽 지방에서는 만둣국이나 떡만둣국을 먹기도 하였고 개성지방에서는 조랭이떡국을 먹었다. 흰떡 외에도 찰곡식으로 만든 인절미와 거피팥, 콩가루, 검은깨, 잣가루 등으로 고물을 입힌 찰떡을 만들어 먹기도 했다.

> **더 알아보기 조랭이떡**
>
> 개성지방에서는 고려 이전부터 조롱박 모양의 조랭이떡국을 먹었는데 그 모양이 마치 엽전 꾸러미와 닮아 장삿술에 능했던 개성 사람들이 새해에도 재물이 넘쳐나길 기원하는 의미로 먹었다고 전해진다.

(2) 정월 대보름 | 음력 1월 15일

상원(上元)이라고도 하며 새로운 1년의 농사를 준비하는 날이다. 묵은 나물, 복쌈, 부럼, 귀밝이술 등과 함께 약식을 만들어 먹었다. 약식은 신라 소지왕을 구한 까마귀에게 고마움을 표하기 위해 까마귀 깃털 색의 약식을 만들어 먹었다는 얘기가 전해지고 있다.

(3) 중화절 | 음력 2월 1일

새해 농사를 시작하면서 격려의 의미로 상전이 노비를 대접하는 날이다. 이날 빚은 송편을 '노비송편' 혹은 이월 초하룻날 빚는다 하여 '삭일송편'이라 한다. 또 궁중에서는 왕이 재상과 신하들에게 자(尺)를 하사하였는데 이 역시 농사일에 힘쓰라는 뜻이었다.

(4) 삼짇날 | 음력 3월 3일

만물이 활기를 띠고 강남 갔던 제비가 돌아온다는 날이다. 이날에는 화전놀이라 하여 찹쌀가루와 번철을 들고 야외로 나가 진달래꽃을 따서 진달래화전을 만들어 먹었다. 『동국세시기』에도 화전은 화면과 함께 삼짇날의 으뜸음식이라 적고 있다.

(5) 한식

동지(冬至) 후 105일째 되는 날. 양력으로는 4월 5일 무렵이다. 찬 음식을 먹어도 크게 부담되지 않는 절기이다. 한식에는 어린 쑥을 넣어 절편이나 쑥단자를 만들어 먹었다.

(6) 사월 초파일 | 음력 4월 8일

석가의 탄생을 경축하기 위한 날이다. 본래는 불가에서만 경축하였으나 고려시대 이후 일반인들도 명절로 지키게 되었다. 이날엔 느티나무에 새싹이 돋게 되므로 어린 느티싹을 넣은 느티떡을 해 먹거나 흔해진 장미꽃을 넣어 장미화전을 부쳐 먹었다.

(7) 단오 | 음력 5월 5일

천중절(天中節), 수릿날, 중오절(重五節)이라고도 한다. 수리취 절편을 만들어 먹었는데 떡살의 문양이 수레바퀴 모양이라고 하여 차륜병(車輪餠)이라고도 불렀다. 그 외에도 햇쑥으로 버무리, 절편, 인절미를 만들어 먹었다.

(8) 유두 | 음력 6월 15일

몸을 깨끗이 하고 가족의 안녕과 풍년을 기원하는 날이다. 절식으로는 상화병이나 밀전병을 즐겼고, 더위를 잊기 위한 음료수로 꿀물에 둥글게 빚은 흰떡을 넣은 수단을 만들어 먹었다.

(9) 칠석 | 음력 7월 7일

견우와 직녀가 만난다는 칠석에는 햇벼에서 나온 흰쌀로 백설기를 만들어 가묘에 천신하고 먹었다. 또 삼복에는 깨찰떡, 밀설기, 주악, 증편을 많이 만들었으며 특히 증편과 주악을 즐겨 먹은 것은 삼복 더위에도 쉽게 상하지 않기 때문이었다.

(10) 추석 | 음력 8월 15일

한가위, 중추절, 가배 등으로 불리는 추석에는 시루떡, 송편을 만들어 조상께 감사하며 제사를 지낸다. 송편이라는 이름은 떡을 찔 때 솔잎을 켜마다 깔고 찌기 때문에 붙여진 이름이다. 송편은 이르게 익은 벼, 곧 올벼로 빚은 것이라 하여 '오려송편'이라고도 부르는데, 이는 이월 중화절의 삭일송편과 구분지어 부르는 이름이기도 하다. 이 밖에 인절미도 만들어 먹었다.

(11) 중양절 | 음력 9월 9일

햇벼가 나지 않아 추석 때 제사를 못 지낸 북쪽이나 산간 지방에서 지내던 절일이나 오늘날에는 그 풍속이 사라졌다. 국화전을 부쳐 먹거나 삶은 밤을 으깨어 찹쌀가루와 버무려 찐 밤떡을 먹었다.

(12) 시월 상달

시월은 일 년 중 첫째가는 달이라 하여 상달이라고 한다. 상달에는 당산제와 고사를 지냈다. 고사를 지낼 때는 백설기나 붉은팥시루떡을 만들어 시루째 대문, 장독대, 대청 등에 놓고 성주신을 맞이하여 집안의 무사를 빌었다. 무시루떡, 애단자, 밀단고도 만들어 먹었다.

(13) 동지

동짓달의 동짓날은 절기상 죽어가던 태양이 다시 살아나는 날이다. 이날 낮의 길이가 가장 짧아졌다가 다시 길어지기 때문이다. 이날을 축하해 '작은 설'이라고도 하며 특별히 떡을 만들지는 않으나 찹쌀 경단을 넣어 끓인 팥죽을 먹는 풍습이 있다.

(14) 섣달그믐

섣달은 납향(蠟享, 납일에 신에게 고하는 제사)하는 날인 납일이 들어 있다고 해서 납월이라고도 한다. 납일은 동지 뒤 셋째 미일(未日)로 이날, 천지신명께 제사를 지낸다. 납월에는 골동반, 장김치 등과 함께 팥소를 넣고 골무 모양으로 빚은 골무떡을 즐겨 먹는다. 특히 섣달그믐에는 시루떡과 정화수로 고사를 지내고, 색색의 골무떡을 빚어 나누어 먹기도 했다.

월	절기	떡의 종류	특징
1	설날	흰떡국	첨세병이라고도 함
	대보름	약식	묵은 나물, 복쌈, 부럼, 귀밝이술을 먹음
2	중화절	큰 송편	노비송편, 삭일송편이라 불림
3	삼짇날	진달래 화전	화전놀이
4	초파일	느티떡, 장미화전	불가의 행사, 고려 이후 일반화
5	단오	수리취 절편(차륜병), 쑥버무리, 쑥절편, 쑥인절미	천중절(天中節), 수릿날, 중오절(重五節)
6	유두	상화병, 밀전병, 떡수단	밀국수, 떡, 과일 등을 천신

7	칠석	백설기	가묘에 천신하고 흰쌀로만 백설기를 만듦
8	추석	시루떡, 송편	한가위, 중추절, 가배 등으로 불림 올벼로 빚은 것이라 하여 오려송편이라 함
9	중양절	국화전, 밤떡	추석 제사 때 못 잡순 조상께 제사를 지내는 날
10	상달	백설기, 팥시루떡	당산제와 고사를 지냄
11	동지	찹쌀경단 넣은 팥죽	죽어가던 태양이 다시 살아나는 날
12	그믐날	온시루떡	섣달그믐에는 시루떡과 정화수를 떠놓고 고사
	납일	골무떡	천지만물의 신령에게 음덕을 갚는다는 의미

2 통과의례와 떡

사람이 태어나서부터 죽을 때까지 거치게 되는 과정, 즉 탄생, 성년, 결혼, 장사(葬事) 등에 수반되는 의례를 의미하며 떡이 반드시 수반되어 왔다.

(1) 삼칠일

아이를 출산한 지 21일이 되는 날로, 아이가 이날까지 무사히 넘긴 것을 기념하는 의미이다. 이날이 되면 대문에 달았던 금줄을 떼어 외부인의 출입을 허용하고 산실(產室)의 모든 금기를 철폐한다. 떡으로는 백설기를 만들어 먹었다.

- 백설기는 아이와 산모를 산신의 보호 아래 둔다는 신성의 의미를 담고 있다.
- 삼칠일의 백설기는 집안에 모인 가족이나 가까운 친지끼리만 나누어 먹고 밖으로는 내보내지 않는다.

(2) 백일

백일은 아이가 출생한 지 백 일째 되는 날로 백날이라고도 한다. 백일에는 아이의 무병장수와 복을 기원하는 의미에서 백설기를 만들어 백 집에 나눠주는 풍습이 있었다.
백일 떡으로는 백설기, 붉은팥고물 찰수수경단, 오색송편 등이 있다.

- 백설기는 삼칠일의 백설기와 같은 신성의 의미가 담겨 있다.
- 백일에 백설기를 받은 집에서는 빈 그릇을 그냥 보내지 않고 반드시 흰 무명실이나 흰쌀을 담아 보냈다.
- 붉은팥고물을 묻힌 찰수수경단은 아기로 하여금 액을 면하게 한다는 의미이다.
- 백일에 만드는 오색송편은 일반 송편보다 작은 모양으로 5가지 색을 물들여 만든다. '만물의 조화'라는 뜻을 담고 있다.

(3) 돌

돌은 아기가 태어난 지 일 년이 되는 날로 장수복록(長壽福祿)을 축원하며 아이에게 의복을 만들어 입히고 떡과 과일로 돌상을 차려 돌잡이를 한다.

떡으로는 백설기, 붉은팥고물 찰수수경단, 오색송편, 무지개떡, 인절미, 개피떡 등을 만들어 먹었다.

- 백설기와 수수경단은 반드시 준비한다. 백설기는 신성한 백색무구한 음식이고, 수수팥떡은 액을 물리친다는 믿음에서 비롯된 풍습이다

(4) 책례

아이가 서당에 다니면서 책을 한 권씩 뗄 때마다 행하던 의례로, 어려운 책을 끝낸 것에 대한 축하와 격려의 의미가 담겨 있다. 작은 모양의 오색송편을 만들어 선생님, 친구들과 나누어 먹었다.

(5) 성년례

성인이 되었다는 것을 알리는 의례로, 남자아이는 상투를 틀고 관을 씌운다 해서 '관례'라 하고 여자아이는 쪽을 지고 비녀를 꽂는다고 해서 '계례'라고도 했다. 각종 떡과 약식 등의 음식을 준비해 먹었다.

(6) 혼례

혼례는 육례(六禮)라 해서 혼담, 사주, 택일, 납폐, 예식, 신행 등 여섯 단계의 절차로 구성되었다.

- 납채는 신랑 집에서 신부 집에 함을 보내는 절차로 봉치떡이 사용되었다.

* 봉치떡은 찹쌀 3되와 붉은팥 1되로 2켜의 시루떡을 안치고, 그 위 중앙에 대추 7개를 둥글게 모아 놓고 함이 들어올 시간에 맞춰 찌는 떡이다. 찹쌀을 쓰는 것은 부부의 금실을, 7개의 대추는 아들 7형제를 상징하며, 떡을 2켜로 하는 것은 부부 한 쌍을 뜻한다.

- 달떡과 색떡은 혼례상에 반드시 올리는 떡으로, 달떡은 둥글게 빚은 흰 절편이며 색떡은 여러 가지 색물을 들여 만든 절편이다.

* 21개씩 쌓은 달떡은 보름달처럼 밝고 둥글게 채우며 살라는 의미가 담겨 있고, 암탉, 수탉 모양으로 쌓은 색떡은 부부를 의미한다.

- 신부 집에서 신랑 집에 보내는 이바지 음식으로도 대개 인절미와 절편이 사용되었다.

(7) 회갑

나이 예순한 살이 되는 생일에는 회갑이라 하여 자손들이 연회를 열었다. 이때의 상차림은 음식을 높이 고인다 해서 '고배상(高排床)' 또는 바라보는 상이라 하여 '망상(望床)'이라고 불렀다.

- 떡은 백편, 꿀편, 승검초편 등을 만드는데, 직사각형으로 크게 썰어 네모진 편틀에 차곡차곡 높이 괸 후 화전이나 주악, 단자 등의 웃기를 얹어 아름답게 장식한다.

- 인절미 등도 층층이 높이 괴어 주악, 단자 등으로 웃기를 얹는다.
- 예전에는 나무에 꽃이 핀 모양의 모조화(상화)를 만들어 장식하기도 하였다.
- 회갑연에서 사용했던 떡은 잔치가 끝난 후 서로 나누어 먹었다.

(8) 제례

유교에서의 제례는 보통 자손들이 조상들을 추모하며 올리는 의식이다.

- 떡은 녹두고물편, 꿀편, 거피팥고물편, 흑임자고물편 등 편류로 준비한다. 여러 개 포개어 고이고 위에 주악이나 단자를 웃기로 올린다.
- 제사상에 진설하는 떡의 종류는 지방에 따라 차이가 있다.
  - 강원도 : 시루떡이나 절편
  - 충청도 : 밑에서부터 시루떡·흰떡·인절미·증편·화전·주악의 순으로 쌓아올린다.
  - 제주도 : 떡과 조과를 섞어 가며 괴어 올린다.
  - 평안도 : 백설기를 크게 만들어 괸다.
  - 함경도 : 조찰떡(차좁쌀을 쪄서 떡구유에 넣고 찐 떡), 시루떡(차좁쌀가루와 다른 잡곡 가루를 섞어 쪄서 묵함지에 넣고 잘 주물러 질기게 만든 떡), 자바귀(찰떡을 쳐서 밀대로 얇게 밀어 썰어서 번철에 구운 다음 물엿을 바른 떡)

통과의례	의미	떡의 종류
삼칠일	아이를 출산한 지 세이레가 되는 날	순백색의 백설기
백일	아이가 태어나 백 일째 되는 백날	백설기, 붉은팥고물 찰수수경단, 오색송편
돌	아이가 태어난 지 일 년이 되는 날	백설기와 붉은팥고물 찰수수경단, 오색송편, 무지개떡, 인절미, 개피떡
책례	아이가 서당에 다니면서 책을 한 권씩 뗄 때마다 행하던 의례	오색송편
성년례	성인이 되었다는 것을 알리는 의례 남자는 상투를 틀고 관을 씌우며, 여자는 쪽을 지고 비녀를 꽂음	술, 과, 포 및 각종 떡과 약식
혼례	혼례의례상인 동뢰상	달떡과 색떡
회갑	예순한 살이 되는 생일, 회갑 음식을 높이 고이므로 '고배상(高排床)' 또는 바라보는 상이라 하여 '망상(望床)'	백편, 꿀편, 승검초편, 화전이나 주악, 단자, 인절미
제례	자손들이 고인을 추모하며 올리는 의식	녹두고물편, 꿀편, 거피팥고물편, 흑임자고물편, 주악, 단자

3 향토떡

(1) 서울 · 경기도

서울과 경기도 지역의 떡은 종류가 많고 모양이 화려하였다. 고려시대 수도였던 개성의 영향도 많이 받았다. 김포, 평택, 여주 평야 등에서 생산되는 쌀과 수수를 이용한 떡을 많이 만들었으며, 강화도로부터 품질 좋은 쑥을 공급받아 쑥떡 종류를 즐겼다. 수수를 이용한 수수부꾸미도 즐겨먹었다.

- 강화 근대떡, 갖은 편, 개떡, 상추설기, 개성경단, 개성주악, 개성조랭이떡, 색떡, 수수벙거지, 쑥갠떡, 쑥버무리, 여주산병, 웃지지, 백령도김치떡 등

> **더 알아보기**
>
> 개성은 고려 때부터 이어진 문화적 전통과 송상(松商)으로 대변되는 상업이 활발한 곳이었기 때문에 다른 지역과 구별되는 화려하고 독특한 모양의 떡이 많았다. 특히 경단류의 떡이 유명했다. 대표적 떡으로는 개성경단, 삼색물경단, 개성주악, 개성우메기, 조랭이떡 등이 있다.

(2) 강원도

강원도는 토지가 비옥하지 않아 밭농사와 화전을 통해 수확한 메밀, 감자, 옥수수, 조, 수수 등의 잡곡과 산악지대에서 채취한 도토리, 상수리, 칡뿌리 등을 이용하여 떡을 만들었다. 또한 옥수수나 감자에서 추출한 전분을 이용하여 절편과 인절미를 많이 만들었다.

- 감자송편, 감자부침, 감자시루떡, 구름떡, 보리개떡, 방울증편, 도토리송편, 무송편, 수리취개피떡, 언감자떡, 옥수수보리개떡, 옥수수설기, 칡송편, 호박삼색단자, 호박시루떡, 메밀전병, 무송편 등

(3) 충청도

충정도는 다양한 곡물과 지역 특산물인 사과, 늙은 호박 등을 이용해서 떡을 만들었다. 멥쌀가루에 막걸리를 섞어 찌는 증편, 멥쌀가루에 대추앙금과 막걸리를 섞어 찌는 약편, 쇠머리편육 같다고 하여 이름 붙여진 쇠머리떡, 충북 뱃사람들이 술국에 곁들여 먹었다는 해장떡 등이 있다.

- 증편, 쇠머리떡, 수수팥떡, 곤떡, 장떡, 칡개떡, 해장떡, 꽃산병, 호박떡, 햇보리떡, 사과버무리 등

(4) 전라도

전라도는 우리나라의 대표적인 곡창지대로 떡의 가짓수도 많고 풍성한 재료를 넣어 맛도 사치스러울 정도로 맛깔스러운 것이 특징이다. 대표적인 떡으로는 다른 지역에서 보기 힘든 깨시루떡을 비롯해 구기자약떡, 복령떡, 모시를 이용해서 만든 모시송편과 모시떡 등이 있다.

- 감단자, 감인절미, 고치떡, 꽃송편, 구기자병, 나복병, 모시떡, 모시송편, 송피떡, 익산섭전, 차조기떡, 찰시루떡, 전주경단, 해남경단 등

(5) 경상도

경상도 지역은 양반가에서는 제를 지낼 때 15가지의 제사떡을 올릴 만큼 다양한 떡을 만들었던 지방이다. 또 지역마다 떡이 다르게 발전하였는데 상주에는 감, 대추, 밤을 넣은 설기떡과 편떡이 있으며 밀양에는 경단, 곶감화전, 곶감호박오가리찰편 등이 유명하다.

- 감단자, 거창송편, 곶감호박떡, 망개떡, 모듬백이, 밀비지, 밀양경단, 부편, 상주설기, 쑥굴레, 잡과편, 잣구리, 결명자찹쌀부꾸미 등

(6) 제주도

쌀보다 잡곡이 흔한 지역으로 떡 역시 잡곡이나 고구마, 감자 등의 밭작물을 이용하여 만들었다. 제사상에는 멥쌀로 만든 달 모양의 떡을 올렸다. 조로 만든 떡이 많은 것도 특징인데 차조를 오메기라 하며 이것으로 침떡(좁쌀시루떡), 차좁쌀떡, 조침떡, 오메기떡, 약괴 등을 만들었다.

- 달떡, 도돔떡, 은절미, 배시리, 빼대기떡(감제떡), 상애떡, 오메기떡, 우찍, 차좁쌀떡, 침떡(좁쌀시루떡), 차좁쌀떡, 조침떡, 오메기떡, 약괴 등

(7) 황해도

황해도는 평야지대가 넓어 곡물 중심의 떡을 만들며 떡의 모양이 푸짐한 게 특징이다. 주로 만드는 떡은 오쟁이떡이며, 혼례에 쓰는 혼인절편, 연안인절미 등도 크게 만들었다.

- 오쟁이떡, 혼인절편, 연안인절미, 꿀물경단, 닭알떡, 무설기떡, 우기, 장떡 등

(8) 평안도

각종 곡물과 과일이 고루 생산되는 지역으로 크고 소담스런 떡이 발달하였다. 평양과 평안도 지방의 떡으로는 송편과 찰옥수수떡, 송기떡 등이 널리 알려져 있다.

- 감자시루떡, 강냉이골무떡, 골미떡, 노티떡, 꼬장떡, 무지개떡, 송기절편, 송기개피떡, 조개송편, 녹두지짐 등

(9) 함경도

잡곡을 이용하여 모양과 맛이 질박한 것이 특징으로 혼례상에 올리는 달떡, 단오날 많이 해먹는 구절떡, 찹쌀가루를 되게 반죽해 무쇠솥에 넣고 구워서 먹는 괴명떡, 찐 감자를 오래 쳐서 찰떡처럼 만들어 땅콩이나 팥고물을 묻혀 먹는 감자찰떡 등이 있다.

- 가랍떡, 고명떡, 언감자송편, 감자찰떡, 기장인절미, 고절떡, 함경도 인절미, 곱장떡, 귀리절편 등

01. 떡을 만들기 위한 도구인 갈판과 갈돌, 시루 등의 유물이 만들어진 시기는?

① 삼국시대 이전 ② 통일신라시대
③ 고려시대 ④ 조선시대

02. 황해도 안악의 동수무덤 벽화에 나타난 떡 관련 그림이 만들어진 시기는?

① 삼국시대 이전 ② 삼국시대
③ 고려시대 ④ 조선시대

03. 권농정책에 의해 양곡의 증산과 함께 떡 문화가 발전하였던 시기는?

① 삼국시대 이전 ② 삼국시대
③ 고려시대 ④ 조선시대

04. 떡의 역사에 대한 내용으로 맞는 것은?

① 통일신라시대의 무문토기 유적지에서 바닥에 구멍이 난 시루가 발견되었다.
② 고려시대의 동수무덤 벽화에서는 주걱을 든 채 젓가락으로 떡을 찔러보는 벽화가 발견되었다.
③ 고려시대에는 불교의 융성으로 떡이 발전되었다.
④ 조선 후기에는 차를 즐기는 음다풍속이 유행해 떡이 발전되었다.

05. 사회변동으로 인하여 떡을 전문업소에서 만들기 시작하고 가짓수도 줄어들었던 시기는?

① 고려시대 ② 조선시대
③ 근대 ④ 현대

06. 다음 중 첨세병이라고 하는 떡을 이용했던 시 · 절식과 관계있는 것은?

① 설날 ② 정월 대보름
③ 한식 ④ 추석

07. 까마귀가 왕의 생명을 구해주어 그에 대한 고마움을 표시하기 위해 만든 떡의 이름은?

① 꿀감설기 ② 꿀편
③ 약식 ④ 두텁떡

08. 송편을 빚어 노비에게 나이 수대로 먹게 하는 날은?

① 설날 ② 삼짇날
③ 중화절 ④ 초파일

• 보충설명 •

1. 선사시대의 갈돌과 갈판은 곡물 가공, 청동기시대의 시루는 떡 찌는 용도로 사용했을 것으로 추정한다.

2. 고구려시대 무덤인 황해도 안악의 동수무덤 벽화에는 한 아낙이 젓가락으로 떡을 찔러 보는 모습이 그려져 있다.

3. 고려시대에는 권농정책에 따른 양곡의 증산과 불교의 영향으로 떡 문화가 발전했다.

4. 고려시대에는 불교의 융성으로 떡이 더 발전되는 기회가 되었다.

5. 19세기말 사회변동이 떡의 역사를 바꾸어 놓아 전문업소에서 생산되는 가짓수도 줄어들었다.

6. 설날 아침에 먹는 떡국을 첨세병이라 하는데 떡국을 먹음으로써 나이를 한 살 더하게 되기 때문이다.

7. 정월 대보름(상원)에는 까마귀가 좋아하는 대추로 까마귀 깃털 색의 약식을 만들어 먹었다고 한다.

8. 중화절은 커다란 송편을 빚어 노비에게 대접하는 날이었다.

해답 1.① 2.② 3.③ 4.③ 5.③ 6.① 7.③ 8.③

09. 다음 중 우리나라에서 꽃으로 떡이나 술을 만들어 먹던 절기가 아닌 것은?

① 중화절 ② 초파일
③ 삼짇날 ④ 중양절

10. 다음 중 상달에 만들던 음식이 아닌 것은?

① 백설기 ② 팥시루떡
③ 애단자 ④ 깨찰떡

11. 절기상 죽어가는 태양이 다시 살아나는 날로 '작은 설'이라고 불리며 떡을 만들지 않던 날은?

① 칠석 ② 중양절
③ 동지 ④ 납일

12. 다음 중 절일과 절식이 잘못 연결된 것은?

① 대보름 – 약식
② 단오 – 시루떡
③ 중화절 – 노비송편
④ 초파일 – 느티떡

13. 다음은 명절과 절식을 나타낸 것이다. 잘못 연결된 것은?

① 상달 – 팥죽
② 납일 – 골무떡
③ 칠석 – 백설기
④ 대보름 – 약식

14. 조선시대 왕실의 떡과 과자에 대해 기록한 문헌은?

① 태상지 ② 도문대작
③ 규합총서 ④ 주례

15. 고려시대의 떡에 대한 내용이 쓰여 있던 문헌이 아닌 것은?

① 거가필용 ② 삼국사기
③ 목은집 ④ 지봉유설

16. 원나라 문헌인 거가필용에 기록된 찹쌀가루에 꿀물을 넣어 만든 떡의 이름은?

① 고려율고 ② 단지병
③ 쑥떡 ④ 상화병

17. 다양한 곡물 가루를 시루에 찐 지금의 시루떡과 같은 형태의 음식이 최초로 만들어졌다고 추정되는 유적은?

① 삼국유적 ② 낙랑유적
③ 마한유적 ④ 진한유적

· 보충설명 ·

9. 초파일에는 장미로 떡을, 삼짇날은 진달래로 화전을, 중양절은 국화꽃을 띄운 국화전을 만들었다.

10. 상달에는 고사를 지낼 때 백설기, 붉은팥시루떡, 애단자, 밀단고를 빚었다.

11. 동지는 낮의 길이가 가장 짧아졌다가 다시 길어지는 날로, 주로 팥죽을 먹었다.

12. 단오에는 쑥인절미, 수리취떡 등을 만들어 먹었다.

13. 상달에는 백설기와 팥시루떡 등을 만들어 먹었다.

14. 제사 음식뿐 아니라 조선시대 왕실 음식에 관한 문헌 중 연향, 일상식을 포함해서 약과·다식 등 과자와 떡 모양과 크기가 기록된 것은 태상지가 유일하다.

15. 고려시대의 떡에 관해서는 거가필용에 고려율고, 목은집에 단자병, 지봉유설에 쑥떡에 대한 이야기가 나온다.

16. 거가필용에는 밤을 그늘에 말려서 껍질을 벗긴 뒤 찧은 가루에 찹쌀가루를 2/3 정도 섞은 다음 꿀물에 넣어 축인 것을 쪄 익혀 먹는 고려율고(高麗栗餻)가 소개되어 있다.

17. 낙랑유적에서 청동제와 토기로 된 시루가 발견되고 있어 당시의 대표 곡물인 피·기장·조·보리·밀을 가루로 하여 시루에 찐 지금의 시루떡과 같은 음식을 만들었을 것으로 본다.

해답 9.① 10.④ 11.③ 12.② 13.① 14.① 15.② 16.① 17.②

18. 조선시대 문헌 중 백설기의 형태를 설명하고 있는 것은?

① 음식디미방 ② 규합총서
③ 성호사설 ④ 임원경제지

19. 다음 조선시대 고문헌 중 빈대떡에 대한 설명이 없는 것은?

① 음식디미방 ② 규합총서
③ 지봉유설 ④ 조선상식

20. 다음 빈 곳에 들어갈 적절한 단어를 고르시오.

> 『조선상식』에서는 동양 삼국의 떡의 특징으로 중국에서는 밀가루를 주재료로 하여 굽는 것이 본위요, 일본에서는( )를 주재료로 하여 치는 것이 본위인데, 우리나라에서는 ( )를 주재료로 하여 찌는 것이 본위라고 하였다.

① 밀가루 – 찹쌀가루
② 찹쌀가루 – 멥쌀가루
③ 멥쌀가루 – 찹쌀가루
④ 밀가루 – 멥쌀가루

21. 다음 명절 중 떡을 이용하여 점을 치는 풍속이 있었던 것은?

① 사월 초파일 ② 팔월 한가위
③ 그믐날 ④ 설날

22. 떡이 제사에 사용되었다고 기록된 최초의 고문헌은?

① 거가필용 ② 삼국사기
③ 목은집 ④ 삼국유사

23. 다음의 떡 중에서 귀신을 막기 위해 사용되었던 떡은?

① 붉은팥시루떡 ② 백설기
③ 느티떡 ④ 수리취떡

24. 다음의 통과의례 중 백설기를 만들지 않는 때는?

① 삼칠일 ② 백일
③ 책례 ④ 돌

25. 혼례 때 신랑 집에서 신부 집에 보내는 납채의 과정에서 사용되는 떡은?

① 봉치떡 ② 느티떡
③ 화전 ④ 화면

26. 여자로 인정받는 행사이며 여자아이가 머리를 올려 쪽을 찌고 비녀를 꼽는 의식은?

① 책례 ② 계례 ③ 혼례 ④ 제례

· 보충설명 ·

18. 성호사설에서는 "가례에 쓰는 자고(餈糕)가 이것이다. 또, 멥쌀가루에 습기를 준 다음 시루에 넣어 떡이 되도록 오래 익힌다. 이것을 백설기라 한다."고 하였다.

19. 『음식디미방』과 『규합총서 閨閤叢書』에서는 빈대떡을 "거피한 녹두를 가루 내어 되직하게 물을 섞고, 부칠 때에는 기름이 뜨거워진 다음에 조금씩 떠 놓고 그 뒤에 꿀을 반죽한 거피팥소를 얹고 그 위에 다시 녹두가루를 얹어 지진다."고 하였으며 『조선상식 朝鮮常識』에서는 빈대떡의 어원이 병저(餠䬢, 중국음식)에서 온 듯하다고 하였다.

20. 일본에서는 찹쌀가루를, 우리나라에서는 멥쌀가루를 주재료로 사용하였다.

21. 팔월 한가위 날에 빚은 송편의 모양새를 놓고 처녀들은 미래의 낭군을, 임산부들은 장차 태어날 아기의 모습을 각각 점쳤다.

22. 『삼국유사』에 수록된 <가락국기>에는 "조정의 뜻을 받들어 그 밭을 주관하여 세시마다 술·감주·떡·밥·차·과실 등 여러 가지를 갖추고 제사를 지냈다."라고 되어 있어 떡이 제수로 쓰였음을 알 수 있다.

24. 삼칠일, 백일, 돌상에는 백설기, 책례에는 작은 모양의 오색 송편을 나누어 먹는다.

25. 납채는 신랑 집에서 신부 집에 함을 보내는 절차로 봉치떡이 사용된다.

26. 성년례는 관례와 계례라고 하여 남자와 여자로서 인정받는 행사이다.

해답 18.③ 19.③ 20.② 21.② 22.④ 23.① 24.③ 25.① 26.②

27. 절기와 떡 이름이 올바르게 연결된 것은?

① 칠석 – 증편
② 중양절 – 진달래화전
③ 상달 – 약식
④ 동지 – 팥시루떡

28. 다음 절기 중 떡을 만들지 않았던 때는?

① 단오 ② 칠석
③ 중양절 ④ 동지

29. 다음 떡 중 혼례상인 동뢰상에 올리는 떡은?

① 백설기 ② 달떡
③ 수수경단 ④ 밀전병

30. 다음 중 회갑상인 고배상에 올라가는 떡이 아닌 것은?

① 백편 ② 화전
③ 단자 ④ 수수경단

31. 제사상에 올라가는 편으로 적절하지 않은 것은?

① 녹두고물편 ② 거피팥고물편
③ 팥고물편 ④ 흑임자편

32. 삼복과 같이 더운 시기에 만들었던 떡이 아닌 것은?

① 호박시루떡 ② 증편
③ 주악 ④ 깨찰떡

33. 우리 조상들이 떡을 만들어서 제사나 고사를 지내지 않던 절기는 언제인가?

① 유두 ② 추석
③ 중양절 ④ 시월 상달

34. 납일에 대한 설명으로 잘못된 것은?

① 신라시대에는 12월 인일이었다.
② 조선시대에는 동지 뒤 세 번째 용의 날에 제사를 지냈다.
③ 납일에는 멥쌀가루를 시루에 쪄서 골무 모양으로 빚은 골무떡을 만든다.
④ 동물의 날에 제사를 지내는 이유는 천지만물의 신령에게 음덕을 갚는다는 의미이다.

35. 노비의 나이 수대로 송편을 빚어 먹게 하는 날에 먹던 음식이 아닌 것은?

① 콩송편 ② 노비송편
③ 흰떡 ④ 수리취떡

• 보충설명 •

27. 음력 7월 7일, 칠월칠석에는 백설기와 증편을 즐겨 먹었다.

28. 동짓날에는 팥죽을 쑤어 먹는다.

29. 달떡과 색떡은 혼례식에 반드시 사용되는 떡으로 혼례의례상인 동뢰상(同牢床)에 올린다.

30. 나이 예순한 살이 되는 생일을 회갑이라고 하고, 음식을 높이 고이므로 '고배상(高排床)' 또는 바라보는 상이라 하여 '망상(望床)'이라고도 한다. 떡은 백편, 꿀편, 승검초편을 만드는데, 직사각형으로 크게 썰어 네모진 편틀에 차곡차곡 높이 괸 후 화전이나 주악, 단자 등 웃기를 얹어 아름답게 장식한다.

31. 떡은 제례의식의 중요한 음식 중 하나로 녹두고물편, 꿀편, 거피팥고물편, 흑임자고물편 등 편류로 준비한다.

32. 삼복에는 깨찰떡, 밀설기, 주악, 증편을 많이 만들었으며 특히 삼복 때 증편을 즐긴 것은 술로 반죽하여 발효시킨 후 찐 떡이라 더위에도 쉽게 상하지 않기 때문이었다.

33. 추석에는 시루떡을 만들어 제사를 지내고, 중양절은 제사를 못 잡순 조상께 지내며 시월상달에는 당산제와 고사를 지냈다.

34. 납일은 동지 뒤 세 번째 양의 날로 대개 음력으로 연말에 해당된다.

35. 중화절에는 커다란 송편을 빚어 나이 수대로 먹게 했는데 이를 노비송편 혹은 삭일송편이라 한다. 콩을 넣은 콩송편과 함께 충청도에서는 볏가리를 내려 흰떡을 해먹었다고 한다.

해답 27.① 28.④ 29.② 30.④ 31.③ 32.① 33.① 34.② 35.④

36. 돌상에 올리는 음식에 대한 내용으로 알맞은 것은?

① 백설기는 집안에 모인 가족들끼리 나누어 먹고 밖에 내보내지 않는다.
② 붉은팥고물을 묻힌 찰수수경단을 만들어 놓는다.
③ 대추, 밤을 넣은 설기떡을 만들고 인절미, 개피떡 등을 만든다.
④ 새로 마련한 밥그릇, 국그릇에 흰밥과 미역국을 담아놓는다.

37. 신부 집에서 신랑 집에 보내는 이바지음식으로 주로 보냈던 떡의 이름은?

① 인절미 ② 붉은팥시루떡
③ 녹두고물시루떡 ④ 찰수수경단

38. 토지가 비옥하지 않아 옥수수나 감자와 같은 농산물이 생산되고 이에 따라 이들 농산물에서 추출된 전분을 이용하여 절편과 인절미를 많이 만들었던 지역은?

① 경기도 ② 강원도
③ 충청도 ④ 경상도

39. 다음의 지역 중 막걸리와 콩물을 넣어 부풀린 증편 등을 주로 만들었던 지역은?

① 경기도 ② 강원도
③ 충청도 ④ 경상도

40. 다음 빈 칸에 들어갈 알맞은 떡을 고르시오.

> 경상도 지역의 양반가에서는 제사를 지낼 때 (　　)과 (　　)을/를 포함하여 15가지의 떡을 올리기도 하였다고 한다.

① 절편 – 송편
② 본편 – 잔편
③ 부편 – 설기
④ 잡과편 – 잣구리

41. 감을 넣은 설기떡과 편떡을 만들었던 지역은?

① 경기도 ② 강원도
③ 충청도 ④ 경상도

42. 다음 중 지역 명칭과 떡 이름을 알맞게 연결한 것은?

① 개성 – 조랭이떡
② 거창 – 단자
③ 상주 – 부편
④ 제주 – 총떡

· 보충설명 ·

36. 삼칠일의 백설기는 집안에 모인 가족이나 가까운 친지끼리만 나누어 먹고 밖으로는 내보내지 않는다.

37. 신부 집에서 신랑 집에 보내는 이바지 음식은 대개 인절미와 절편이었다.

38. 강원도 떡에는 감자송편, 감자부침, 감자시루떡 등이 있다.

39. 충정도는 농업이 주 산업으로 쌀, 보리, 고구마, 무 ,배추, 모시 등이 생산되었으며 이를 이용하여 쌀가루에 막걸리와 콩물을 넣어 부풀린 증편 등을 만들었다.

40. 경상도 지역의 양반가에서는 제를 지낼 때 본편, 잔편을 포함하여 15가지의 떡을 올리는 등 다양한 떡을 만들었다.

41. 경상도 지역에서는 쌀, 보리, 감자, 옥수수 및 다양한 과일을 생산했고, 특히 상주에서 생산한 감으로는 설기떡과 편떡을 만들었다.

42. 개성은 조랭이떡, 거창은 송편, 상주는 설기, 제주는 빙떡을 만들었다.

해답 36.② 37.① 38.② 39.③ 40.② 41.④ 42.①

43. 향토떡의 명칭이 잘못 연결된 것은?

① 여주 – 산병
② 강릉 – 두텁떡
③ 제주 – 달떡
④ 황해도 – 오쟁이떡

44. 다음에서 설명하는 지역은?

> 토질 관계로 물이 귀하여 밭벼를 재배하였으며 그 외에도 다양한 밭작물을 재배하였다. 쌀보다 잡곡이 흔한 지역으로 떡 역시 잡곡이나 밭작물을 이용하여 만들었고 제사상에는 멥쌀로 지은 떡을 달 모양으로 만들어 올린다.

① 강원도 ② 충청도
③ 제주도 ④ 황해도

45. 평안도 지역의 떡이 아닌 것은?

① 감자시루떡
② 강냉이골무떡
③ 오메기떡
④ 노티떡

46. 옥수숫잎을 이용하여 만드는 가랍떡을 비롯해 고명떡, 언감자송편, 감자찰떡 등을 만들기로 알려진 지역은?

① 강원도 ② 함경도
③ 제주도 ④ 황해도

47. 회갑이나 고희연 등의 행사를 위해 떡으로 만드는 꽃 장식을 일컫는 말은?

① 상화 ② 꽃송편
③ 꽃떡 ④ 꽃산병

48. 충청도 향토떡이 아닌 것은?

① 쇠머리떡 ② 해장떡
③ 칡개떡 ④ 빼대기(감제떡)

49. 떡의 역사에 대한 올바른 설명은?

① 삼국시대 이전 – 떡을 깨물어 생긴 잇자국으로 왕을 뽑기도 하였다.
② 삼국시대 – 농업기술이 발전하고 천연색소를 활용한 화려한 떡을 만들기 시작했다.
③ 고려시대 – 육식을 멀리하고 음다를 하며 외국과의 교류를 통해 떡의 조리법과 종류가 다양해졌다.
④ 조선시대 – 떡의 암흑기라 하나 제사에는 사용하였다.

· 보충설명 ·

43. 두텁떡은 궁중에서 가장 귀한 떡으로, 왕의 탄신일에 올렸던 떡 중 하나이며 서울을 중심으로 만들던 떡이다.

45. 평안도 지역의 대표적인 떡은 감자시루떡, 강냉이골무떡, 골미떡, 노티떡, 무지개떡, 송기절편, 조개송편, 녹두지짐등이다.

47. 궁중의 연회나 회갑연 등의 중요한 연회에서는 나뭇가지에 꽃을 붙여 만든 상화를 장식했다.

48. 충청도 향토떡으로는 늙은호박을 이용한 호박떡, 호박송편, 해장떡, 곤떡, 쇠머리떡, 칡개떡 등이 있다.

49. 고려시대에는 불교가 번성해 육식을 멀리하고 음다를 즐겼으며 외국과의 교류를 통해 조리법과 종류가 다양해졌다.

해답 43.② 44.③ 45.③ 46.② 47.① 48.④ 49.③

50. 단오에 대한 설명으로 올바른 것은?

① 동쪽으로 흐르는 물에 머리를 감고 목욕을 한다는 뜻이다.
② 연등행사와 관등놀이를 중심으로 여러 가지 행사를 했다.
③ 창포물에 머리를 감고 민속놀이를 즐기는 풍습이 있었다.
④ 절식으로는 밀국수, 밀전병, 호박도래전 등을 만들어 먹었다.

51. 경단류의 떡이 유명한 지역은?

① 서울 ② 개성 ③ 원주 ④ 제주

52. 지역별 떡의 특징으로 적절하지 않은 것은?

① 서울 · 경기도 – 떡의 종류가 많고 모양도 멋을 부려 화려하다.
② 함경도 – 산세가 세고 토지가 차고 메말라 주로 생산되는 곡식은 조, 메밀과 같은 밭작물이 주를 이루고 옥수수가 차지고 구수하다.
③ 황해도 – 농산물이 많이 생산되어 다양한 떡을 만들었고 떡의 모양이나 양이 푸짐하다.
④ 제주도 – 쌀과 곡식이 많이 생산되어 다양한 떡을 만들었다.

53. 다음에서 설명하는 지역은?

> 덕유산이나 지리산에서 나는 약초와 버섯으로 만든 구기자약떡과 복령떡, 모시를 이용해서 만든 모시송편과 모시떡 등이 유명하다. 감의 생산량이 많아서 감을 넣어 감시리떡 · 감고지떡 · 감인절미 · 감단자 등을 만들었고, 곶감을 채 썰어 고물로 사용했다.

① 경기도 ② 경상도 ③ 전라도 ④ 충청도

54. 제주도 떡에 대한 설명으로 적절하지 않은 것은?

① 제사상에는 멥쌀로 만든 달 모양의 떡을 올린다.
② 구멍떡은 차조가루를 둥글게 반죽하여 빚은 다음 삶거나 쪄서 고물을 묻힌다.
③ 메밀떡으로는 제사나 시신을 염할 때 쓰인 돌레떡과 빙떡이 있다.
④ 향토떡으로 메밀을 얇게 기름에 지져 김치와 무채를 넣어 만든 메밀전병(총떡)이 있다.

55. 평안도 향토떡이 아닌 것은?

① 감자시루떡 ② 해당떡
③ 노티떡 ④ 골미떡

56. 빈 칸에 들어갈 알맞은 떡을 고르시오.

> 서울 지역은 여름에 상추시루떡인 (   )를 만들었고, 여주에서는 모양이 화려한 잔치떡인 (   )를 만들었다.

① 와거병 – 여주산병 ② 근대떡 – 우찌지
③ 짠지떡 – 상추설기 ④ 우메기 – 주악

• 보충설명 •

50. 단오는 음력 5월 5일로 양기가 가장 왕성한 날이며 쑥떡, 차륜병, 앵두편, 앵두화채, 제호탕 등을 만들어 먹었다. 부녀자들은 창포물에 머리를 감고 남자들은 민속놀이를 즐겼다.

51. 개성에서는 개성경단과 같이 집청꿀을 이용한 경단류의 떡을 많이 만들었다. 특히 경아가루(붉은팥을 삶아 앙금을 낸 후 볕에 말려 빻은 가루)를 고물로 사용한 것이 특색 있다.

52. 제주도는 쌀보다 잡곡이 흔한 지역으로 떡 역시 잡곡이나 밭작물을 이용하여 만들었다.

54. 강원도는 총떡, 제주도는 빙떡을 만든다.

55. 평안도의 대표적인 떡은 감자시루떡, 강냉이골무떡, 골미떡, 노티떡, 무지개떡, 송기절편, 조개송편, 녹두지짐 등이 있다.

해답 50.③ 51.② 52.④ 53.③ 54.④ 55.② 56.①

57. 지역 명칭과 향토떡이 잘못 연결된 것은?

① 강릉 – 방울증편
② 거창 – 송편
③ 상주 – 부편
④ 제주 – 빙떡

58. 다음 중 추석을 나타내는 말이 아닌 것은?

① 한가위 ② 중오절
③ 중추절 ④ 가배

59. 콩설기, 콩시루편, 콩버무리떡, 쇠머리떡 등 서민들이 이용하는 떡이 만들어진 시기는?

① 삼국시대 ② 고려시대
③ 근대 ④ 현대

60. 유두일에 먹는 음식으로, 고려시대 이색이 쓴 목은집에 '백석 같이 흰 살결에 달고 신맛이 섞였더라.'라고 소개하고 있는 떡은?

① 경단 ② 화전
③ 수단 ④ 율고

61. 다음 중 고려시대의 설명으로 맞지 않는 것은?

① 단자류인 수단, 수수전병 등을 먹었다는 기록이 있다.
② 제례음식으로 여겨지던 떡이 절기 때 먹는 절식으로 점차 자리잡게 되었다.
③ 몽고 등 외국 문화와 교류하면서 떡의 종류와 조리법이 더욱 다양해졌다.
④ 궁중과 반가를 중심으로 사치스러울 만큼 화려한 떡이 등장했다.

62. 다음 설명 중 올바른 것은?

① 삼칠일의 백설기는 이웃에 돌려 나누어 먹었다.
② 달떡과 색떡은 혼례상에 반드시 올리는 떡이었다.
③ 백일에 만드는 오색송편은 일반 송편보다 크게 만들었다.
④ 회갑연에 차리는 큰상에는 주악, 단자 등의 웃기떡은 사용하지 않았다.

63. 신라 자비왕 때 백결 선생이 가난하여 세모에 떡을 치지 못하는 부인을 위해 거문고로 떡방아 소리를 내어 위로했다는 기록이 있는 서책은?

① 삼국사기 ② 삼국유사
③ 영고탑기략 ④ 음식디미방

64. 삼국시대에 떡 이름이 처음으로 등장하는 책은?

① 삼국사기 ② 삼국유사
③ 지봉유설 ④ 해동역사

• 보충설명 •

57. 강릉은 방울증편, 거창은 송편, 상주는 설기, 제주는 빙떡을 만들었다.

58. 중오절은 단오를 다르게 이르는 말이다.

59. 근대에 일제의 수탈과 전쟁을 겪으면서 화려한 의례는 축소되고 서민들이 이용하는 실속 있는 떡이 많이 생겨났다.

60. 경단은 동지에 팥죽에 넣어서, 화전은 삼짇날에 만들어 먹었다. 율고는 원나라 문헌인 거가필용에 기록된 떡이다.

64. 일연이 쓴 『삼국유사』의 〈가락국기〉에 '설병'이란 떡 이름이 처음으로 등장한다.

해답 57.③ 58.② 59.③ 60.③ 61.④ 62.② 63.① 64.②

실전 훈련문제

제 1 회 필기 모의고사

문항 수 **60문제**
제한 시간 **1시간**

01. 서류에 많이 들어있는 비타민은?

① 비타민B_1
② 비타민C
③ 비타민D
④ 비타민K

02. 쑥에 많이 들어 있는 영양소는?

① 비타민A, Fe
② 비타민D, Ca
③ 비타민K, Fe
④ 비타민C, Zn

03. 두류에 들어 있는 골다공증 예방 성분은?

① 클로로필
② 안토시아닌
③ 미오글로빈
④ 아이소플라본

04. 전분의 설명으로 맞는 것은?

① 전분의 입자 모양은 모두 다르다.
② 전분의 입자 모양은 작을수록 호화 온도가 낮다.
③ 전분의 노화는 찰 전분이 메 전분보다 잘 일어난다.
④ 전분의 호정화 온도는 190℃ 이상이다.

05. 지방과 단백질을 많이 함유한 두류는?

① 줄기 콩, 동부
② 강낭콩, 녹두
③ 팥, 완두콩
④ 대두, 땅콩

06. 다음 중 떡의 부재료가 아닌 것은?

① 밤
② 옥수수
③ 잣
④ 대추

07. 우리나라 쌀인 자포니카종은 어디에 속하는가?

① 단립종
② 장립종
③ 중립종
④ 미립종

08. 탄수화물에 대한 설명으로 맞지 않는 것은?

① 1g당 4㎉ 열량을 낸다.
② 주로 에너지원으로 쓰인다.
③ 이눌린은 탄수화물이 아니다.
④ 섬유소는 탄수화물에 속한다.

09. 다음 쌀가루의 사용방법 중 익반죽에 대한 설명으로 적합하지 않은 것은?

① 뜨거운 물로 반죽하는 것으로 찰기를 준다.
② 설기떡은 익반죽으로 반죽한다.
③ 송편 반죽은 익반죽으로 반죽한다.
④ 빚는 떡은 익반죽으로 반죽한다.

10. 떡을 찔 때 소금의 사용량으로 적합한 것은?

① 쌀 무게의 0.5%
② 쌀 무게의 1%
③ 쌀 무게의 5%
④ 쌀 무게의 10%

11. 곡류를 건열 상태로 160~190℃에서 가열하면 가용성 전분으로 변하는 현상은?

① 겔화
② 캐러멜화
③ 호정화
④ 가수분해화

12. 전분 중 겔화를 하는 것은?

① 동부
② 감자
③ 고구마
④ 팥

13. 당의 단맛 정도를 올바르게 나타낸 것은?

① 과당 〉 전화당 〉 맥아당 〉 유당 〉 포도당
② 과당 〉 전화당 〉 포도당 〉 맥아당 〉 유당
③ 맥아당 〉 전화당 〉 과당 〉 유당 〉 포도당
④ 맥아당 〉 유당 〉 전화당 〉 과당 〉 포도당

14. 쌀가루를 체로 치는 이유로 적합하지 않은 것은?

① 쌀가루를 체에 치면 잘 노화되지 않는다.
② 균일한 색상과 맛을 준다.
③ 갈리지 않은 큰 입자를 선별할 수 있다.
④ 쌀가루 사이로 증기가 잘 통과하도록 하여 떡이 잘 익도록 한다.

15. 떡의 고물로 사용하는 재료가 아닌 것은?

① 깨
② 마
③ 콩
④ 밤

16. 다음 중 이당류에 속하는 것은?

① 서당
② 포도당
③ 과당
④ 올리고당

17. 다음 중 전분의 노화를 촉진하는 것은?

① 설탕
② 식초
③ 지방
④ 소금

18. 떡을 만들 때 사용하는 발색제와 색의 연결이 잘못된 것은?

① 백년초, 천년초 - 붉은색
② 치자, 단호박가루 - 노란색
③ 송기, 송기가루 - 갈색
④ 승검초가루, 송홧가루 - 녹색

19. 다음 중 호정화 식품이 아닌 것은?

① 누룽지
② 강냉이
③ 보리차
④ 캐러멜

20. 다음 중 떡의 분류가 다른 것은?

① 경단
② 화전
③ 주악
④ 수수부꾸미

21. 각색편의 웃기떡으로 쓰이며 인절미와 비슷한 떡의 형태는?

① 단자
② 경단
③ 절편
④ 색편

22. 정월 대보름날 차례에 많이 쓰이는 송편 이름은?

① 모시송편
② 재증병
③ 주악
④ 오려송편

23. 약밥에 대한 설명이 잘못된 것은?

① 불린 찹쌀을 1차로 50분을 찐다.
② 1차에 찹쌀과 부재료를 모두 넣고 한꺼번에 찐다.
③ 애벌로 먼저 찐 다음 부재료를 넣고 다시 2차로 찐다.
④ 2차로 찔 때는 찰밥에 설탕 등의 양념과 밤, 대추 등의 부재료를 넣고 찐다.

24. 쌀가루를 계량하는 방법으로 바른 것은?

① 덩어리진 것도 그대로 떠서 깎아 잰다.
② 흔들어서 최대한 입자가 많이 들어가도록 해야 정확하다.
③ 계량기가 꽉 채워지도록 눌러 담은 후 윗면이 수평이 되도록 깎아 측정한다.
④ 균일한 입자의 가루를 담아 윗면이 수평이 되도록 깎아 측정한다.

25. 팥고물을 만들 때 붉은팥과 함께 끓인 첫물을 버리고 다시 물을 부어 끓이는 이유는?

① 탄닌 성분을 제거하기 위해
② 사포닌 성분을 제거하기 위해
③ 붉은 색깔을 제거하기 위해
④ 팥의 전분을 줄이기 위해

26. 신과병의 재료로 적합하지 않는 것은?

① 밤
② 단감
③ 천둥호박
④ 대추

27. 주재료인 가루의 종류가 서로 다른 것은?

① 감저병
② 고치떡
③ 송피떡
④ 닭알떡

28. 잣 고물에 대한 설명이 잘못된 것은?

① 바닥에 종이를 깔고 잘 드는 칼날로 다진다.
② 흑임자편의 고물로 사용한다.
③ 잣구리, 율란 등의 고물로 사용한다.
④ 절구에 찧거나 칼등으로 으깬다.

29. 불린 쌀을 분쇄해 가루로 만드는 기계인 롤밀은 무엇으로 입자 크기를 조절하나?

① 조절 레버
② on, off 스위치
③ 조절 나사
④ 조절봉

30. 찰수수가루에 대하여 잘못 설명한 것은?

① 탄닌을 함유하고 있는 곡류다.
② 떫은맛이 강하다.
③ 수수가루를 물에 잠깐 담가 불려 건진다.
④ 수수팥떡, 수수부꾸미 등에 쓰인다.

31. 고물에 대한 다음 설명 중 잘못된 것은?

① 콩고물의 콩은 물에 4~6시간 충분히 불린 후 쪄서 사용한다.
② 깨고물은 소나 편떡의 고물로 많이 사용한다.
③ 녹두고물은 너무 질 경우 번철에 볶아 사용한다.
④ 볶은 거피팥고물은 두텁떡 등에 사용한다.

32. 다음 중 약식, 찰떡의 부재료나 잡과병, 경단, 증편의 고명으로 쓰이는 것은?

① 밤
② 잣
③ 감
④ 석이버섯

33. 계절 및 절식이 잘못 연결된 것은?

① 무시루떡–여름
② 약밥–정월 대보름
③ 수리취떡–단오
④ 느티떡–봄

34. 식품 등의 표시사항이 아닌 것은?

① 원재료명
② 식품의 유형
③ 가격
④ 제품명

35. 종이, 판지로 만드는 떡 포장 용기인 지기(paper containner)의 장점이 아닌 것은?

① 통기성
② 위생성
③ 물리적 강도
④ 내수성

36. 식품 표시사항 중 유통기한에 대한 내용이다. 유통기한에 영향을 주는 내부적 요인이 아닌 것은?

① 원재료
② 제품의 배합 및 조성
③ 수분 함량 및 수분 활성도
④ 저장 및 유통

37. HACCP의 7가지 원칙에 포함되지 않는 것은?

① 위해요소분석
② 중요관리점(CCP) 결정
③ 개선조치방법 수립
④ 회수명령의 기준 설정

38. 도마 사용법에 관한 설명 중 틀린 것은?

① 세제를 사용하여 43~45℃의 물로 깨끗이 씻는다.
② 열탕소독, 염소소독, 자외선살균 등을 실시한다.

③ 식재료의 종류별로 전용 도마를 사용한다.
④ 세척, 소독 후에 건조시킬 필요는 없다.

39. 교차 오염을 방지하는 방법으로 맞는 것은?

① 조리된 음식을 맨손으로 취급하지 않는다.
② 조리된 음식은 냉장고 하단 칸에 보관한다.
③ 도마는 흰색 한 가지로 깨끗하게 보관한다.
④ 조리 시간에는 조리화를 신고 화장실에 간다.

40. 화학물질에 의한 식중독으로 일반 중독증상과 시신경의 염증으로 실명의 원인이 될 수 있는 물질은?

① 납
② 수은
③ 메틸알코올
④ 청산

41. 식품위생법의 목적에 해당하지 않는 것은?

① 식품으로 인한 위생상의 위해 방지
② 식품의 질적 향상 도모
③ 식품의 맛의 향상
④ 국민보건 향상과 증진에 이바지함

42. 조리장의 입지 조건으로 바람직하지 않은 것은 어느 곳인가?

① 단층보다 지하층에 위치하고 조용한 곳
② 채광, 환기, 건조, 통풍이 잘되는 곳
③ 조명이 220lx를 유지해 조리에 적합한 곳
④ 양질의 음료수 공급이 가능하고 배수가 용이한 곳

43. 바이러스성 식중독에 대한 설명으로 틀린 것은?

① 최근 증가 추세를 보인다.
② 노로 바이러스, 로타 바이러스 등이 있다.
③ 2차 감염으로 대량 발병이 가능하다.
④ 숙주가 없어도 식품 내에서 증식할 수 있다.

44. 호염성 성질을 가지고 있는 식중독 세균은?

① 황색포도상구균
② 병원성 대장균
③ 장염비브리오
④ 리스테리아 모노사이토제네스

45. 살모넬라균에 의한 식중독 특징 중 설명이 틀린 것은?

① 장독소(enterotoxin)에 의해 발생
② 잠복기는 보통 12~24시간
③ 주요증상은 메스꺼움, 구토, 복통, 발열
④ 원인식품은 대부분 동물성 식품

46. 상고시대에 떡과 관련되는 도구가 발견된 곳이 아닌 것은?

① 황해도 봉산
② 경기도 북변리
③ 경기도 이천
④ 나진 초도

47. 조선시대에 떡을 기록한 문헌이 맞는 것은?

① 고려도경
② 군학회등
③ 규합총서
④ 의방유취

48. 떡이 고려시대에 일반 서민들에게 널리 보급되었던 이유가 아닌 것은 무엇인가?

① 권농정책에 따른 양곡 증산
② 조리가공법의 발달
③ 제천의식의 발달
④ 외국과의 교류

49. 아낙이 오른손에 주걱을 들고 떡을 찔러 보는 벽화가 만들어진 시기는?

① 고구려
② 백제
③ 신라
④ 고려

50. 조선시대 문화에 대한 설명 중 옳지 않은 것은?

① 유교적 사회윤리의 정착과 농업을 중시하는 문화였다.
② 지배세력의 정치 · 경제적 필요에 의해서 관혼상제의 풍습과 세시행사가 관습화되었다.
③ 불교가 최고의 번성기를 맞게 되었고 음식이 발전하게 되었다.
④ 떡은 맛, 형태와 빛깔도 더욱 다양해졌다.

51. 조선시대 떡의 특징이 아닌 것은?

① 여러 가지 곡물을 배합하거나 다양한 부재료를 사용
② 다양한 소, 고물, 감미료 사용
③ 다양한 천연색소의 사용
④ 차를 즐기는 음다 풍속과 함께 발전

52. 다음 시대별 떡에 대한 설명 중 옳지 않은 것은?

① 삼국시대에 여러 고분에서 시루가 출토되어 떡을 만들었음을 짐작한다.
② 고려시대에는 제례음식이었던 떡이 절식으로 자리 잡았다.
③ 조선시대에는 떡에 사용되는 곡물의 종류가 한정적이었다.
④ 근대에 오면서 떡을 생산하는 전문업소가 생기게 되었다.

53. 설날에 끓여 먹던 떡국의 또 다른 이름은?

① 첨해병
② 첨세병
③ 첨년병
④ 첨이병

54. 까마귀 깃털과 같은 색의 떡을 만들어 정월 대보름에 먹었던 떡은 무엇인가?

① 약식
② 송편
③ 각색편
④ 찰떡

55. 강남 갔던 제비가 돌아온다는 날로 집안의 우환을 없애고 소원성취를 위한 산제를 올렸던 날과 떡을 올바르게 연결한 것은?

① 초파일– 송편
② 삼짇날–화전
③ 중화절–수리취떡
④ 유두–느티떡

56. 초파일에 화전을 만들어 먹었다고 하는데 어떤 종류의 꽃을 이용하여 화전을 만들었나?

① 진달래
② 국화
③ 장미
④ 팬지

57. 다음 중 삼칠일에 대한 설명이 옳지 않은 것은?

① 아이를 출산한 지 세이레가 되는 날을 삼칠일이라 한다.
② 아기에게 입혔던 쌀깃이나 두렁이를 벗긴다.
③ 대문에 달았던 금줄을 떼어 외부인 출입을 허용한다.
④ 떡으로는 액을 면하기 위해서 수수팥떡을 만들어 보낸다.

58. 다음 떡 중 경기도 지역에서 탁주로 반죽하고 기름에 지져내어 집청을 한 떡은 무엇인가?

① 우찌지
② 와거병
③ 오메기
④ 우메기

59. 다음 중 충청도 지역에서 술국에 곁들여 먹었던 떡은 무엇인가?

① 약편
② 해장떡
③ 곤떡
④ 장떡

60. 모싯잎이나 망개잎을 넣어 항산화 효과 및 항균성을 높여 보존성을 높이고 여름에도 상하지 않도록 떡을 만드는 지역은 어느 지역인가?

① 경기도
② 경상도
③ 전라도
④ 충청도

제 2 회 필기 모의고사

문항 수 **60문제**
제한 시간 **1시간**

01. 전분가루를 물과 함께 가열했을 때 입자가 팽윤되고 투명해지는 현상은?

① 호화
② 호정화
③ 노화
④ 겔화

02. 익반죽을 하는 이유에 해당하지 않는 것은?

① 쌀에는 밀가루와 같은 글루텐 함유량이 없어서 반죽했을 때 점성이 생기지 않기 때문이다.
② 멥쌀은 끈기가 적으므로 익반죽하면 반죽에 끈기를 얻어 낼 수 있다.
③ 전분 일부를 호화를 일으켜 점성을 높이기 위해 끓는 물로 반죽한다.
④ 설기떡은 익반죽을 해야 노화를 막을 수 있다.

03. 설탕을 170~190℃에서 가열하면 갈색 물질로 변하는 현상을 일컫는 말은?

① 겔화
② 캐러멜화
③ 호정화
④ 가수분해화

04. 보리의 단백질에 해당하는 것은?

① 오리제닌
② 호르데인
③ 제인
④ 글루텐

05. 쌀을 불릴 때의 특징으로 알맞지 않는 것은?

① 찹쌀의 최대 수분 흡수율은 37~40%이다.
② 멥쌀과 찹쌀의 최대 흡수율은 다르다.
③ 쌀은 일반적으로 8시간 이상 불리나 계절이나 쌀의 종류에 따라 불리는 시간을 달리한다.
④ 찹쌀은 물에 불린 후 무게가 2배 정도 된다.

06. 떡의 제조 원리 중 소금을 넣는 시기는?

① 쌀을 불릴 때
② 쌀가루 낼 때
③ 찌는 도중에
④ 치는 도중에

07. 다음의 떡류 재료 중 바르게 연결된 것은?

① 주재료 – 쌀, 보리, 밀, 조, 팥
② 향미료 – 들기름, 참기름
③ 발색료 – 오미자, 치자
④ 윤활제 – 중조, 참기름

08. 멥쌀과 찹쌀의 특징으로 옳은 것은?

① 멥쌀과 찹쌀은 열량이 다르다
② 찹쌀은 아밀로펙틴이 20~25% 함유되어 있다.
③ 찹쌀은 멥쌀과 비교하면 점성이 높아 천천히 노화되는 특징이 있다.
④ 찹쌀은 멥쌀과 비교하면 흰색을 많이 띠며 불투명한 상태로 관찰된다.

09. 보리의 특징으로 바르지 않은 것은?

① 보리는 주로 할맥과 압맥으로 가공된다.
② 주된 단백질은 호르데인(hordein)으로 약 10% 정도 함유되어 있다.
③ 보리는 섬유소가 많아 정장작용에 좋지 않으며 소화율이 매우 높다.
④ 엿기름(malt)은 보리 싹으로, 식혜, 감주 등의 제조에 사용된다.

10. 떡의 부재료로 쓰이는 두류를 사용하는 방법으로 옳지 않은 것은?

① 콩은 여름과 겨울 모두 7~8시간 불린다.
② 조리 시간이 오래 걸리므로 가열 전 3~5시간 이상 물에 불려서 사용한다.
③ 데칠 때 0.3%의 식소다를 첨가하면 콩을 연하게 해준다.

④ 대두의 경우 1%의 소금물에 불리면 연화성과 흡습성이 높아진다.

11. 다음 중 아밀로펙틴이 가장 많이 함유되어 있는 것은?

① 서리태
② 기장
③ 팥
④ 찹쌀

12. 다음 중 맥아 또는 엿기름으로 사용할 수 있는 곡류는?

① 보리
② 조
③ 옥수수
④ 귀리

13. 메밀에 들어 있으며 혈관벽을 튼튼하게 해주는 성분은?

① 글루텐
② 루틴
③ 이포메인
④ 퀘르세틴

14. 부재료에 대한 설명으로 옳은 것은?

① 붉은팥은 찜기에 쪄서 팥고물로 사용한다.
② 땅콩은 볶아 놓은 상태이기 때문에 실온에서 오래 보관할 수 있다.
③ 두텁떡에 쓰는 팥고물은 볶은 거피팥고물이다.
④ 감자는 알칼리성 식품으로 입자가 커서 호화되기 어렵다.

15. 다음중 도병이 아닌 것은?

① 절편
② 인절미
③ 가래떡
④ 경단

16. 다음 중 이당류에 해당하는 것은?

① 맥아당
② 과당
③ 갈락토오스
④ 포도당

17. 다음 중 전분의 호화를 촉진하는 것은?

① 설탕
② 식초
③ 지방
④ 소금

18. 다음 중 녹색 발색 재료로 사용되는 것이 아닌 것은?

① 시금치
② 백년초
③ 쑥
④ 모싯잎

19. 다음 중 호정화 식품은?

① 미숫가루
② 식혜
③ 엿
④ 캐러멜

20. 다음 중 분류가 다른 떡은?

① 송편
② 백설기
③ 잡과병
④ 석탄병

21. 흑임자고물에 대하여 잘못 설명한 것은?

① 단자 고물에 사용된다.
② 음식이 상하기 쉬운 한여름에 사용하면 좋다.
③ 편떡 고물로 사용한다.
④ 잡과병의 고물로 사용한다.

22. 증편에 대한 설명으로 잘못된 것은?

① 여름철에 먹기 좋은 떡이다.
② 술떡이라고도 한다.
③ 상화병이 원조 증편이다.
④ 기주떡이라고도 한다.

23. 단위가 잘못 표기된 것은?

① 한 말 – 18ℓ
② 한 관 – 10근
③ 한 근 – 설탕, 채소, 육류 : 600g
④ 한 되 – 1.8ℓ

24. 두텁떡을 일컫는 말이 아닌 것은?

① 봉우리떡
② 감저병
③ 후병
④ 합병

25. 다음의 버섯 종류 중 떡에 이용되는 버섯은?

① 표고버섯
② 느타리버섯
③ 석이버섯
④ 팽이버섯

26. 다음 중 공통점이 없는 것은?

① 수리취떡
② 단오
③ 차륜병
④ 느티떡

27. 다음 중 쇠머리떡 제조 과정으로 옳은 것은?

① 멥쌀은 깨끗이 씻어 8시간 이상 불린다.
② 밤은 4~6등분하고 대추는 채 썬다.
③ 서리태는 3~5시간 불려 삶는다.
④ 삶는 서리태에 흑설탕과 물을 넣고 졸인다.

28. 어린이들의 액막이를 위해 9살이 될 때까지 먹는 생일 떡은?

① 가래떡
② 수수팥떡
③ 백설기
④ 붉은팥 시루떡

29. 다음 중 설명이 바르지 않는 것은?

① 밤고물을 만들 때는 잘 쪄진 밤을 식힌 후 으깨야 체에 잘 내려진다.
② 잣고물은 바닥에 종이를 깔고 잘 드는 칼날로 다진다.
③ 녹두는 맷돌에 타서 물에 불려 거피한 후 푹 쪄서 사용한다.
④ 찌는 고물류는 삶는 고물보다 수분이 적으므로 여름철 편떡 고물로 많이 이용한다.

30. 쑥을 넣고 떡을 만들 때의 설명으로 옳지 않은 것은?

① 쌀에 없는 비타민이 보충된다.
② 수분 함유량이 높아져서 잘 굳지 않는다.
③ 쌀이 산성이므로 알칼리성의 쑥이 혼합되어 중화된다.
④ 열량이 높아진다.

31. 떡에 물을 내린다는 말의 의미는?

① 도마에 떡살이 달라붙지 않게 물을 묻히는 것이다.
② 쌀가루에 물을 넣어 가면서 비비고 다시 체에 치는 것이다.
③ 떡에 섞는 여러 가지 부재료에 물을 주는 것이다.
④ 떡이 다 쪄진 후 시루밑을 떼기 위해 물을 주는 것을 말한다.

32. 수수팥떡에 이용되는 수수에 대한 설명으로 잘못된 것은?

① 수수를 불릴 때는 물을 여러 번 갈아 준다.
② 주로 찰수수를 이용한다.
③ 수수는 불리면 물이 빠지므로 불리지 않는다.
④ 여러 번 헹구어 떫은 맛을 제거한다.

33. 쌀가루에 섞는 가루에 대한 설명으로 옳지 않은 것은?

① 감가루는 생감을 껍질 벗겨 얇게 썰어 볕에 말린 후 가루를 내어 사용한다.
② 승검초가루를 사용할 때는 더운 물에 불려 쌀가루에 섞어 쓴다.
③ 송홧가루는 송화를 물에 넣고 휘저어 잡물을 없앤 다음 말려 가루를 내 사용한다.
④ 팥앙금가루는 팥을 무르도록 삶아 고운체에 내린 후 볶아 사용한다.

34. 떡류 표시사항으로 적합하지 않은 것은?

① 내용량의 열량
② 유통기한
③ 식품의 유형
④ 성분 및 함량

35. 떡의 노화가 가장 잘 일어나는 온도는?

① 0~5℃
② 8~10℃
③ 0~-3℃
④ -30℃~-18℃

36. 떡의 포장 기능이 아닌 것은?

① 식품의 보존

② 취급의 편의
③ 재활용의 유무
④ 정보제공

37. 60℃에서 30분 동안 가열하면 식품 안전에 위해가 되지 않는 세균은?

① 살모넬라균
② 클로스트리디움 보툴리눔균
③ 황색포도상구균
④ 장구균

38. 세균의 장독소(Enterotoxin)에 의해 유발되는 식중독은?

① 황색포도상구균 식중독
② 살모넬라 식중독
③ 복어 식중독
④ 장염비브리오 식중독

39. 식품위생법상 영업신고를 해야 하는 업종은?

① 유흥주점영업
② 즉석판매제조 · 가공업
③ 식품조사처리업
④ 단란주점영업

40. 다음 전염병 중 1급 감염병이 아닌 것은?

① B형 간염
② 에볼라 바이러스병
③ 중동호흡기증후군(MERS)
④ 디프테리아

41. 해썹(HACCP)의 설명으로 옳은 것은?

① 식품접객업소는 포함되지 않는다.
② 연매출 100억 이상인 경우만 해당된다.
③ 본단계를 12원칙으로 나누어 구성한다.
④ 식품안전관리 인증 기준이다.

42. 식품위생법상 용어의 정의에 대한 설명 중 틀린 것은?

① '집단급식소'라 함은 영리를 목적으로 하는 급식시설이다.
② '식품'이라 함은 의약으로 섭취하는 것을 제외한 모든 음식물이다.
③ '표시'라 함은 식품, 식품첨가물, 기구 또는 용기 포장에 기재하는 문자, 숫자 또는 도형을 말한다.
④ '용기 · 포장'이라 함은 식품을 넣거나 싸는 것으로 식품을 주고받을 때 함께 건네는 물품을 뜻한다.

43. 금속 부식성이 강하고 소독 시 0.1% 정도의 농도를 사용해야 하는 소독약은?

① 석탄산
② 승홍수
③ 알코올
④ 크레졸

44. 식품위생법에 명시된 목적으로 틀린 것은?

① 위생상의 위해 방지
② 건전한 유통 · 판매 도모
③ 식품영양의 질적 향상 도모
④ 식품에 관한 올바른 정보 제공

45. 식품위생법상 영업에 종사하지 못하는 질병의 종류가 아닌 것은?

① 비감염성 결핵
② 세균성 이질
③ 장티푸스
④ 화농성질환

46. 꽃으로 떡이나 술을 만들어 먹던 절기에 해당하지 않는 것은?

① 중화절
② 단오
③ 칠석
④ 중양절

47. 고려시대의 떡에 대한 내용이 나타난 문헌은?

① 거가필용
② 삼국사기
③ 규합총서
④ 요록

48. 중국 전국시대의 떡의 이자와 인절미 자자를 설명한 우리나라 조선시대의 실학서는?

① 거가필용
② 삼국사기
③ 성호사설
④ 삼국유사

49. 다음 중 제사상에 사용하지 못하는 떡은?

① 붉은팥시루떡
② 백설기
③ 느티떡
④ 수리치떡

50. 혼례 때 신부 집에서 신랑 집에 보내는 이바지 음식으로 주로 사용되던 떡은?

① 봉치떡
② 느티떡
③ 인절미
④ 화면

51. 남자로서 인정받는 행사이며 남자아이가 머리를 올려 상투를 틀고 관을 씌우는 의식은?

① 책례 ② 계례
③ 혼례 ④ 관례

52. 다음 중 납일에 만들었던 떡은?

① 백설기
② 시루떡
③ 골무떡
④ 인절미

53. 중양절에 대한 설명으로 옳지 않은 것은?

① 추석 제사 때 못드신 조상에게 제사를 지내는 날이다.
② 시인과 묵객들은 야외로 나가 풍국놀이를 즐겼다.
③ 삶은 밤을 으깨어 찹쌀가루와 버무려진 밤떡을 즐겼다.
④ 당산제와 고사를 지내는 날이다.

54. 우리나라의 24절기 중 가장 중요하게 꼽히는 4대 명절이 아닌 것은?

① 설날 ② 중화절
③ 단오 ④ 한식

55. 유두에 만들었던 떡과 음식이 아닌 것은?

① 떡수단 ② 느티떡
③ 상화병 ④ 밀전병

56. 지역별 떡의 특징을 적절하게 설명한 것은?

① 서울 · 경기도 – 농산물이 많이 생산되어 다양한 떡을 만들었고 떡의 모양이나 양이 푸짐하다.
② 함경도 – 산세가 세고 토지가 차고 메말라 주로 생산되는 곡식은 조, 메밀과 같은 밭작물이 주를 이루고 옥수수가 차지고 구수하다.
③ 황해도 – 떡의 종류가 많고 모양도 멋을 부려 화려하다.
④ 제주도 – 쌀과 곡식이 많이 생산되어 다양한 떡을 만들었다.

57. 상달에 대한 설명과 떡이 올바르지 않은 것은?

① 시월은 일 년 중 첫째가는 달이라 하여 상달이라고 한다.
② 당산제와 고사를 지내며 집안의 풍요를 빌었다.
③ 팥시루떡을 만들어 시루째 여러 곳에 놓고 성주신을 맞이하여 집안의 무사를 빈다.
④ 절식으로는 으깬 밤으로 찹쌀가루와 버무려진 밤법을 즐겼다.

58. 지역별 떡의 특징으로 적절한 것은?

① 서울 · 경기도 – 기름진 곡창지대에서 나는 풍부하고 다양한 곡물과 특산물인 사과, 늙은호박을 이용하여 떡을 만들었다.
② 함경도 – 곡식의 생산양이 비교적 많아 지역의 70% 정도가 밭으로 구성되어 있다. 골미떡, 노티떡, 송기절편 등이 있다.
③ 황해도 – 농산물이 많이 생산되어 다양한 떡을 만들었고 떡의 모양이나 양이 푸짐하며 주로 오쟁이떡을 만들었다.
④ 제주도 – 쌀과 곡식이 많이 생산되어 다양한 떡을 만들었다.

59. 함경도 지역의 떡이 아닌 것은?

① 가랍떡
② 곰장떡
③ 귀리절편
④ 장떡

60. 통과의례에 대한 설명으로 잘못된 것은?

① 삼칠일은 출산한 지 세이레가 되는 날로 순백색의 백설기를 만든다.
② 백일은 출생한 지 백일이 되는 날로 찰수수경단, 오색송편 등을 만든다.
③ 돌은 태어난 지 1년이 되는 날로 백설기와 찰수수경단, 오색송편 등을 만든다.
④ 회갑은 태어난 지 60년이 되는 날로 백설기와 찰수수경단, 오색송편 등을 만든다.

필기 모의고사 해답

제1회 필기 모의고사

1	②	2	①	3	④	4	①	5	④
6	②	7	①	8	③	9	②	10	②
11	③	12	①	13	②	14	①	15	②
16	①	17	②	18	④	19	④	20	①
21	①	22	②	23	②	24	④	25	②
26	③	27	①	28	④	29	①	30	③
31	①	32	①	33	①	34	③	35	④
36	④	37	④	38	④	39	①	40	③
41	③	42	①	43	④	44	③	45	①
46	③	47	③	48	②	49	①	50	③
51	④	52	③	53	②	54	①	55	②
56	③	57	④	58	④	59	②	60	②

해설

01.
서류에는 비타민C 함량이 20~30㎎/100g 정도로 과일 만큼 포함되어 있다.

03.
두류에 들어 있는 색소 성분인 아이소플라본이 칼슘 손실을 방지한다.

05.
대두와 땅콩에는 단백질이 40%, 지질이 20% 이상 들어 있다.

06.
옥수수는 주재료로 사용되는 곡류식품이다.

07.
자포니카종은 단립종이며 점성이 있는 품종이다.

08.
이눌린은 과당의 단당체로 탄수화물에 속한다.

09.
설기떡은 날반죽으로 수분을 주어야 김 막음 현상이 적다.

11.
곡류의 전분을 160℃ 이상으로 건열 가열 시 가용성 전분이 되어 물에 잘 녹는 단맛을 가진 호정화가 일어난다.

13.
당의 감미도는 과당 〉 전화당 〉 서당 〉 포도당 〉 맥아당 〉 유당 순이다.

16.
이당류에는 서당, 맥아당, 유당이, 단당류에는 포도당, 과당, 갈락토오스가 속한다.

18.
송홧가루는 노란색이다.

22.
재증병은 멥쌀가루를 쪄서 절구에 넣고 친 후 송편 모양을 만들어 다시 쪄내는 떡으로 정월 대보름날 차례에 쓰인다.

25.
팥의 사포닌 성분은 장을 자극해 설사를 유발할 수 있다. 따라서 팥을 찬물에 넣고 끓여서 끓인 물은 버리고 다시 찬물을 넣고 삶는다.

26.
신과병은 멥쌀가루에 햇과일(감, 대추, 밤 등)을 섞어 녹두고물을 듬뿍 얹어 찐 떡으로 '햇과일 떡'이다.

27.
감저병은 찹쌀가루에 고구마를 껍질째 씻어 말려 가루로 만들어 송편처럼 빚어 찐 떡이며 고치떡은 멥쌀가루를 색색으로 반죽하여 누에고치 모양으로 만든 떡이다. 또한 송피떡은 소나무 속껍질을 물에 삶아 우려내고 말려서 가루내어 멥쌀가루에 섞어 고물을 올려 켜켜이 찐 떡이다. 닭알떡은 멥쌀가루에 소를 넣고 닭알처럼 빚어 끓는 물에 삶아 건져 팥고물을 무친 떡이다.

28.

절구에 찧거나 칼등으로 으깨면 잣의 지방이 뭉쳐 찌든 냄새가 나며 기름이 뭉쳐 있어 보슬보슬한 잣가루가 될 수 없다.

30.

찰수수는 깨끗하게 씻어 물에 담가 불리는데 물을 2~3일간 여러 번 갈아 주어야 떫은맛이 제거되며 붉은색을 다소 제거할 수 있다.

31.

콩고물을 만드는 콩은 불리지 않고 씻어 볶아 사용한다.

33.

무시루떡은 가을철에 나오는 김장 무를 이용해 만들며 시월상달에 만들어 먹었다.

35.

지기의 장점은 물리적 강도, 통기성, 내용물 보호, 완충작용, 위생성, 개봉성이 우수하다는 것이다.

36.

내부적 요인에는 원재료, 제품의 배합 및 조성, 수분 함량 및 수분 활성도, pH 및 산도 저장, 산소의 이용성 및 산화 환원 전위 등이 있다.

37.

원칙 1. 위해요소 분석
원칙 2. 중요관리점(CCP) 결정
원칙 3. 중요관리점에 대한 한계기준 설정
원칙 4. 중요관리점 모니터링 체계 확립
원칙 5. 개선조치 방법 수립
원칙 6. 검증 절차 및 방법 수립
원칙 7. 문서화, 기록 유지방법 설정

38.

손, 칼등과 칼 손잡이, 도마 등을 청결하게 세척하고 바닥은 건조 상태를 유지한다.

40.

납은 이타이이타이병으로 골연화증, 신경기능장애, 단백뇨 증상을 나타내며 수은은 미나마타병으로 지각 이상, 언어장애, 시력약화 등의 증상이 있다. 메틸알코올(에탄올) 중독은 호흡 곤란, 시력장애, 뇌신경장애, 사지의 불완전 마비 등을 일으킨다. 청산은 호흡 곤란, 의식장애를 일으켜 사망에까지 이르게 한다.

44.

식염 농도가 높은 생육 환경을 좋아하는 호염성 세균은 장염비브리오균이다.

장염비브리오 식중독

- 잠복기 : 10~18시간으로 평균 12시간
- 5~11월, 특히 7~9월에 집중적으로 발생
- 해수세균으로 어패류와 생선회나 초밥 등의 생식이 원인
- 증상 : 복통, 구역질, 구토, 설사, 발열 등
- 예방법 : 저온저장, 조리기구 및 손등의 소독, 어패류의 생식금지, 가열살균 섭취

45.

살모넬라 식중독

- 잠복기 : 상황에 따라 다르지만, 일반적으로 12~24시간
- 식품 : 육류, 어패류 및 가공품, 가금류, 달걀, 우유
- 5~10월에 많이 발생, 감염경로는 가축, 가금류, 곤충, 쥐, 하수 및 하천 등
- 증상 : 구역질, 구토, 설사, 복통, 두통과 급격한 발열 등
- 예방법 : 식육의 생식금지, 청결한 조리기구 사용, 60℃ 이상에서 30분간 가열

46.

황해도 봉산 지탑리의 신석기 유적지에서는 곡물의 껍질을 벗기고 가루로 만드는 데 쓰이는 갈돌이, 경기도 북변리와 동창리의 무문토기시대 유적지에서는 갈돌 이전 단계인 돌확이 발견되었고 나진 초도에서는 양쪽에 손잡이가 있고 바닥에 구멍이 여러 개 난 시루가 발견되기도 했다.

47.

조선 중·후기에 편찬된 『음식디미방』, 『규합총서(閨閤叢書)』, 『요록(要綠)』, 『시의전서(是議全書)』, 『부인필지(婦人必知)』와 같은 조리 전문서와 『증보산림경제(增補山林經濟)』, 『임원십육지(林園十六志)』 등에 떡에 관한 기록이 있다.

48.
조선시대에는 조리가공법이 발달하고 형태와 빛깔 면에서 떡이 다양하게 발전했다.

49.
고구려 시대 무덤인 황해도 안악의 동수무덤 벽화에는 한 아낙이 오른손에 큰 주걱을 든 채 왼손의 젓가락으로 떡을 찔러서 잘 익었는지 알아보는 무엇인가를 찌고 있는 모습이 보인다.

50.
불교는 고려시대에 이르러 최고의 번성기를 맞게 되었고 음식 또한 예외가 아니었다.

51.
고려의 육식을 멀리하고 특히 차를 즐기는 음다(飮茶) 풍속의 유행은 과정류와 함께 떡이 더욱 발전하는 계기를 만들어 주었다.

52.
조선시대는 농업기술과 조리가공법의 발달로 떡의 주재료가 될 수 있는 곡물의 종류가 풍부해졌고 전반적인 식생활 문화가 향상된 시기이다.

53.
정조다례(正祖茶禮)에는 흰 떡가래로 떡국을 끓여 먹었다. 특히 설날 아침에 먹는 떡국을 첨세병(添歲餠)이라고도 하였다.

54.
까마귀가 왕의 생명을 구해주어 그에 대한 고마움을 표시하기 위해 까마귀가 좋아하는 대추로 까마귀 깃털 색과 같은 약식을 만들어 먹었다는 얘기가 전해지고 있다.

55.
삼월 삼짇날은 만물이 활기를 띠고 강남 갔던 제비가 돌아온다는 날로, 집안의 우환을 없애고 소원 성취를 비는 산제를 올렸다. 이 날에는 화전놀이라 하여 찹쌀가루와 번철을 들고 야외로 나가 진달래꽃을 따서 진달래화전을 만들어 먹었다.

56.
사월 초파일에는 느티나무에 새싹이 돋게 되므로 어린 느티싹을 넣은 느티떡을 만들거나 장미꽃을 넣어 장미화전을 부쳐 먹었다.

57.
떡으로는 아무 것도 넣지 않은 순백색의 백설기를 마련하는데, 삼칠일의 백설기는 집안에 모인 가족이나 가까운 친지끼리만 나누어 먹고 밖으로는 내보내지 않는다.

58.
탁주(濁酒)로 반죽하고 기름에 지져 집청(떡의 표면에 꿀이나 조청을 바르는 것)한 것은 우메기떡이다.

59.
충북 중원군(충주의 옛 지명)의 강변마을에서 큰 나룻배가 왕래할 때 뱃사람들은 술국에 곁들여 해장떡을 먹었다.

제2회 필기 모의고사

1	①	2	④	3	②	4	②	5	④
6	②	7	③	8	③	9	③	10	①
11	④	12	①	13	②	14	③	15	④
16	①	17	④	18	②	19	①	20	①
21	④	22	③	23	③	24	②	25	③
26	④	27	③	28	②	29	①	30	④
31	②	32	③	33	④	34	①	35	①
36	③	37	①	38	①	39	②	40	①
41	④	42	①	43	②	44	②	45	①
46	①	47	①	48	③	49	①	50	③
51	④	52	③	53	④	54	②	55	②
56	②	57	④	58	③	59	④	60	④

해설

05.
불린 찹쌀은 무게가 1.4배 정도 증가한다.

07.
팥은 고물로 사용하는 부재료이며 향미료로는 계피, 유자, 쑥가루 등이 있다.

08.
찹쌀은 아밀로펙틴이 100% 들어 있어 점성이 높고 노화가 느리다.

10.
콩은 3~5시간 불리며, 여름이 겨울보다 불리는 시간이 짧다.

11.
아밀로펙틴은 아밀로오스와 함께 쌀의 점성을 나타내는 것으로 찹쌀의 100%, 멥쌀에는 80%가 들어 있다.

13.
메밀에는 혈과벽을 강화하는 루틴이라는 성분이 들어 있다.

15.
도병은 치는 떡의 총칭이다. 찹쌀이나 멥쌀가루, 찹쌀가루를 찜기에 쪄서 뜨거울 때 절구나 안반에 쳐서 끈기가 나게 한 떡이다. 종류로는 절편, 인절미, 가래떡, 개피떡 등이 있다.

17.
염류는 전분의 호화를 촉진한다.

19.
호정화식품에는 미숫가루, 시리얼, 뻥튀기, 보리차, 누룽지 등이 있다.

22.
상화병은 유월 유둣날이나 칠월 칠석날 먹으며 밀가루를 누룩이나 막걸리를 넣고 반죽하여 부풀려 꿀팥으로 만든 소를 넣고 빚어 시루에 찐 떡이다.

23.
1근 : 설탕, 육류는 600g이며 채소, 밀가루, 과일은 375g이다.

26.
단오절식에 적합한 떡은 수리취절떡으로 수리취절편 차륜병, 애엽병이라고도 한다. 차륜병은 수레바퀴 모양으로 찍어 낸 데서 유래하였다.

28.
수수팥떡에 이용되는 수수의 붉은색이 귀신을 쫓아내고, 매년 생일에 수수팥떡을 해 먹으면 귀신을 물리친다고 알려져 있다.

34.
유통기한은 제조일로부터 소비자에게 판매가 가능한 기간을 말한다. 내용량 및 내용량에 해당하는 열량은 떡류는 해당이 없다.

35.
떡을 바로 먹지 않고 보관할 때는 가능한 한 냉동 보관하는 것이 좋다. 냉장 온도(0~5℃)에서 노화가 가장 빨리 일어나기 때문이다.

36.
떡에 대한 포장의 기능으로는 식품의 보존, 취급의 편의, 정보제공 외에 판매 촉진의 기능이 있다.

37.
살모넬라 식중독
- 잠복기 : 상황에 따라 다르지만 일반적으로 12~24시간
- 식품 : 육류, 어패류 및 가공품, 가금류, 달걀, 우유
- 5~10월에 많이 발생, 감염경로는 가축, 가금류, 곤충, 쥐, 하수 및 하천 등
- 증상 : 구역질, 구토, 설사, 복통, 두통과 급격한 발열 등
- 예방법 : 식육의 생식금지, 청결한 조리기구 사용, 60℃ 이상에서 30분간 가열

42.
집단급식소는 영리를 목적으로 하지 아니하면서 특정 다수인에게 계속하여 음식물을 공급하는 급식시설로 1회 50명 이상에게 식사를 제공하는 급식소를 말한다.

44.
식품위생법의 목적
식품으로 인한 위생상의 위해 방지, 식품영양의 질적 향상 도모, 국민보건 향상과 증진에 이바지함

45. 영업에 진단하지 못하는 질병
- 제1군감염병
- 결핵(비감염성인 경우는 제외한다)
- 피부병 또는 그 밖의 화농성(化膿性) 질환
- 후천성면역결핍증

46.
중화절에는 노비송편을 만들었고, 초파일에는 장미로 떡을 만들었으며, 삼짇날은 진달래로 화전을 만들었다. 또한 중양절은 국화꽃을 띄운 가양주와 국화전을 먹었다.

47.

고려시대에는 거가필용에 고려율고, 목은집에 단자병, 지봉유설에 숙떡에 대한 이야기가 나온다. 규합총서와 요록은 조선시대의 책이다.

48.

이익이 쓴 성호사설에 따르면 중국에서는 전국시대(戰國時代, B.C. 480–222)의 『주례(周禮)』에 제사 의례에 쓰는 떡으로 곡물의 가루를 반죽해서 찌는 것을 '이(餌)'라 하고, 쌀을 쪄서 치는 떡을 '자(瓷)'라 한다고 했다.

49.

붉은색은 귀신을 막기 위해 만들었다고 하여 백일, 돌날에 붉은팥시루떡 혹은 수수단자를 사용하였다.

50.

초례(醮禮)를 행한 신랑에게는 신부 집에서, 현구고례(見舅姑禮)를 행한 신부에게는 시부모가 각각 큰상을 내리는데, 여기에도 역시 여러 가지 떡이 오르게 된다. 신부 집에서 신랑 집에 보내는 이바지 음식으로도 떡을 많이 하였다. 이때는 대개 인절미와 절편으로 만들어 보냈다.

51.

성년례는 관례와 계례라고 하여 남자와 여자로서 인정받는 행사이다. 남자아이는 머리를 올려 상투를 틀고 관을 씌우며, 여자아이는 머리를 올려 쪽을 찌고 비녀를 꼽는 의식을 치룬다.

52.

납일에는 멥쌀가루를 시루에 찌고 한참 쳐서 팥소를 넣고 골무 모양으로 빚은 골무떡을 만든다.

53.

구월 구일 중양절은 추석 제사 때 못 잡순 조상께 제사를 지내는 날이다. 이날 시인과 묵객들은 야외로 나가 시를 읊거나 그림을 그리면서 풍국(楓菊)놀이를 즐겼다. 이때엔 주로 국화주나 국화꽃잎을 띄운 향기로운 가양주와 함께 국화전을 만들었다. 또 삶은 밤을 으깨어 찹쌀가루와 버무린 밤떡도 즐겨 먹었다.

54.

우리 조상들은 4대 명절인 설날, 한식, 단오, 추석을 중요시하였다.

55.

유월 보름인 유두일에는 아침 일찍 밀국수, 떡, 과일 등을 천신하고 떡을 만들어 논에 나가 농신께 풍년을 축원하였다. 절식으로는 상화병이나 밀전병을 즐겼고, 더위를 잊기 위한 음료수로 꿀물에 둥글게 빚은 흰떡을 넣은 수단을 만들어 먹었다.

56.

황해도는 떡의 모양이나 양이 푸짐하여 그릇에 담아 수시로 이용하였다. 서울·경기지역은 종류가 많고 멋을 부려 화려하다. 제주도는 쌀보다 잡곡이 흔한 지역으로 떡 역시 잡곡이나 밭작물을 이용하여 만들었다.

57.

시월은 일 년 중 첫째가는 달이라 하여 상달이라고도 한다. 상달에는 당산제와 고사를 지내며 마을과 집안의 풍요를 빌었다. 고사를 지낼 때는 백설기나 붉은팥시루떡을 만들어 시루째 대문, 장독대, 대청 등에 놓고 성주신을 맞이하여 집안의 무사를 빈다.

58.

황해도는 농산물이 많이 생산되어 다양한 떡을 만들었고 떡의 모양이나 양을 푸짐하게 하여 그릇에 담아 수시로 이용하도록 하였다. 주로 만드는 떡은 오쟁이떡이다.

59.

함경도 지역의 떡은 옥수숫잎을 싸서 만드는 가랍떡이 있고 이외에도 고명떡, 언감자송편, 감자찰떡, 기장 인절미, 고절떡, 함경도 인절미, 곰장떡, 귀리절편 등이 있다.

60.

회갑일에는 백편, 꿀편, 승검초편 화전이나 주악, 단자, 인절미 등을 만든다.

실기 검정편

제 1 장

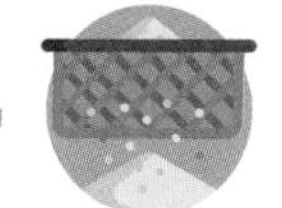

공개문제

콩설기떡

경단

송편

쇠머리떡

떡 제 조
기 능 사
공개 문제①

국가기술자격 실기시험문제 ①

자격종목	**떡제조기능사**	과제명	**콩설기떡, 경단**

※ 문제지는 시험종료 후 반드시 반납하시기 바랍니다.

비번호		시험일시		시험장명	

※ 시험시간 : 2시간

1. 요구사항

※ 지급된 재료 및 시설을 사용하여 아래 2가지 작품을 만들어 제출하시오.

가. 콩설기떡을 만들어 제출하시오.

1) 떡 제조 시 물의 양은 적정량으로 혼합하여 제조하시오
(단, 쌀가루는 물에 불려 소금 간하지 않고 2회 빻은 쌀가루이다).
2) 불린 서리태를 삶거나 쪄서 사용하시오.
3) 서리태의 ½ 정도는 바닥에 골고루 펴 넣으시오.
4) 서리태의 나머지 ½ 정도는 멥쌀가루와 골고루 혼합하여
찜기에 안치시오.
5) 찜기에 안친 쌀가루반죽을 물솥에 얹어 찌시오.
6) **서리태를 바닥에 골고루 펴 넣은 면이 위로 오도록 그릇에 담고, 썰지 않은 상태로 전량 제출하시오.**

재료명	비율(%)	무게(g)
멥쌀가루	100	700
설탕	10	70
소금	1	7
물	–	적정량
불린 서리태	–	160

나. 경단을 만들어 제출하시오.

1) 떡 제조 시 물의 양을 적정량으로 혼합하여 반죽을 하시오
(단, 쌀가루는 물에 불려 소금간 하지 않고 1회 빻은 쌀가루이다).
2) 찹쌀가루는 익반죽하시오.
3) 반죽은 직경 2.5~3㎝ 정도의 일정한 크기로
20개 이상 만드시오.
4) 경단은 삶은 후 고물로 콩가루를 묻히시오.
5) 완성된 경단은 전량 제출하시오.

재료명	비율(%)	무게(g)
찹쌀가루	100	200
소금	1	2
물	–	적정량
볶은 콩가루	–	50

2. 수험자 유의사항

1) 항목별 배점은 [정리정돈 및 개인위생 14점], [콩설기떡 43점], [경단 43점]이며, 요구사항 외의 제조방법 및 채점기준은 비공개입니다.
2) 시험시간은 재료 전처리 및 계량시간, 정리정돈 등 모든 작업과정이 포함된 시간입니다.
3) 위생복장도 채점 대상이며, 위생복장이 적합하지 않을 경우 감점처리 됩니다.
4) 모든 작업과정이 채점대상이므로, 전 과정 위생수칙을 준수합니다.
5) 의문 사항은 감독위원에게 손을 들어 문의하고 그 지시에 따릅니다.
6) 안전사고가 없도록 유의하며 제품의 위생과 수험자의 안전을 위하여 위생 및 안전기준에 적합하지 않을 경우, 득점상의 불이익이 발생하거나 아래 기준에 의거 실격처리 될 수 있습니다.
7) 다음 사항에 대해서는 채점 대상에서 제외하니 특히 유의하시기 바랍니다.

가. 기권

① 수험자 본인이 수험 도중 시험에 대한 포기 의사를 표시하는 경우

나. 실격

① 상품성이 없을 정도로 타거나 익지 않은 경우

② 수량, 모양, 제조방법(찌기를 삶기로 하는 등)을 준수하지 않았을 경우

③ 지급된 재료 이외의 재료를 사용한 경우(해당 과제 외 다른 과제에 필요한 재료를 사용한 경우도 포함)

④ 시험 중 시설·장비의 조작 또는 재료의 취급이 미숙하여 위해를 일으킬 것으로 감독위원 전원이 합의하여 판단한 경우

다. 미완성

① 시험시간 내에 제품 제출대에 작품 모두를 제출하지 못한 경우

※ 수험자에게 공개문제가 사전에 공지되었으므로 수험자가 적합한 찜기를 지참하여야 하며, 전량 제조가 원칙입니다. 요구사항의 수량을 준수하여야 하며, 떡반죽(쌀가루 포함)이나 부재료를 지나치게 많이 남기거나 전량을 제출하지 않는 경우는 제품평가 전항목을 0점 처리합니다. 단, 찜기의 용량을 초과하여 반죽을 남기는 경우는 제외하며, 용량 초과로 떡반죽(쌀가루 포함) 및 부재료를 남기는 경우는 찜기에 반죽을 넣은 후 손을 들어 남은 떡반죽과 재료에 대해서 감독위원에게 확인을 받도록 합니다.

※ 종이컵, 호일, 랩, 종이호일, 1회용행주 등 일반적인 조리용 도구는 사용이 가능합니다. 자, 눈금칼, 몰드, 틀 등과 같이 기능 평가에 영향을 미치는 도구는 사용을 금합니다. 시험시간 안내는 감독위원의 지시 및 안내에 따르며, 개인용 타이머나 시계는 소리 및 진동에 의해 다른 수험자에게 피해가 가지 않도록 사용에 유의합니다. 시계를 손목에 착용하면 이물 및 교차오염이 발생할 수 있으므로, 착용 시 감점됨에 유의합니다.

※ 제조가 완료되면 그릇에 담아 작품 제출대에 제출하고 작업대 정리정돈을 합니다.

3. 지급재료목록

자격 종목		떡제조기능사 (콩설기떡, 경단)			
일련번호	재료명	규 격	단위	수량	비고
콩설기떡					
1	멥쌀가루	멥쌀을 5시간 정도 불려 빻은 것	g	770	1인용
2	설탕	정백당	g	100	1인용
3	소금	정제염	g	10	1인용
4	서리태	하룻밤 불린 서리태 (겨울 10시간, 여름 6시간 이상)	g	170	1인용 (건서리태 80g 정도 기준)
경단					
5	찹쌀가루	찹쌀을 5시간 정도 불려 빻은 것	g	220	1인용
6	소금	정제염	g	10	1인용
7	콩가루	볶은 콩가루	g	60	1인용 (방앗간 인절미용 구매)
8	세척제	500g	개	1	30인공용

※ 국가기술자격 실기시험 지급재료는 시험 종료 후(기권, 결시자 포함) 수험자에게 지급하지 않습니다

콩설기떡

제1회 출제품목

시험시간
콩설기떡+경단 **2시간**

요구사항

지급된 재료를 사용하여 2가지 작품을 제출하시오.

① 떡 제조 시 물의 양은 적정량으로 혼합하여 제조하시오
(단, 쌀가루는 물에 불려 소금 간 하지 않고 2회 빻은 쌀가루이다.)
② 불린 서리태를 삶거나 쪄서 사용하시오.
③ 서리태의 1/2은 바닥에 골고루 펴 넣으시오.
④ 서리태의 1/2은 멥쌀가루와 골고루 혼합하여 찜기에 안치시오.
⑤ 찜기에 안친 쌀가루 반죽을 물솥에 얹어 찌시오.
⑥ 서리태를 바닥에 골고루 펴 넣은 면이 위로 오도록 그릇에 담고, 썰지 않은 상태로 전량 제출하시오.

배합표

	재료명	비율	분량
주재료	멥쌀가루	100%	700g
	설탕	10%	70g
	소금	1%	7g
	물	-	적정량
부재료	불린 서리태	-	160g

필요한 도구

찜기, 물솥, 스텐볼, 중간체, 손잡이체, 계량컵, 계량스푼, 냄비, 시루밑, 스크레이퍼, 저울, 떡뒤집개(큰 접시 또는 쟁반), 완성접시

주요 공정

재료 계량하기 ⇨ 서리태 삶기 ⇨ 쌀가루에 소금 넣기 ⇨ 물주기 ⇨ 체에 내리기 ⇨ 설탕 넣기 ⇨ 시루에 서리태 1/2 깔기 ⇨ 서리태 섞은 쌀가루 안치기 ⇨ 찌기 ⇨ 제출하기

만드는 방법

01

① 저울에 용기를 올려 0에 맞춘다.
② 지급재료를 배합표에 맞춰 각각 계량한다.

쌤's TIP 계량 후 남은 재료는 따로 담아서 시험감독관에게 제출 · 문의한다.

02

① 불린 서리태를 씻어 일어 냄비에 넣는다.
② 서리태 3~4배의 물을 붓고 끓는다.
③ 물이 끓기 시작하면 약 20분 정도 삶는다.
④ 체에 밭쳐 물기를 뺀다.

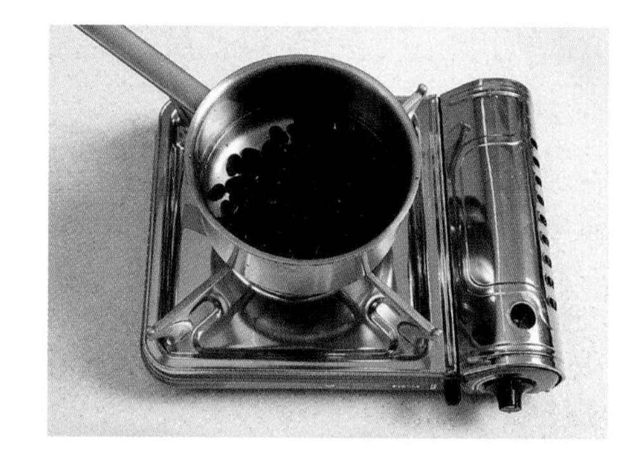

03

① 멥쌀가루에 소금을 넣고 섞은 후, 물(105g 정도)을 넣고 고루 비빈다.
② 쌀가루를 중간체에 2번 내린 후 설탕을 넣고 가볍게 섞는다.

쌤's TIP 물주기의 양이 적을 경우 떡이 설익거나 갈라질 수 있으므로 유의한다.

04

찜기에 시루밑을 깔고 서리태 1/2을 골고루 깐다.

05

남은 서리태 1/2을 쌀가루에 섞어 안친다.

06

① 스크레이퍼를 이용해 윗면을 평평하게 정리한다.
② 김이 오른 물솥에 찜기를 올려 20~25분 정도 찌고, 약불에서 5분간 뜸들인다.
③ 찜기를 뒤집어 떡을 빼낸 다음 다시 뒤집어 그릇에 담아낸다.

알아두면 약이 되는 꿀팁

❶ 콩은 요구사항에 따라 삶지 않고 찜기에 찔 수도 있다.
❷ 콩 삶는 시간은 콩의 상태에 따라 익은 정도를 보고 조절한다.
❸ 윗면이 평평하고 높이가 일정해야 떡이 갈라지지 않는다.
❹ 실기검정 시 경단과 함께 2시간 이내에 완성해서 제출해야 한다.

경단

제1회 출제품목

시험시간
콩설기떡+경단 **2시간**

요구사항

경단을 만들어 제출하시오.

① 떡 제조 시 물의 양을 적정량으로 혼합하여 반죽을 하시오
(단, 쌀가루는 물에 불려 소금간 하지 않고 1회 빻은 쌀가루이다).
② 찹쌀가루는 익반죽하시오.
③ 반죽은 직경 2.5~3㎝ 정도의 일정한 크기로 20개 이상 만드시오.
④ 경단은 삶은 후 고물로 콩가루를 묻히시오.
⑤ 완성된 경단은 전량 제출하시오.

배합표

	재료명	비율	분량
주재료	찹쌀가루	100%	200g
	소금	1%	2g
	물	-	적정량
	볶은 콩가루	-	50g

필요한 도구

스텐볼, 계량컵, 계량스푼, 손잡이체, 스크레이퍼, 면보, 냄비, 고운체(고물용), 주걱, 저울, 완성접시

주요 공정

재료 계량하기 ⇨ 쌀가루에 소금 넣기 ⇨ 익반죽 하기 ⇨ 분할 하기 ⇨ 성형 하기 ⇨
삶기 ⇨ 찬물에 식히기 ⇨ 물기 제거하기 ⇨ 콩고물 묻히기 ⇨ 제출하기

만드는 방법

01

① 저울에 용기를 올려 0에 맞춘다.
② 지급재료를 배합표에 맞춰 각각 계량한다.

(쌤's TIP) 계량 후 남은 재료는 따로 담아서 시험감독관에게 제출 · 문의한다.

02

① 찹쌀가루에 소금을 넣고 섞는다.
② 물(30~40g 정도)을 끓여 뜨거운 물로 익반죽하며 충분히 치댄다.

(쌤's TIP) 반죽을 오래 치대야 갈라지지 않고 동그랗게 성형이 잘된다.
반죽 상태를 보고 물을 가감한다. 반죽이 질면 삶을 때 늘어지고 퍼지므로 유의한다.

03

반죽을 떼어 직경 2.5~3㎝ 정도의 크기로 20개 이상 둥글게 빚는다. 성형하는 동안은 반죽은 겉이 마르지 않도록 젖은 면보로 덮거나 비닐팩에 넣어 둔다.

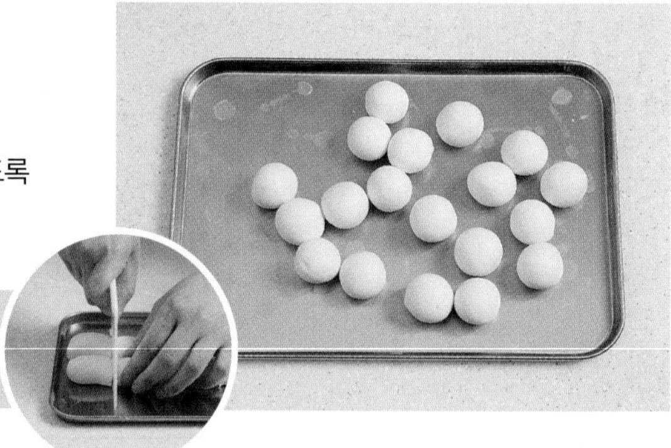

(쌤's TIP) 막대 모양으로 만든 후 스크레이퍼로 자르면 일정한 양으로 나누기 쉽다.

04

① 냄비에 물을 끓여 경단을 삶는다.
② 경단이 떠오르면 찬물을 부어 다시 끓여 속까지 완전히 익힌다.

(쌤's TIP) 너무 오래 삶을 경우 퍼질 수 있다.

05

손잡이체로 건져 찬물에 담가 식힌 후,
물기를 제거한다.

쌤's TIP 물기를 잘 제거한 후 콩고물에 묻혀야
고물이 젖거나 뭉치지 않고 고르게 묻는다.

06

① 볶은 콩가루에 경단을 굴려 고물을 묻힌다.
② 경단을 20개 이상 만들어 전량 제출한다.

쌤's TIP 콩가루는 고운체에 내려 사용하면
고루 잘 묻는다.

알아두면 약이 되는 꿀팁

❶ 경단은 속까지 완전히 익도록 충분히 삶는다(익지 않았을 경우 불합격 처리될 수 있다).
❷ 경단을 너무 오래 삶으면 모양이 퍼질 수 있다.
❸ 경단에 콩고물을 묻힐 때 가루가 뭉칠 경우 가볍게 체로 친다.
❹ 반듯하게 줄을 맞춰 가지런히 담아 제출한다.
❺ 실기검정 시 콩설기떡과 함께 2시간 이내에 완성해서 제출해야 한다.

떡 제 조

기 능 사

공개 문제②

국가기술자격 실기시험문제 ②

자격종목	떡제조기능사	과제명	송편, 쇠머리떡

※ 문제지는 시험종료 후 반드시 반납하시기 바랍니다.

비번호		시험일시		시험장명	

※ 시험시간 : 2시간

1. 요구사항

※ 지급된 재료 및 시설을 사용하여 아래 2가지 작품을 만들어 제출하시오.

가. 송편을 만들어 제출하시오.

1) 떡 제조 시 물의 양은 적정량으로 혼합하여 제조하시오
(단, 쌀가루는 물에 불려 소금간 하지 않고 2회 빻은 쌀가루이다).
2) 불린 서리태는 삶아서 송편소로 사용하시오.
3) **떡반죽과 송편소는 4:1~3:1 정도의 비율로 제조하시오 (송편소가 ¼~⅓ 정도 포함되어야 함).**
4) 쌀가루는 익반죽하시오.
5) 송편은 완성된 상태가 길이 5㎝, 높이 3㎝ 정도의 반달모양(◠)이 되도록 오므려 집어 송편 모양을 만들고, 12개 이상으로 제조하여 전량 제출하시오.
6) 송편을 찜기에 쪄서 참기름을 발라 제출하시오.

재료명	비율(%)	무게(g)
멥쌀가루	100	200
소금	1	2
물	–	적정량
불린 서리태	–	70
참기름	–	적정량

나. 쇠머리떡을 만들어 제출하시오.

1) 떡 제조 시 물의 양은 적정량을 혼합하여 제조하시오
(단, 쌀가루는 물에 불려 소금간 하지 않고 1회 빻은 찹쌀가루이다).
2) 불린 서리태는 삶거나 쪄서 사용하고,
호박고지는 물에 불려서 사용하시오.
3) 밤, 대추, 호박고지는 적당한 크기로 잘라서 사용하시오.
4) 부재료를 쌀가루와 잘 섞어 혼합한 후 찜기에 안치시오.

재료명	비율(%)	무게(g)
찹쌀가루	100	500
설탕	10	50
소금	1	5
물	–	적정량
불린 서리태	–	100
대추	–	5(개)
깐밤	–	5(개)
마른 호박고지	–	20
식용유	–	적정량

☞ 뒤에 계속…

5) 떡반죽을 넣은 찜기를 물솥에 얹어 찌시오.
6) 완성된 쇠머리떡은 15×15㎝ 정도의 사각형 모양으로 만들어 자르지 말고 전량 제출하시오.
7) 찌는 찰떡류로 제조하며, 지나치게 물을 많이 넣어 치지 않도록 주의하여 제조하시오.

2. 수험자 유의사항

1) 항목별 배점은 [정리정돈 및 개인위생 14점], [송편 43점], [쇠머리떡 43점]이며, 요구사항 외의 제조 방법 및 채점기준은 비공개입니다.
2) 시험시간은 재료 전처리 및 계량시간, 정리정돈 등 모든 작업과정이 포함된 시간입니다.
3) 위생복장도 채점 대상이며, 위생복장이 적합하지 않을 경우 감점처리 됩니다.
4) 모든 작업과정이 채점대상이므로, 전 과정 위생수칙을 준수합니다.
5) 의문 사항은 감독위원에게 손을 들어 문의하고 그 지시에 따릅니다.
6) 안전사고가 없도록 유의하며 제품의 위생과 수험자의 안전을 위하여 위생 및 안전기준에 적합하지 않을 경우, 득점상의 불이익이 발생하거나 아래 기준에 의거 실격처리 될 수 있습니다.
7) 다음 사항에 대해서는 채점 대상에서 제외하니 특히 유의하시기 바랍니다.

가. 기권

① 수험자 본인이 수험 도중 시험에 대한 포기 의사를 표시하는 경우

나. 실격

① 상품성이 없을 정도로 타거나 익지 않은 경우
② 수량, 모양, 제조방법(찌기를 삶기로 하는 등)을 준수하지 않았을 경우
③ 지급된 재료 이외의 재료를 사용한 경우
(해당 과제 외 다른 과제에 필요한 재료를 사용한 경우도 포함)
④ 시험 중 시설·장비의 조작 또는 재료의 취급이 미숙하여 위해를 일으킬 것으로 감독위원 전원이 합의하여 판단한 경우

다. 미완성

① 시험시간 내에 제품 제출대에 작품 모두를 제출하지 못한 경우

※ 수험자에게 공개문제가 사전에 공지되었으므로 수험자가 적합한 찜기를 지참하여야 하며, 전량 제조가 원칙입니다. 요구사항의 수량을 준수하여야 하며, 떡반죽(쌀가루 포함)이나 부재료를 지나치게 많이 남기거나 전량을 제출하지 않는 경우는 제품평가 전항목을 0점 처리합니다. 단, 찜기의 용량을 초과하여 반죽을 남기는 경우는 제외하며, 용량 초과로 떡반죽(쌀가루 포함) 및 부재료를 남기는 경우는 찜기에 반죽을 넣은 후 손을 들어 남은 떡반죽과 재료에 대해서 감독위원에게 확인을 받도록 합니다.

※ 종이컵, 호일, 랩, 종이호일, 1회용행주 등 일반적인 조리용 도구는 사용이 가능합니다. 자, 눈금칼, 몰드, 틀

등과 같이 기능 평가에 영향을 미치는 도구는 사용을 금합니다. 시험시간 안내는 감독위원의 지시 및 안내에 따르며, 개인용 타이머나 시계는 소리 및 진동에 의해 다른 수험자에게 피해가 가지 않도록 사용에 유의합니다. 시계를 손목에 착용하면 이물 및 교차오염이 발생할 수 있으므로, 착용 시 감점됨에 유의합니다.

※ 제조가 완료되면 그릇에 담아 작품 제출대에 제출하고 작업대 정리정돈을 합니다.

3. 지급재료목록

자격 종목		떡제조기능사 (송편, 쇠머리떡)			
일련번호	재료명	규격	단위	수량	비고
송편					
1	멥쌀가루	멥쌀을 5시간 정도 불려 빻은 것	g	220	1인용
2	소금	정제염	g	5	1인용
3	서리태	하룻밤 불린 서리태 (겨울 10시간, 여름 6시간 이상)	g	80	1인용 (건서리태 40g 정도 기준)
4	참기름		mL	15	
쇠머리떡					
5	찹쌀가루	찹쌀을 5시간 정도 불려 빻은 것	g	550	1인용
6	설탕	정백당	g	60	1인용
7	서리태	하룻밤 불린 서리태 (겨울 10시간, 여름 6시간 이상)	g	110	1인용 (건서리태 60g 정도 기준)
8	대추		개	5	1인용
9	밤	겉껍질, 속껍질 제거한 밤	개	5	1인용
10	마른 호박고지	늙은 호박을 썰어서 말린 것	g	25	1인용
11	소금	정제염	g	7	1인용
12	식용유		mL	15	1인용
13	세척제	500g	개	1	30인공용

※ 국가기술자격 실기시험 지급재료는 시험 종료 후(기권, 결시자 포함) 수험자에게 지급하지 않습니다.

송편

제1회 출제품목

요구사항

시험시간
송편+쇠머리떡 **2시간**

송편을 만들어 제출 하시오.

① 떡 제조 시 물의 양은 적정량으로 혼합하여 제조하시오.
(단, 쌀가루는 물에 불려 소금간 하지 않고 2회 빻은 쌀가루이다.)
② 불린 서리태는 삶아서 송편소로 사용하시오.
③ 떡반죽과 송편소는 4:1~3:1 정도의 비율로 제조하시오(송편소가 1/4~1/3 정도 포함되어야 함).
④ 쌀가루는 익반죽 하시오.
⑤ 송편은 완성된 상태가 길이 5㎝, 높이 3㎝ 정도의 반달모양( )으로 오므려 집어 송편 모양을 만들고, 12개 이상으로 제조하여 전량 제출하시오.
⑥ 송편을 찜기에 쪄서 참기름을 발라 제출하시오.

배합표

	재료명	비율	분량
주재료	멥쌀가루	100%	200g
	소금	1%	2g
	물	-	적정량
부재료	불린 서리태	-	70g
	참기름	-	적정량

필요한 도구

찜기, 물솥, 스텐볼, 중간체, 계량컵, 계량스푼, 손잡이체, 시루밑, 면보, 냄비, 주걱, 기름솔, 일회용장갑, 저울, 완성접시

주요 공정

재료 계량하기 ⇨ 서리태 삶기 ⇨ 쌀가루에 소금 넣기 ⇨ 익반죽 하기 ⇨ 분할 하기 ⇨ 반죽에 콩 넣고 성형하기 ⇨ 찌기 ⇨ 찬물에 살짝 헹구기 ⇨ 참기름 바르기 ⇨ 제출하기

만드는 방법

01

① 저울에 용기를 올려 0에 맞춘다.
② 지급재료를 배합표에 맞춰 각각 계량한다.

(쌤's TIP) 계량 후 남은 재료는 따로 담아서 시험감독관에게 제출 · 문의한다.

02

① 불린 서리태를 씻는다.
② 냄비에 넣고 서리태 3~4배의 물을 부은 다음 끓인다.
③ 물이 끓기 시작하면 약 20분 정도 삶는다.
④ 체에 밭쳐 물기를 뺀다.

03

멥쌀가루에 소금을 섞고, 물(60g 정도)을 끓여 뜨거운 물로 익반죽한다.

(쌤's TIP) 반죽을 오래 치대야 갈라지지 않고 성형하기 쉽다.

04

반죽을 12등분하고 둥글게 빚은 후 가운데를 파서 소(서리태)를 넣는다.

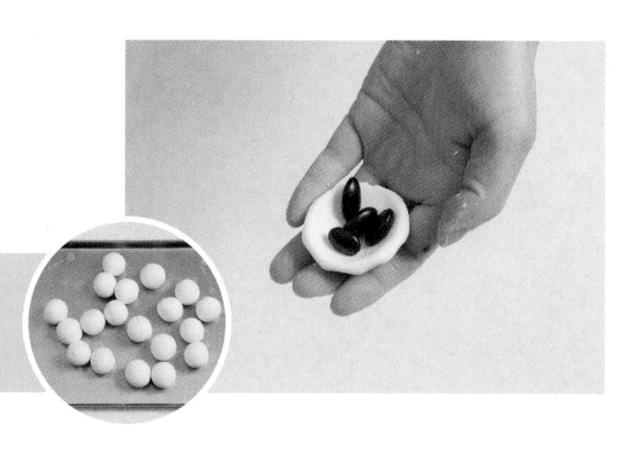

(쌤's TIP) 반죽을 일정한 크기로 미리 둥글려 놓으면 편리하다. 성형하는 동안 나머지 반죽은 겉이 마르지 않도록 젖은 면보를 덮어 놓는다.

05

가운데로 오므려 길이 5㎝, 높이 3㎝ 정도의 반달 모양으로 만든다.

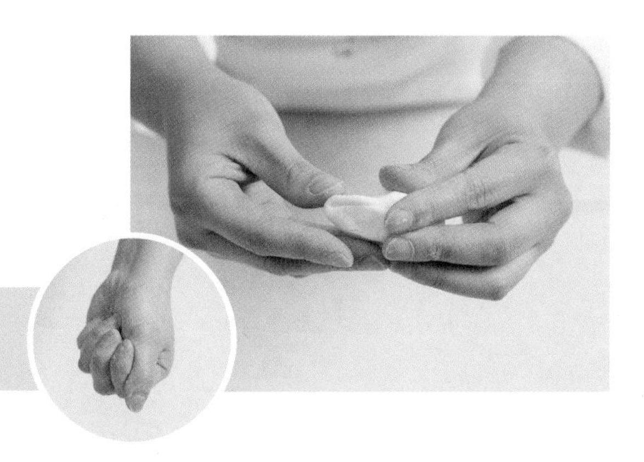

쌤's TIP 콩을 넣고 오므릴 때 공기를 빼주면 찔 때 터지지 않는다.

06

찜기에 시루밑을 깔고 송편을 안친 후 김이 오른 물솥에 올려 25~30분 정도 찐다.

07

① 다 쪄진 송편은 찬물에 살짝 헹궈 체에 건져 물기를 제거하고 붓으로 참기름을 골고루 바른다.
② 완성된 송편을 12개 이상 제출한다.

알아두면 약이 되는 꿀팁

❶ 쌀가루에 소금을 넣을 때에는 물에 소금을 녹여 넣으면 짠맛이 고루 섞인다.
❷ 콩 삶는 시간은 콩의 상태에 따라 다르므로 익은 정도를 보고 결정한다.
❸ 송편은 찬물에 살짝 헹구고 수분을 제거한 다음 참기름을 바른다.
❹ 12개보다 적게 제출할 경우에는 실격 처리되므로 개수에 주의한다.
❺ 반듯하게 줄을 맞추고 예쁘게 담아 제출한다.
❻ 실기검정 시 쇠머리떡과 함께 2시간 이내에 완성해서 제출해야 한다.

쇠머리떡

제1회 출제품목

요구사항

시험시간
송편+쇠머리떡 **2시간**

쇠머리떡을 만들어 제출하시오.

① 떡 제조 시 물의 양은 적정량을 혼합하여 제조하시오
(단, 쌀가루는 물에 불려 소금간 하지 않고 1회 빻은 찹쌀가루이다).
② 불린 서리태는 삶거나 쪄서 사용하고, 호박고지는 물에 불려서 사용하시오.
③ 밤, 대추, 호박고지는 적당한 크기로 잘라서 사용하시오.
④ 부재료를 쌀가루와 잘 섞어 혼합한 후 찜기에 안치시오.
⑤ 떡반죽을 넣은 찜기를 물솥에 얹어 찌시오.
⑥ 완성된 쇠머리떡은 15×15㎝ 정도의 사각형 모양으로 만들어 자르지 말고 전량 제출하시오.
⑦ 찌는 찰떡류로 제조하며, 지나치게 물을 많이 넣어 치지 않도록 주의하여 제조하시오.

배합표

	재료명	비율	분량
주재료	찹쌀가루	100%	500g
	설탕	10%	50g
	소금	1%	5g
	물	-	적정량
부재료	불린 서리태	-	100g
	대추	-	5개
	깐 밤	-	5개
	마른호박고지	-	20g
	식용유	-	적정량

필요한 도구

찜기, 물솥, 스텐볼, 계량컵, 계량스푼, 면보, 칼, 도마, 스크레이퍼, 비닐, 일회용 장갑, 면장갑, 저울, 완성접시

주요 공정

재료 계량하기 ⇨ 부재료 손질하기 ⇨ 쌀가루에 소금 넣기 ⇨ 물주기 ⇨ 안치기 ⇨ 찌기 ⇨ 성형하기 ⇨ 비닐 벗겨 제출하기

만드는 방법

01

① 저울에 용기를 올려 0에 맞춘다.
② 지급재료를 배합표에 맞춰 각각 계량한다.

(쌤's TIP) 계량 후 남은 재료는 따로 담아서 시험감독관에게 제출 · 문의한다.

02

부재료를 손질해 준비한다.
① 불린 서리태를 씻어 일어 냄비에 넣고 서리태 3~4배의 물을 부어 끓인다.
② 물이 끓기 시작하면 약 20분 정도 더 삶은 후, 체에 밭쳐 식힌다.
③ 깐 밤은 씻어 4~6등분한다.
④ 대추는 씻어서 돌려 깎아 씨를 제거한 다음 4~5등분한다.
⑤ 호박고지는 적당한 크기로 잘라 물에 담가 살짝 불린 다음 물기를 짠다.

03

찹쌀가루에 소금과 물(30g 정도)을 넣고 손으로 고루 비빈다.

04

찜기에 젖은 면보를 깔고 부재료 1/2을 고루 펼쳐 놓는다. 이때 대추는 껍질이 아래를 향하도록 놓는다.

(쌤's TIP) 면보에 설탕을 뿌리면 찐 떡이 잘 떨어진다.

05

물주기한 쌀가루에 설탕과 나머지 부재료를 넣고
고루 섞어 안친다.

06

김이 오른 물솥에 올려 약 25~30분 정도 찐다.

쌤's TIP 이때 떡이 고루 익도록 꼬챙이나
젓가락으로 구멍을 낸다.

07

① 기름칠한 비닐에 찐 떡을 올리고 15×15㎝ 정도의
사각형으로 만들어 식힌다.
② 비닐을 벗기고 고명이 많은 쪽이 위로 가게 담아 제출한다.

쌤's TIP 스크레이퍼를 이용하면 쉽게 모양을
만들 수 있다.

알아두면 약이 되는 꿀팁

❶ 비닐은 기름을 칠해 사용한다.
❷ 완성된 쇠머리떡은 자르지 않고 그대로 전량 제출한다.
❸ 찹쌀가루에 물을 너무 많이 주면 떡이 질어져 모양 잡기가 힘들고 굳는 데 시간이 오래 걸린다.
❹ 실기검정 시 송편과 함께 2시간 이내에 완성해서 제출해야 한다.

제 2 장

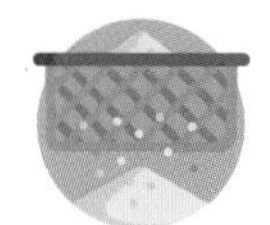

연습문제

거피팥고물
볶은 거피팥고물
녹두고물
붉은팥고물
흑임자고물
실깨고물
백설기
무지개설기
단호박설기
팥시루떡
녹두찰편
물호박떡
깨찰편
쑥갠떡

수수경단
약밥
인절미
가래떡
떡볶이떡
조랭이떡
절편
개피떡
구름떡
콩찰편
두텁떡
증편
대추단자
쑥단자

거피팥고물

배합표

	재료명	분량
재료	거피팥	500g
	소금	5~6g

필요한 도구

찜기, 물솥, 스텐볼, 어레미 또는 중간체, 계량컵, 계량스푼, 시루밑 또는 면보, 주걱, 번철, 절구

대표적인 떡

물호박시루떡(p.230), 쑥단자(p.300)

01

물을 넉넉히 붓고 4~6시간 정도 불린다.

02

불린 거피팥을 제물에 여러 번 비벼 속껍질을 완전히 제거한다.

03

찬물에 3~4번 헹군 다음 체에 밭쳐 물기를 뺀다.

04

찜기에 마른 면보를 깔고 거피팥을 40~50분 정도 무르게 찐다. 손으로 비볐을 때 부드럽게 으깨지면 다 쪄진 것이다.

쌤's TIP 가운데에 구멍을 내주면 김이 잘 올라와 골고루 익는다.

05

한 김 식힌 후 절구에 쏟아 소금을 넣고 찧는다.

06

어레미나 중간체에 내린다.

쌤's TIP 고물이 질 경우에는 번철에 볶아 사용한다.

볶은 거피팥고물

배합표

	재료명	분량
재료	거피팥	6컵
	소금	1꼬집(1/4작은술)
	간장	1큰술
	설탕	50g
	계핏가루	약간

필요한 도구

찜기, 물솥, 스텐볼, 어레미 또는 중간체, 계량컵, 계량스푼, 시루밑 또는 면보, 주걱, 번철, 절구

대표적인 떡

두텁떡(p.286)

01

물을 넉넉히 붓고 4~6시간 정도 불린 다음 제물에 여러 번 비벼 속껍질을 완전히 제거한다.

02

찬물에 3~4번 헹군 다음 체에 밭쳐 물기를 뺀다.

03

찜기에 마른 면보를 깔고 거피팥을 40~50분 정도 무르게 찐다. 손으로 비볐을 때 부드럽게 으깨지면 다 쪄진 것이다.

쌤's TIP 가운데에 구멍을 내주면 김이 잘 올라와 골고루 익는다.

04

한 김 식힌 후 절구에 쏟아 소금을 넣고 찧는다.

05

어레미나 중간체에 내린다.

06

간장, 설탕, 계핏가루를 넣어 골고루 섞은 다음 번철에 보슬보슬하게 볶는다.

쌤's TIP 중간체에 한 번 더 내린다.

녹두고물

배합표

	재료명	분량
재료	녹두팥	500g
	소금	5~6g

필요한 도구

찜기, 물솥, 어레미나 중간체, 스텐볼, 시루밑 또는 면보, 절구, 번철, 주걱

대표적인 떡

녹두찰편(p.226)

01

물을 넉넉히 붓고 4~6시간 정도 불린다.

02

불린 녹두를 제물에 여러 번 비벼
속껍질을 완전히 제거한다.

03

찬물에 3~4번 헹군 다음 체에 밭쳐 물기를 뺀다.

04

찜기에 마른 면보를 깔고 물기를 제거한 녹두를 40~50분 정도 무르게 찐다.

쌤's TIP 가운데에 구멍을 내주면 김이 잘 올라와 골고루 익는다.

05

녹두가 다 쪄지면 한 김 식힌 후 절구에 쏟아 소금을 넣고 찧는다.

06

어레미나 중간체에 내린다.

쌤's TIP 고물이 질 경우에는 번철에 볶아 사용한다.

붉은팥고물

배합표

	재료명	분량
재료	붉은팥	500g
	소금	5~6g
	물	6~8컵

필요한 도구

스텐볼, 어레미 또는 중간체, 냄비 또는 솥, 계량컵, 계량스푼, 주걱, 번철, 절구

대표적인 떡

팥시루떡(p.222), 수수경단(p.242)

01

팥을 깨끗이 씻어 돌을 일어 놓는다.

02

물기를 빼서 냄비에 팥을 넣고
물을 넉넉히 부어 끓인다.

03

한번 끓어오르면 첫 물은 따라 버리고
붉은팥의 6~8배(묵은 팥은 10배) 정도의 물을 부어
다시 40~50분 정도 푹 삶는다.

쌤's TIP 첫 물을 따라 버려야 팥의 아린 맛(사포닌)을 제거할 수 있다.

04

팥이 무르게 익으면 불을 줄이고 여분의 수분을 날리며
뜸을 들인다.

05

한 김 식힌 후 절구에 쏟아 소금을 넣고 대강 찧는다.

쌤's TIP 고물이 질 경우에는 번철에 볶아 사용한다.

06

완성된 붉은팥고물.

흑임자고물

배합표

	재료명	분량
재료	흑임자(검은깨)	1컵
	소금	1꼬집(1/4작은술)

필요한 도구

스텐볼, 중간체, 계량컵, 계량스푼, 주걱, 번철, 절구

대표적인 떡

깨찰편(p.234), 구름떡(p.274)

01

흑임자를 물에 가볍게 씻어 불순물을 제거한 다음 30분 정도 담가 불린다.

02

손으로 비벼 껍질을 벗기면서 여러 번 씻는다. 껍질이 떠오르면 물과 함께 버리고 새로 물을 채워 껍질이 나오지 않을 때까지 반복한다.

03

체에 건져 물기를 완전히 뺀다.

04

번철에 타지 않게 잘 섞어가며 볶는다.

쌤's TIP 흑임자는 색으로 볶아진 정도를 구별하기 어려우므로 타지 않게 주의하며 볶는다.

05

식으면 소금을 넣고 절구에 빻는다.

쌤's TIP 분쇄기에 갈아서 사용할 수도 있다.

06

완성된 흑임자고물.

쌤's TIP 완성된 흑임자고물은 김이 오른 찜기에 쪄서 사용할 수도 있다.

실깨고물

배합표

	재료명	분량
재료	흰깨	1컵
	소금	1꼬집(1/4작은술)

필요한 도구

스텐볼, 중간체, 계량컵, 주걱, 번철, 절구

대표적인 떡

깨찰편(p.234)

01

흰깨를 물에 가볍게 씻어 일어 불순물을 제거한 다음
2시간 정도 담가 불린다.

02

손으로 비벼 껍질을 벗기면서 여러 번 씻는다.
껍질이 떠오르면 물과 함께 버리고 새로 물을 채워
껍질이 나오지 않을 때까지 반복한다.

03

체에 건져 물기를 뺀다.

04

번철에 타지 않게 잘 저어 볶는다.

05

식으면 소금을 넣고 절구에 빻는다.

쌤's TIP 분쇄기에 갈아서 사용할 수도 있다.

06

완성된 실깨고물.

백설기

요구사항

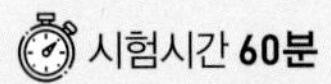

백설기를 만들어 제출하시오.

배합표

	재료명	분량
재료	멥쌀가루	700g
	설탕	70g
	소금	7g
	물	105g

필요한 도구

찜기, 물솥, 스텐볼, 중간체, 계량컵, 계량스푼, 시루밑, 스크레이퍼, 저울, 떡뒤집개(큰 접시 또는 쟁반), 완성접시

주요 공정

재료 계량하기 ⇨ 쌀가루에 소금 넣기 ⇨ 물주기 ⇨ 체에 내리기 ⇨ 설탕 넣기 ⇨ 쌀가루 안치기 ⇨ 찌기 ⇨ 제출하기

만드는 방법

01

① 저울에 용기를 올려 0에 맞춘다.
② 각각의 재료를 계량한다.

02

쌀가루에 물과 소금을 넣어 손으로 고루 비빈다.

쌤's TIP 주먹을 가볍게 쥐었다 폈을 때 깨지지 않는 정도가 적당한 물주기이다.

03

① 쌀가루를 중간체에 두 번 내린다.
② 설탕을 넣고 가볍게 섞는다.

04

찜기에 준비한 시루밑을 깔고 쌀가루를 살살 안친다.

쌤's TIP 꾹꾹 누르면 식감이 좋지 않다.

05

스크레이퍼를 이용해 윗면을 평평하게 정리한다.

쌤's TIP 높이를 일정하게 안쳐야 찌고 나서 떡이 갈라지지 않는다.

06

① 김이 오른 물솥에 찜기를 올려 20~25분 정도 찌고, 약불에서 5분간 뜸들인다.
② 찜기를 뒤집어 떡을 빼낸 다음 다시 뒤집어 그릇에 담아낸다.

알아두면 약이 되는 꿀팁

❶ 쌀가루에 소금을 넣을 때에는 물에 소금을 녹여 넣으면 짠맛이 고루 섞인다.
❷ 쌀가루 상태에 따라 물 양을 조절한다.
❸ 찜기에 쌀가루를 세게 눌러 담으면 떡이 단단해질 수 있으니 유의한다.
❹ 시루에 키친타월을 얇게 깔고 시루밑을 깔면, 바닥면이 많이 젖지 않아 떡이 질척거리지 않는다.

무지개설기

요구사항

시험시간 **60분**

무지개설기를 만들어 제출하시오.

배합표

	재료명	분량
주재료	멥쌀가루	700g
	설탕	70g
	소금	7g
	물	105g
색내는 재료	빨간색 재료 (백년초가루, 딸기주스가루 등)	1g
	노란색 재료 (단호박가루, 치자가루 등)	2g
	초록색 재료 (쑥가루, 녹차가루, 말차가루 등)	1g
	검정색 재료 (흑임자가루, 석이버섯가루 등)	3g

필요한 도구

찜기, 물솥, 스텐볼, 중간체, 계량컵, 계량스푼, 시루밑, 스크레이퍼, 저울, 떡뒤집개(큰 접시 또는 쟁반), 완성접시

주요 공정

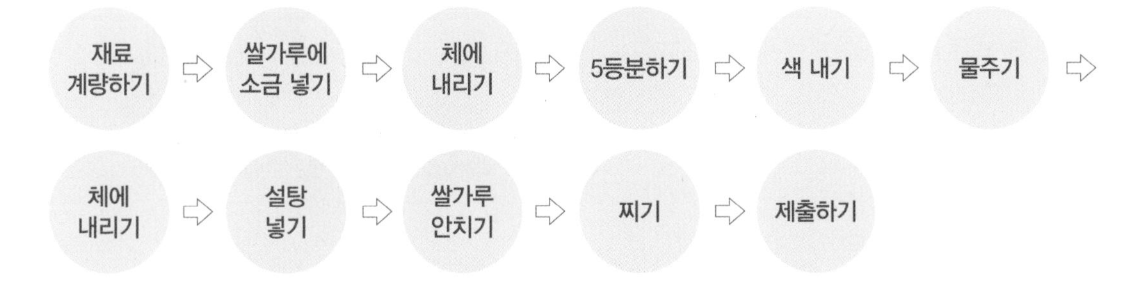

만드는 방법

01

① 저울에 용기를 올려 0에 맞춘다.
② 각각의 재료를 계량한다.

02

멥쌀가루에 소금을 넣어 체에 내린다.

03

쌀가루를 5등분한 다음 색 내기 재료를 넣어
각각 색을 들인다(흰색은 쌀가루로만 한다).

04

각각의 쌀가루에 분량의 물을 넣어 고루 비빈다.

쌤's TIP 주먹을 가볍게 쥐었다 폈을 때
깨지지 않는 정도가 적당한 물주기이다.

05

① 색을 들인 쌀가루를 중간체에 2번 내린다.
② 각각에 설탕을 넣어 가볍게 섞는다.

06

찜기에 시루밑을 깔고 검정색 – 초록색 – 노란색 – 빨간색 – 흰색 쌀가루 순으로 안친다.

쌤's TIP 높이를 일정하게 안쳐야 색이 예쁘게 구분된다. 쌀가루 색상의 순서는 자유롭게 바꿀 수 있다.

07

① 스크레이퍼를 이용해 윗면을 평평하게 정리한다.
② 김이 오른 물솥에 찜기를 올려 20~25분 정도 찌고 약불에서 5분간 뜸들인다.
③ 찜기를 뒤집어 떡을 빼낸 다음 다시 뒤집어 그릇에 담아낸다.

알아두면 약이 되는 꿀팁

❶ 5등분한 쌀가루에 들어가는 색 내기 재료의 양은 적절히 조절한다.
❷ 무지개떡은 쌀가루에 소금을 넣고 한 번, 색을 들인 후 한 번, 총 두 번 체에 내린다.
❸ 칼슘을 넣으라는 요구사항이 있을 때에는 찜기에 쌀가루를 안치고, 떡을 찌기 직전에 칼슘을 넣는다.
❹ 치자가루가 아닌 치자를 사용할 경우 쪼개어 물에 불려 고운체에 내린 후 우린 물을 사용한다.
❺ 석이가루는 따뜻한 물에 불려 사용한다.

단호박설기

요구사항

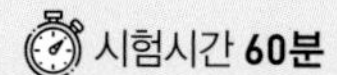

단호박설기를 만들어 제출하시오.

배합표

구분	재료명	분량
주재료	멥쌀가루	700g
	설탕	70g
	소금	7g
	물	적정량
부재료	찐 단호박	140g
	슬라이스 단호박	50g
	설탕	1꼬집

필요한 도구

찜기, 물솥, 스텐볼, 중간체, 계량컵, 계량스푼,
시루밑, 스크레이퍼, 칼, 도마, 저울,
떡뒤집개(큰 접시 또는 쟁반), 완성접시

주요 공정

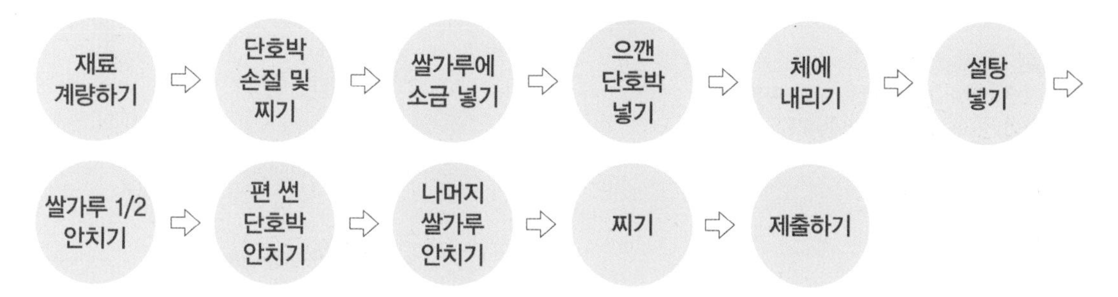

만드는 방법

01

① 저울에 용기를 올려 0에 맞춘다.
② 각각의 재료를 계량한다.

02

① 쌀가루에 섞는 단호박은 씨를 빼내고 껍질을 벗긴 다음 김이 오른 찜기에 15~20분 찐다.
② 다 쪄지면 볼에 넣고 뜨거울 때 주걱으로 으깬다.

> 쌤's TIP 젓가락으로 찔렀을 때 쑥 들어가면 다 쪄진 것이다. 주걱으로 으깬 후 체에 내려 사용하면 입자가 한층 부드럽다.

03

모양내기용 단호박은 0.5㎝ 두께로 편 썰어 설탕을 솔솔 뿌리고 5분간 둔다.

> 쌤's TIP 설탕을 뿌린 채 오래 두면 물이 생기고 호박이 질어지므로 안치기 바로 전에 절인다.

04

① 멥쌀가루에 소금을 섞고, 으깬 단호박을 넣어 손으로 비벼 준다(단호박의 수분만으로 부족할 경우 물을 넣고 비빈다).
② 중간체에 2번 내린다.
③ 설탕을 가볍게 섞는다.

05

① 찜기에 시루밑을 깔고 쌀가루 1/2을 안친다.
② 편 썬 단호박을 찜기 둘레에 세운다.
③ 나머지 쌀가루를 안치고,
스크레이퍼로 윗면을 고르게 편다.

쌤's TIP 단호박이 남을 경우 가운데에도 얹고
쌀가루로 덮는다.

06

① 스크레이퍼를 이용해 윗면을 평평하게 정리한다.
② 김이 오른 물솥에 찜기를 올려 20~25분 정도 찌고,
약불에서 5분간 뜸들인다.
③ 찜기를 뒤집어 떡을 빼낸 다음 다시 뒤집어
그릇에 담아낸다.

알아두면 약이 되는 꿀팁

❶ 요구사항에 따라 편 썬 단호박을 중간에 한 켜 안치거나 아예 사용하지 않을 수도 있다.
❷ 편 썬 단호박을 중간에 한 켜 펼쳐 안치라는 요구사항이 있을 때에는
꼭 단호박을 먼저 쌀가루에 묻힌 다음 사용해야 한다.
❸ 단호박은 엎어 놓고 쪄야 질어지지 않는다.
❹ 편 썬 단호박은 설탕에 오래 절이지 않는다.
❺ 단호박 상태에 따라 물 양을 조절한다.

팥시루떡

요구사항

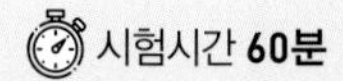

팥시루떡을 만들어 제출하시오.

배합표

구분	재료명	분량
주재료	멥쌀가루	500g
	설탕	50g
	소금	5g
	물	75g
부재료	붉은팥	200g
	소금	2g

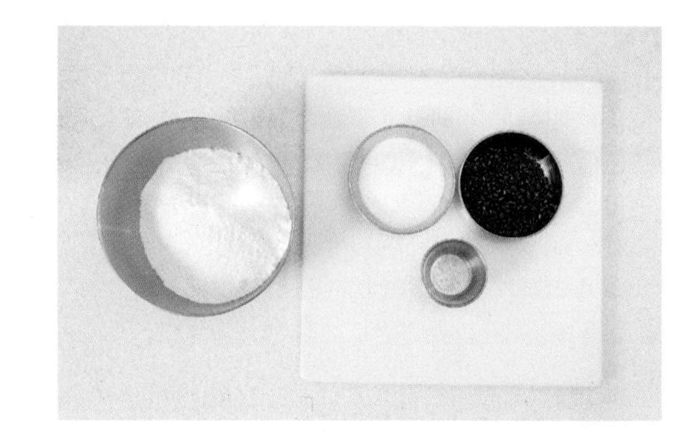

필요한 도구

찜기, 물솥, 스텐볼, 중간체, 냄비 또는 솥, 계량컵,
계량스푼, 시루밑, 주걱, 번철, 절구, 냄비, 스크레이퍼,
저울, 떡뒤집개(큰 접시 또는 쟁반), 완성접시

주요 공정

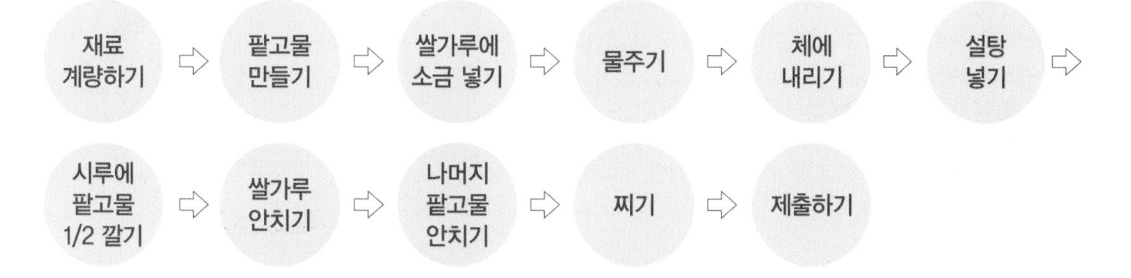

만드는 방법

01

① 저울에 용기를 올려 0에 맞춘다.
② 각각의 재료를 계량한다.

02

① 팥을 씻어 일어 냄비에 넣고 물을 넉넉히 부어 끓인다.
② 한번 끓어오르면 첫 물은 따라 버리고 다시 팥 6~8배(묵은 팥은 10배) 정도의 물을 부어 40~50분 정도 푹 삶는다.
③ 다 삶아지면 불을 줄여 여분의 수분을 날리며 뜸을 들인다(p.204 붉은팥고물 만들기 참조).

03

팥이 무르게 익으면 한 김 식힌 후 절구에 쏟아 소금을 넣고 대강 찧는다.

쌤's TIP 고물이 질 경우에는 번철에 볶아 사용한다.

04

① 멥쌀가루에 소금을 넣고 분량의 물을 넣어 고루 비빈다.
② 중간체에 2번 내린다.
③ 설탕을 넣고 가볍게 섞는다.

05

찜기에 시루밑을 깔고, 팥고물 1/2 – 쌀가루 – 나머지 팥고물 순으로 안친다.

06

① 김이 오른 물솥에 찜기를 올려 20~25분 정도 찌고, 약불에서 5분간 뜸들인다.
② 찜기를 뒤집어 떡을 빼낸 다음 다시 뒤집어 그릇에 담아낸다.

알아두면 약이 되는 꿀팁

❶ 팥을 삶을 때에는 첫 물을 따라 버려야 팥의 아린 맛을 제거할 수 있다.
❷ 팥은 껍질이 터지지 않고 손으로 눌렀을 때 잘 으깨질 정도로 무르게 익힌다.
❸ 팥 삶는 시간과 물의 양은 팥의 상태에 따라 조절한다.
❹ 팥고물 위에 설탕을 솔솔 뿌려 찌면 감칠맛이 산다.

녹두찰편

요구사항

시험시간 **60분**

녹두찰편을 만들어 제출하시오.

배합표

구분	재료명	분량
주재료	찹쌀가루	500g
	설탕	50g
	소금	5g
	물	30g
부재료	불린 거피녹두	300g
	소금	2.5g

필요한 도구

찜기, 물솥, 스텐볼, 중간체, 계량컵, 계량스푼, 시루밑, 주걱, 번철, 절구, 냄비, 스크레이퍼, 어레미, 면보(고물용), 저울, 떡뒤집개(큰 접시 또는 쟁반), 완성접시

주요 공정

재료 계량하기 ⇨ 녹두고물 만들기 ⇨ 쌀가루에 소금 넣기 ⇨ 물주기 ⇨ 설탕 넣기 ⇨ 시루에 녹두고물 1/2 깔기 ⇨ 쌀가루 안치기 ⇨ 나머지 녹두고물 안치기 ⇨ 찌기 ⇨ 제출하기

만드는 방법

01

① 저울에 용기를 올려 0에 맞춘다.
② 각각의 재료를 계량한다.

02

① 불린 거피 녹두를 여러 번 씻어
이물질과 속껍질을 완전히 제거한다.
② 체에 밭쳐 물기를 뺀다.
③ 찜기에 마른 면보를 깔고 40~50분 정도 무르게 찐다.

03

한 김 식힌 후 소금을 넣고 절구에 빻아 어레미에 내린다
(p.202 녹두고물 만들기 참고).

쌤's TIP 고물이 질면 번철에 볶아 다시 한 번
체에 내린다.

04

① 찹쌀가루에 소금을 섞고, 분량의 물을 넣어
손으로 고루 비빈다.
② 설탕을 넣어 가볍게 섞는다.

쌤's TIP 물이 고루 섞이도록 어레미에 내린다.

05

찜기에 시루밑을 깔고 녹두고물 1/2 – 쌀가루 –
나머지 고물 순으로 안친다.

쌤's TIP 꼬챙이나 젓가락을 이용해 구멍을
3~4개 뚫어 김이 잘 오르게 한다.

06

① 김이 오른 물솥에 찜기를 올려 약 25~30분 정도 찐다.
② 한 김 식힌 후 찜기를 뒤집어 떡을 빼낸 다음
다시 뒤집어 그릇에 담아낸다.

알아두면 약이 되는 꿀팁

❶ 찹쌀가루를 체에 내릴 때에는 물주기 후 어레미에 내린다.
❷ 물주기에 사용되는 물 양은 설기떡보다 적다.
❸ 녹두를 찌는 시간은 녹두의 상태에 따라 조절한다.
❹ 녹두고물 위에 설탕을 솔솔 뿌려 찌면 감칠맛이 산다.

물호박시루떡

요구사항

시험시간 **60분**

물호박시루떡을 만들어 제출하시오.

배합표

	재료명	분량
주재료	멥쌀가루	500g
	설탕	50g
	소금	5g
	물	70g
부재료	늙은호박	150g
	설탕	1큰술
	불린 거피팥	300g
	소금	1.5g

필요한 도구

찜기, 물솥, 스텐볼, 중간체, 계량컵, 계량스푼, 시루밑, 면보, 주걱, 번철, 절구, 냄비, 스크레이퍼, 칼, 도마, 어레미, 저울, 떡뒤집개(큰 접시 또는 쟁반), 완성접시

주요 공정

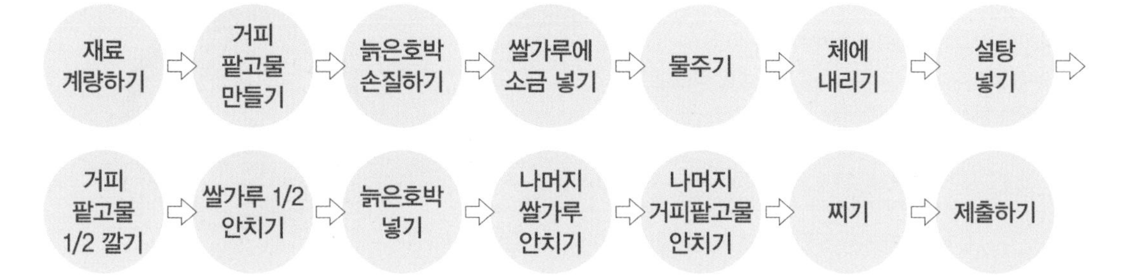

만드는 방법

01

① 저울에 용기를 올려 0에 맞춘다.
② 각각의 재료를 계량한다.

02

① 불린 거피팥을 여러 번 씻으면서, 속껍질을 완전히 제거한다.
② 체에 밭쳐 물기를 뺀다.
③ 찜기에 마른 면보를 깔고 거피팥을 40~50분 정도 무르게 찐다.

쌤's TIP 가운데에 구멍을 내 주면 김이 잘 올라와 골고루 익는다.

03

① 거피팥이 다 쪄지면 한 김 식힌 후 절구에 쏟아 소금을 넣고 빻는다.
② 어레미에 내린다(p.198 거피팥고물 만들기 참조).

쌤's TIP 고물이 질 경우에는 번철에 볶아 체에 내려 사용한다.

04

① 늙은호박은 껍질과 씨를 제거한다.
② 약 0.5㎝ 두께로 편 썰어 설탕을 솔솔 뿌리고 5분간 둔다.

쌤's TIP 설탕을 뿌린 채 오래 두면 물이 생기고 호박이 질어지므로 안치기 전에 절인다.

05

① 멥쌀가루에 소금을 섞고, 분량의 물을 넣어 손으로 고루 비빈다.
② 중간체에 두 번 내린 후, 설탕을 넣어 가볍게 섞는다.

06

① 쌀가루를 한 줌 정도 덜어 편 썬 늙은호박에 섞어 둔다.
② 찜기에 시루밑을 깔고 거피팥고물 1/2 – 쌀가루 1/2 – 쌀가루 섞은 늙은호박 – 나머지 쌀가루, 나머지 거피팥고물 순으로 고르게 안친다.

07

① 김이 오른 물솥에 찜기를 올려 20~25분 정도 찌고, 약불에서 5분간 뜸들인다.
② 찜기를 뒤집어 떡을 빼낸 다음 다시 뒤집어 그릇에 담아낸다.

알아두면 약이 되는 꿀팁

❶ 쌀가루에 소금을 넣을 때에는 물에 소금을 녹여 넣으면 짠맛이 고루 섞인다.
❷ 편 썬 호박은 설탕에 오래 절여 두면 수분이 빠져나와 떡이 질어지므로 안치기 직전에 설탕을 뿌려 두는 것이 좋다.
❸ 늙은 호박에 쌀가루를 섞지 않을 경우 떡과 분리될 수 있다.
❹ 호박에서 나오는 물의 양을 감안해 물주기 양을 적게 한다.

깨찰편

요구사항

⏱ 시험시간 **60분**

깨찰편을 만들어 제출하시오.

배합표

구분	재료명	분량
주재료	찹쌀가루	500g
	설탕	50g
	소금	5g
	물	30g
부재료	흰깨	150g
	소금	1꼬집(1/4작은술)
	흑임자	20g

필요한 도구

찜기, 물솥, 스텐볼, 손잡이체, 계량컵, 계량스푼, 절구, 번철, 시루밑, 주걱, 스크레이퍼, 어레미, 저울, 떡뒤집개(큰 접시 또는 쟁반), 완성접시

주요 공정

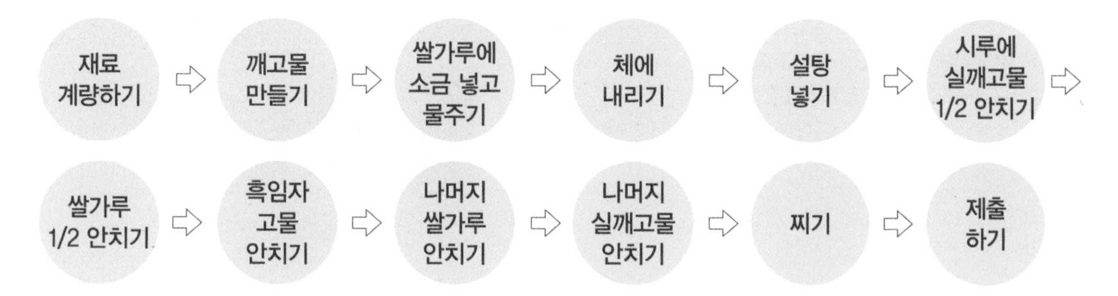

만드는 방법

01

① 저울에 용기를 올려 0에 맞춘다.
② 각각의 재료를 계량한다.

02

① 흰깨와 흑임자를 각각 씻어 불순물을 제거하고 2시간 정도 불린다.
② 손으로 비벼 껍질을 벗긴 다음 물에 뜨는 껍질을 버리며 여러 번 씻어 체에 밭친다.
③ 각각 팬에 넣고 타지 않게 살살 볶는다.
④ 흰깨에만 분량의 소금을 넣고 절구에 각각 빻아 깨고물을 완성한다.

쌤's TIP 빻은 흑임자고물은 찜솥에 쪄서 사용하면 기름이 빠져 더 검고 보슬보슬해진다.

03

① 찹쌀가루에 소금과 물을 넣고 손으로 고루 비빈다.
② 어레미에 내린다.
③ 설탕을 넣고 가볍게 섞는다.

04

찜기에 시루밑을 깔고 볶은 실깨고물 1/2, 쌀가루 1/2 순으로 고르게 펴서 안친다.

05

흑임자고물을 체로 쳐 얇게 뿌리고
나머지 쌀가루, 나머지 실깨고물 순으로 안친다.

쌤's TIP 김이 잘 오르도록 꼬챙이나 젓가락으로 구멍을 낸다.

06

① 김이 오른 물솥에 찜기를 올리고 25~30분 정도 찐다.
② 한 김 식힌 후 찜기를 뒤집어 떡을 빼내고 다시 뒤집어 그릇에 담아낸다.

알아두면 약이 되는 꿀팁

❶ 쌀가루에 소금을 넣을 때에는 물에 소금을 녹여 넣으면 짠맛이 고루 섞인다.
❷ 흑임자는 색이 어두워 볶을 때 타지 않게 주의한다.
❸ 떡이 분리되지 않도록 고물을 체 치면서 얇게 뿌린다.
❹ 볶은깨는 절구에 찧는 대신 분쇄기로 굵게 갈 수도 있다.

쑥갠떡

요구사항

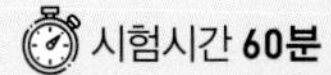

쑥갠떡을 만들어 제출하시오.

배합표

	재료명	분량
주재료	멥쌀가루	500g
	소금	5g
	물	100g
부재료	삶은 쑥	100~150g
	참기름 또는 식용유	적정량

필요한 도구

찜기, 물솥, 스텐볼, 중간체, 계량컵, 계량스푼, 절구, 시루밑 또는 면보, 스크레이퍼, 떡살, 비닐, 기름솔, 일회용장갑, 저울, 완성접시

주요 공정

재료 계량하기 ⇨ 삶은 쑥 손질하기 ⇨ 쌀가루에 소금 넣기 ⇨ 쑥 넣고 익반죽 하기 ⇨ 성형하기 ⇨ 찌기 ⇨ 기름 바르기 ⇨ 제출하기

만드는 방법

01

① 저울에 용기를 올려 0에 맞춘다.
② 각각의 재료를 계량한다.

02

① 멥쌀가루에 소금을 넣고 섞는다.
② 물기를 꼭 짠 삶은 쑥을 잘게 다져 넣고 잘 섞는다.
③ 분량의 물을 끓여 뜨거운 물로 익반죽하며 충분히 치댄다.

03

① 일정한 양으로 떼어 각각 둥글린다.
② 성형하는 동안 나머지 반죽은 겉이 마르지 않도록
젖은 면보로 덮거나 비닐팩에 넣어둔다.

쌤's TIP 막대 모양으로 만든 후 스크레이퍼로 자르면 일정한 양으로 나누기 쉽다.

04

기름칠한 비닐 위에 놓고 떡살로 찍어 모양을 낸다.

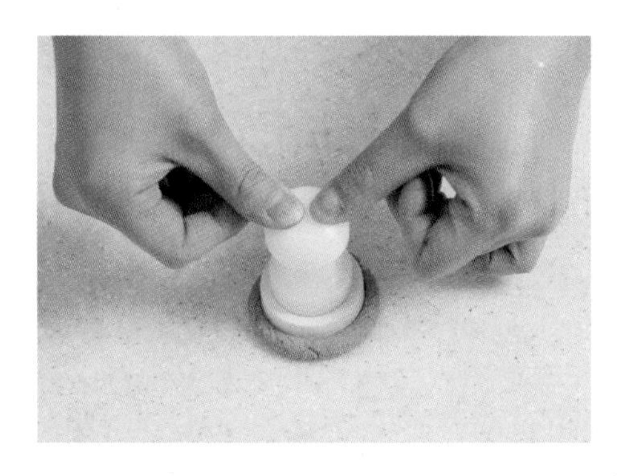

05

찜기에 시루밑이나 젖은 면보를 깔고 모양낸 반죽을 올린 후 김이 오른 물솥에 올려 25~30분 정도 찐다.

06

① 기름을 발라 마무리한다.
② 완성된 쑥갠떡을 전량 제출한다.

알아두면 약이 되는 꿀팁

❶ 쑥은 쑥가루로 대체할 수 있으며, 이 경우 물을 더 추가한다.
❷ 쑥을 곱게 다져 넣고 반죽을 치대야 고루 섞인다.
❸ 반죽의 개당 무게는 25~30g으로 한다.
❹ 떡을 찐 후 찬물에 가볍게 헹구면 더 빨리 식힐 수 있다.
❺ 완성된 떡은 반듯하게 줄을 맞춰 전량 제출한다.
❻ 떡살이 없을 때는 숟가락을 나란히 펴서 눌러 무늬를 만든다.

수수경단

요구사항

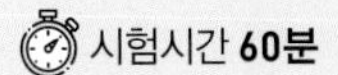

수수경단을 만들어 제출하시오.

배합표

	재료명	분량
주재료	찰수수가루	200g
	찹쌀가루	50g
	소금	2.5g
	물	30~40g
부재료	붉은팥	80g
	소금	1g

* 찰수수가루와 찹쌀가루의 현 비율은 4:1이지만 2:1로 만들 수도 있다(2:1로 만들 시 찹쌀가루는 100g을 사용한다).

필요한 도구

스텐볼, 중간체, 계량컵, 계량스푼, 손잡이체, 절구, 면보
냄비, 번철, 주걱, 저울, 완성접시

주요 공정

재료 계량하기 ⇨ 팥 삶기 ⇨ 팥고물 만들기 ⇨ 쌀가루/수수가루에 소금 넣기 ⇨ 체에 내리기 ⇨
익반죽 하기 ⇨ 삶기 ⇨ 찬물에 식히기 ⇨ 팥고물 묻히기 ⇨ 제출하기

만드는 방법

01

① 저울에 용기를 올려 0에 맞춘다.
② 각각의 재료를 계량한다.

02

① 팥을 씻어 일어 냄비에 넣고 물을 넉넉히 부어 끓인다.
② 한번 끓어오르면 첫 물은 따라 버리고 다시 팥 6~8배 (묵은 팥은 10배) 정도의 물을 부어 40~50분 정도 푹 삶는다.
③ 팥이 무르게 익으면 불을 줄여 여분의 수분을 날리며 뜸을 들인다.

쌤's TIP 첫 물을 따라 버려야 팥의 아린 맛(사포닌)을 제거할 수 있다.

03

다 익은 팥은 한 김 식힌 후 절구에 쏟아 소금을 넣고 찧는다(p.204 붉은팥고물 만들기 참조).

쌤's TIP 고물이 질 경우에는 번철에 볶아 사용한다.

04

① 찹쌀가루와 찰수수가루에 소금을 넣어 섞은 다음 체에 내린다.
② 분량의 물을 끓여 뜨거운 물로 익반죽한다.

쌤's TIP 반죽 상태를 보고 물을 가감한다. 반죽이 질면 삶을 때 늘어지고 퍼지므로 유의한다. 반죽을 오래 치대야 갈라지지 않고 성형이 수월하다.

05

반죽을 떼어 일정한 크기로 둥글게 만든다.
성형하는 동안 나머지 반죽은 겉이 마르지 않도록
젖은 면보로 덮거나 비닐팩에 넣어둔다.

쌤's TIP 막대 모양으로 만든 후 스크레이퍼로
자르면 일정한 양으로 나누기 쉽다.

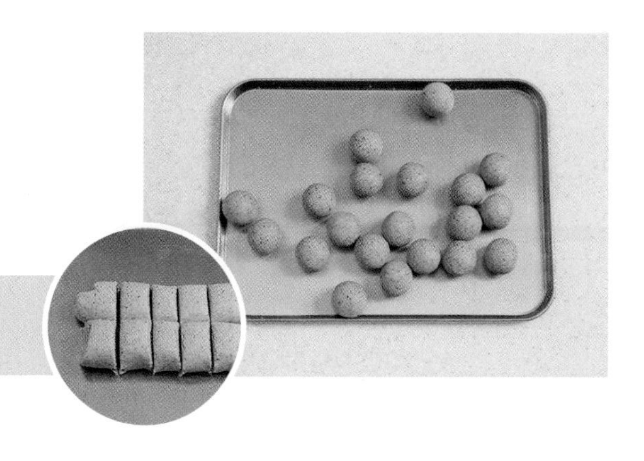

06

① 냄비에 물을 끓여 경단을 삶는다.
② 떠오르면 찬물을 부어 다시 끓여 속까지 완전히 익힌다.
③ 손잡이체로 건져 찬물에 담가 식힌 다음 물기를 뺀다.

07

팥고물에 경단을 굴려 묻힌 다음 완성접시에 담아 제출한다.

알아두면 약이 되는 꿀팁

❶ 팥 삶는 시간은 팥 상태에 따라 조절한다.
❷ 경단은 속까지 완전히 익도록 충분히 삶는다(익지 않았을 경우 불합격 처리될 수 있다).
❸ 경단을 너무 오래 삶으면 모양이 퍼질 수 있다.
❹ 반듯하게 줄을 맞춰 가지런히 담아 제출한다.

약밥

요구사항

⏱ 시험시간 **60분**

약밥을 만들어 제출하시오.

배합표

	재료명	분량
주재료	불린 찹쌀	500g
	황설탕	140g
	간장	30g
	꿀	2큰술
	계핏가루	1/2작은술
소금물	물	1/3컵
	소금	1/4작은술
부재료	깐 밤	5개
	대추	5개
	잣	1큰술
	참기름	적정량
캐러멜소스	대추물(또는 물)	1/4컵
	설탕	1/4컵
	끓는 물	1큰술
	물엿	1큰술

필요한 도구

찜기, 물솥, 스텐볼, 중간체, 계량컵, 계량스푼, 면보, 냄비, 칼, 도마, 주걱, 저울, 완성접시

주요 공정

재료 계량하기 ⇨ 찹쌀 1차 찌기 ⇨ 부재료 손질하기 ⇨ 캐러멜 소스 만들기 ⇨ 찐 찹쌀에 양념하기 ⇨ 부재료 섞기 ⇨ 찹쌀 2차 찌기 ⇨ 제출하기

만드는 방법

01

① 저울에 용기를 올려 0에 맞춘다.
② 각각의 재료를 계량한다.

02

① 미리 불려둔 찹쌀을 깨끗이 씻어 일어 체에 밭쳐 물기를 뺀다.
② 젖은 면보를 깐 찜기에 넣고 김이 오른 물솥에 올려 약 30분 정도 찐다.
③ 뚜껑을 열고 찹쌀을 뒤집어가며 소금물을 뿌리고 20분 정도 더 찐다.

03

① 깐 밤은 씻어 돌려 깍아 4~6등분한다.
② 대추는 씻어 씨를 제거한 다음 4~5등분한다.
③ 잣은 고깔을 떼고 젖은 면보로 닦는다.

04

① 냄비에 대추물(또는 그냥 물)과 설탕을 넣어 중불에서 젓지 말고 끓인다.
② 가장자리부터 시작해 전체가 갈색으로 변하면 불을 끄고 끓는 물, 물엿을 조심히 넣어 캐러멜소스를 완성한다.

쌤's TIP 대추물은 대추씨가 잠길 정도로만 물을 넣어 냄비에 끓인 후 체에 걸러 만든다.

05

① 찐 찹쌀에 황설탕, 간장, 캐러멜소스, 계핏가루, 참기름, 꿀 등을 넣고 섞는다.
② 양념이 다 섞이면 손질한 밤, 대추, 잣 등의 부재료를 넣고 양념이 배도록 잠시 놓아 둔다.

쌤's TIP 밥알이 으깨지지 않도록 주걱을 세워서 섞는다.

06

찜기에 젖은 면보를 깔고 양념한 찹쌀을 안친 다음 김이 오른 물솥에 올려 약 30~40분 정도 찐다.

07

다 쪄지면 고루 섞어 그릇에 담아 전량 제출한다.

알아두면 약이 되는 꿀팁

❶ 찹쌀을 1차에 충분히 익혀야 약밥이 부드럽게 완성된다.
❷ 익힌 찹쌀을 양념할 때에는 설탕을 먼저 섞어야 다른 양념이 충분히 밴다.
❸ 마지막에 참기름, 꿀을 넣어 마무리하면 맛과 향이 더 좋아진다.
❹ 찹쌀을 적당히 물에 불려야 밥알이 쫄깃하고 질어지지 않는다

인절미

요구사항

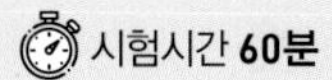

인절미를 만들어 제출하시오.

배합표

	재료명	분량
주재료	찹쌀가루	500g
	소금	5g
	물	30~40g
부재료	볶은 콩가루	50g
	식용유	적정량

필요한 도구

찜기, 물솥, 스텐볼, 계량스푼, 계량컵, 면보, 스크레이퍼, 절구, 비닐, 기름솔, 일회용장갑, 면장갑, 저울, 완성접시

주요 공정

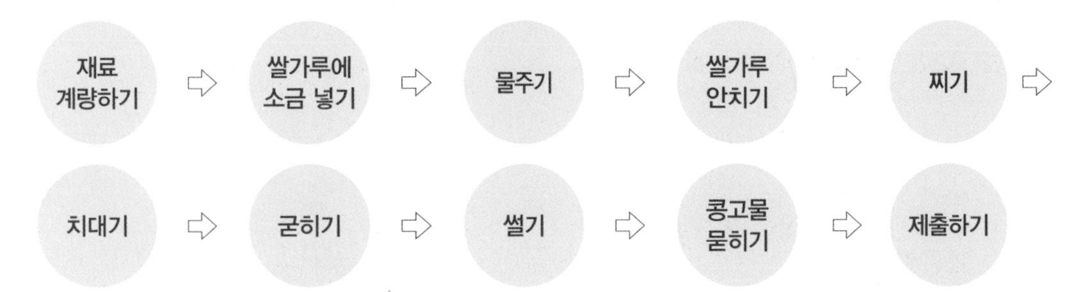

만드는 방법

01

① 저울에 용기를 올려 0에 맞춘다.
② 각각의 재료를 계량한다.

02

찹쌀가루에 소금을 넣어 잘 섞고 분량의 물을 넣어 손바닥으로 골고루 비벼 준다.

03

찜기에 젖은 면보를 깔고 쌀가루가 고루 익도록 가볍게 주먹을 쥐어 가장자리부터 안친다.

쌤's TIP 젖은 면보 위에 설탕을 솔솔 뿌리면 떡이 잘 떨어진다.

04

김이 오른 물솥에 찜기를 올려 약 25~30분 정도 찐다.

쌤's TIP 꼬챙이나 젓가락 등을 이용해 구멍을 내면 김이 잘 오른다.

05

① 준비한 비닐에 솔을 이용해 기름칠한다.
② 기름칠한 비닐에 잘 쪄진 떡을 넣고 매끈해질 때까지 치댄다.

쌤's TIP 만약 절구를 사용하라는 요구사항이 있다면 절구에 넣어 소금물을 발라가며 꽈리가 일도록 방망이(절굿공이)로 찧는다.
(소금물 = 물1/3컵+소금1/4작은술)

06

① 비닐을 이용해 모양을 잡고 완전히 식힌다.
② 스크레이퍼를 이용해 일정한 크기로 자른다.

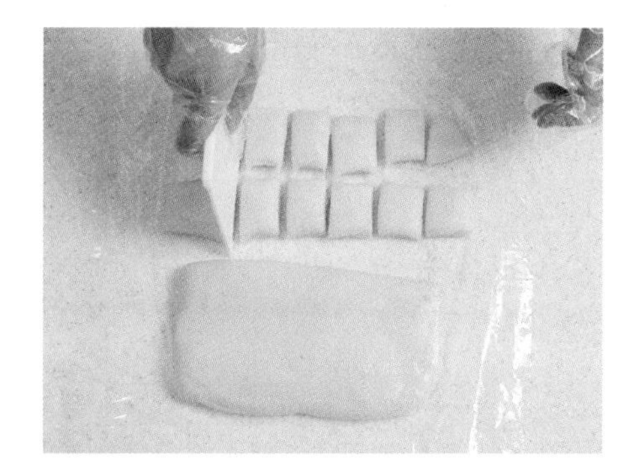

쌤's TIP 떡의 표면이 마르면 고물이 잘 붙지 않으므로 주의한다.

07

볶은 콩가루를 골고루 묻혀 완성한 다음 접시에 담아낸다.

쌤's TIP 떡 표면에 꿀을 살짝 바르고 고물을 묻힐 수도 있다.

알아두면 약이 되는 꿀팁

❶ 쌀가루에 소금을 넣을 때에는 물에 소금을 녹여 넣으면 짠맛이 고루 섞인다.
❷ 찜기에 젖은 면보를 깔고 쪄야 익은 후 떡이 잘 떨어진다.
❸ 꽈리가 일도록 찧으면 떡이 쫄깃해지고 부드러워 덜 굳는다.

가래떡

요구사항

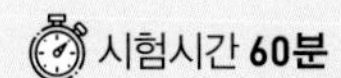

가래떡을 만들어 제출하시오.

배합표

	재료명	분량
주재료	멥쌀가루	500g
	소금	5g
	물	120~150g
부재료	식용유	적정량

필요한 도구

찜기, 물솥, 스텐볼, 계량컵, 계량스푼, 면보, 스크레이퍼, 절구, 비닐, 일회용장갑, 면장갑, 저울, 완성접시

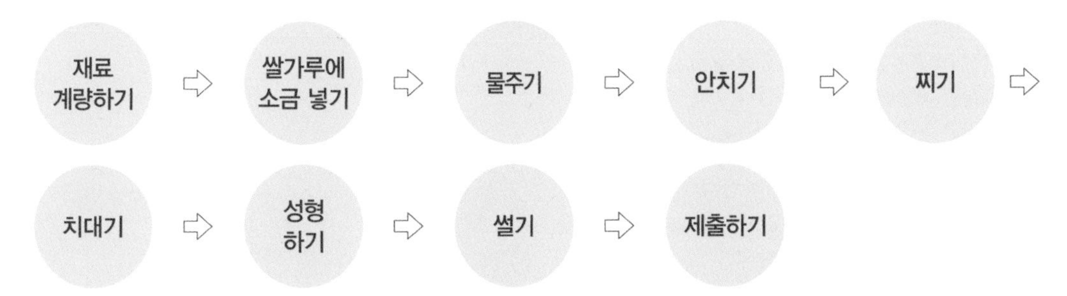

만드는 방법

01

① 저울에 용기를 올려 0에 맞춘다.
② 각각의 재료를 계량한다.

02

멥쌀가루에 소금을 넣어 섞고 분량의 물을 넣어
손으로 골고루 비벼 준다.

03

찜기에 젖은 면보를 깔고 쌀가루를 안친 다음
김이 오른 물솥에 찜기를 올려 약 25~30분 정도 찐다.

04

① 준비한 비닐에 솔을 이용해 기름칠한다.
② 기름칠한 비닐에 잘 쪄진 떡을 넣고
부드럽고 매끈해질 때까지 치댄다.

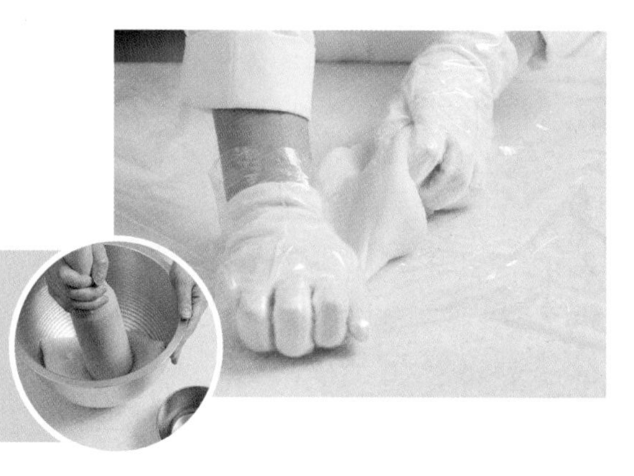

쌤's TIP 만약 절구를 사용하라는 요구사항이 있다면
절구에 넣어 소금물을 발라가며 꽈리가 일도록
방망이(절굿공이)로 찧는다.
(소금물 = 물1/3컵+소금1/4작은술)

05

반죽을 직경 3㎝ 정도로 둥글고 길게 늘여가며 민다.

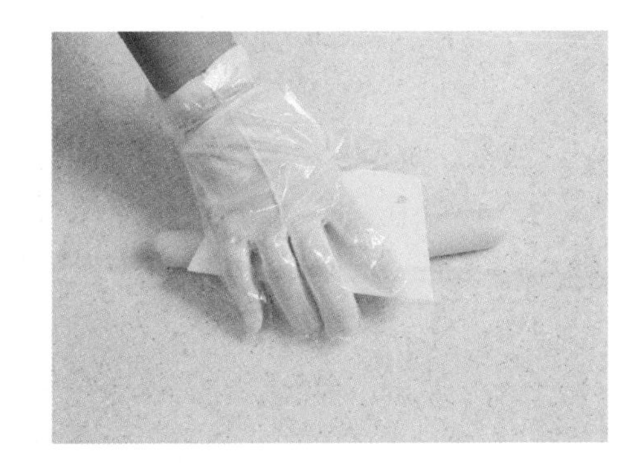

쌤's TIP 반죽을 밀 때 스크레이퍼를 이용하면 편리하다.

06

끝을 잘라내고 일정한 길이로 잘라 그릇에 가지런히 담아낸다.

알아두면 약이 되는 꿀팁

❶ 쌀가루에 소금을 넣을 때에는 물에 소금을 녹여 넣으면 짠맛이 고루 섞인다.
❷ 물주기에 사용되는 물 양은 설기떡보다 많다.
❸ 성형할 때 손에 소금물을 묻히면 달라붙지 않는다.
❹ 두께와 길이는 일정해야 한다.

떡볶이떡

요구사항

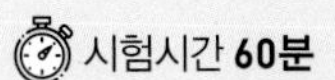

떡볶이떡을 만들어 제출하시오.

배합표

	재료명	분량
주재료	멥쌀가루	500g
	소금	5g
	물	120~150g
부재료	식용유	적정량

필요한 도구

찜기, 물솥, 스텐볼, 계량컵, 계량스푼, 면보, 스크레이퍼, 절구, 비닐, 일회용장갑, 면장갑, 나무젓가락, 저울, 완성접시

주요 공정

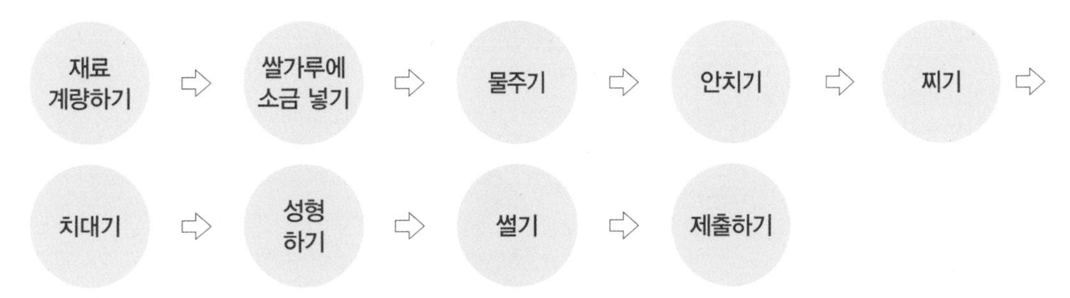

만드는 방법

01

① 저울에 용기를 올려 0에 맞춘다.
② 각각의 재료를 계량한다.

02

멥쌀가루에 소금을 넣어 섞고 분량의 물을 넣어
손으로 골고루 비벼 준다.

03

찜기에 젖은 면보를 깔고 쌀가루를 안친 다음
김이 오른 물솥에 찜기를 올려 약 25~30분 정도 찐다.

04

① 준비한 비닐에 솔을 이용해 기름칠한다.
② 기름칠한 비닐에 잘 쪄진 떡을 넣고
부드럽고 매끈해질 때까지 치댄다.

쌤's TIP 만약 절구를 사용하라는 요구사항이 있다면
절구에 넣어 소금물을 발라가며 꽈리가 일도록
방망이(절굿공이)로 찧는다.
(소금물 = 물1/3컵+소금1/4작은술)

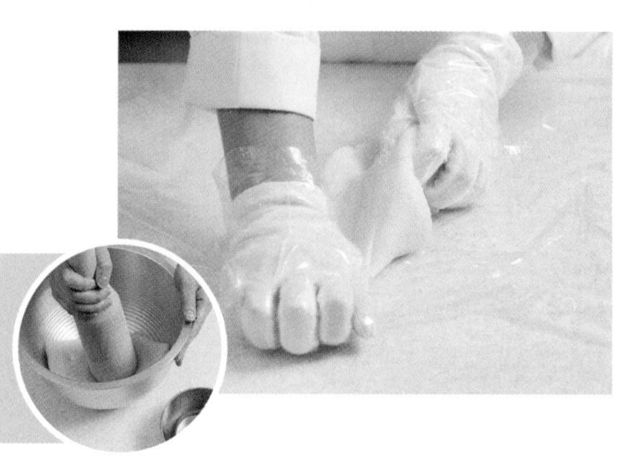

05

반죽을 직경 1㎝ 정도로 둥글고 길게 늘여가며 민다.

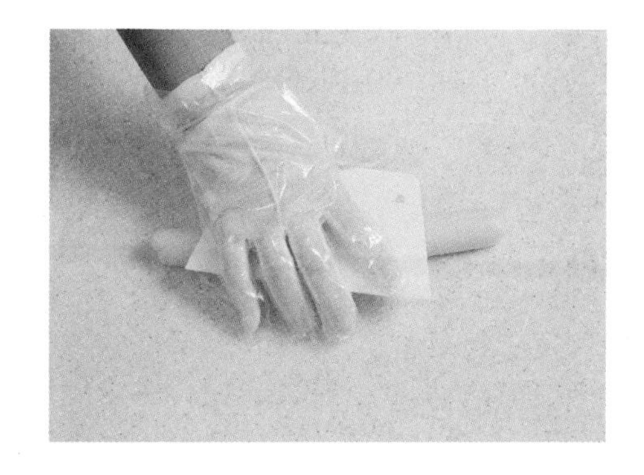

쌤's TIP 반죽을 밀 때 스크레이퍼를 이용하면 편리하다.

06

끝을 잘라내고 일정한 길이로 잘라 그릇에 가지런히 담아낸다.

알아두면 약이 되는 꿀팁

❶ 쌀가루에 소금을 넣을 때에는 물에 소금을 녹여 넣으면 짠맛이 고루 섞인다.
❷ 물주기에 사용되는 물 양은 설기떡보다 많다.
❸ 성형할 때 손에 소금물을 묻히면 달라붙지 않는다.
❹ 두께와 길이는 일정해야 한다.

조랭이떡

요구사항

시험시간 **60분**

조랭이떡을 만들어 제출하시오.

배합표

	재료명	분량
주재료	멥쌀가루	500g
	소금	5g
	물	120~150g
부재료	식용유	적정량

필요한 도구

찜기, 물솥, 스텐볼, 계량컵, 계량스푼, 면보, 스크레이퍼, 절구, 비닐, 일회용장갑, 면장갑, 나무젓가락, 저울, 완성접시

주요 공정

재료 계량하기 ⇨ 쌀가루에 소금 넣기 ⇨ 물주기 ⇨ 안치기 ⇨ 찌기 ⇨ 치대기 ⇨ 분할·성형하기 ⇨ 제출하기

만드는 방법

01

① 저울에 용기를 올려 0에 맞춘다.
② 각각의 재료를 계량한다.

02

멥쌀가루에 소금을 넣어 섞고 분량의 물을 넣어
손으로 골고루 비벼 준다.

03

찜기에 젖은 면보를 깔고 쌀가루를 안친 다음
김이 오른 물솥에 찜기를 올려 약 25~30분 정도 찐다.

04

① 준비한 비닐에 솔을 이용해 기름칠한다.
② 기름칠한 비닐에 잘 쪄진 떡을 넣고
부드럽고 매끈해질 때까지 치댄다.

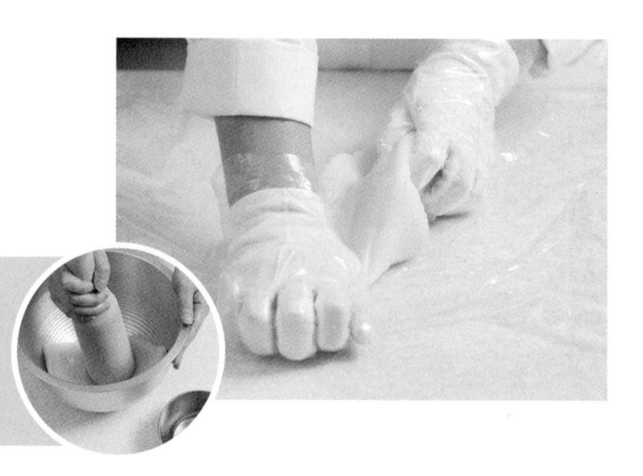

쌤's TIP 만약 절구를 사용하라는 요구사항이 있다면
절구에 넣어 소금물을 발라가며 꽈리가 일도록
방망이(절굿공이)로 찧는다.
(소금물 = 물1/3컵+소금1/4작은술)

05

반죽을 약 3~5g 정도 떼 내 타원형으로 둥글린다.

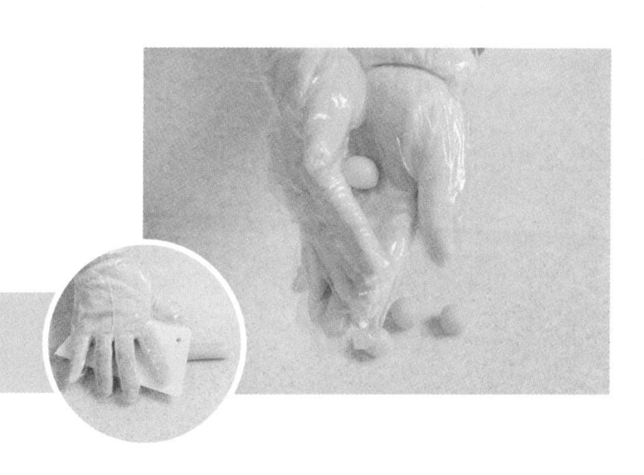

쌤's TIP 둥근 막대 모양으로 만들어 스크레이퍼로 자르면 일정한 양으로 나누기 쉽다.

06

① 반죽 가운데에 나무젓가락을 대고 위아래로 살짝 누르며 굴려 누에고치 모양을 만든다.
② 완성된 조랭이떡을 전량 제출한다.

쌤's TIP 각지지 않은 둥근 모양의 나무젓가락을 사용한다.

알아두면 약이 되는 꿀팁

❶ 쌀가루에 소금을 넣을 때에는 물에 소금을 녹여 넣으면 짠맛이 고루 섞인다.
❷ 물주기에 사용되는 물 양은 설기떡보다 많다.
❸ 떡 모양과 크기는 일정해야 한다.

절편

요구사항

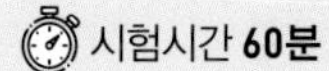

절편을 만들어 제출하시오.

배합표

	재료명	분량
주재료	멥쌀가루	500g
	소금	5g
	물	150g
부재료	삶은 쑥	50~70g
	참기름 또는 식용유	적정량

필요한 도구

찜기, 물솥, 스텐볼, 계량컵, 계량스푼, 비닐, 면보, 절구, 스크레이퍼, 떡살, 일회용장갑, 면장갑, 저울, 완성접시

주요 공정

재료 계량하기 ⇨ 쌀가루에 소금 넣기 ⇨ 물주기 ⇨ 쑥 넣기 ⇨ 안치기 ⇨ 찌기 ⇨ 성형하기 ⇨ 제출하기

만드는 방법

01

① 저울에 용기를 올려 0에 맞춘다.
② 각각의 재료를 계량한다.

02

① 멥쌀가루에 소금을 넣고 섞는다.
② 쌀가루를 반으로 나누어 한쪽에는
물기를 짜 곱게 다진 삶은 쑥을 넣는다.
③ 각각의 쌀가루에 물을 나눠 넣고 손으로 고루 비빈다.

03

찜기에 젖은 면보를 깔고 쌀가루를 반씩 안친 다음
김이 오른 물솥에 찜기를 올려 약 25~30분 정도 찐다.

쌤's TIP 고루 익도록 꼬챙이나 젓가락으로 구멍을 낸다.

04

기름칠한 비닐에 올려 각각 치댄다.

쌤's TIP 만약 절구를 사용하라는 요구사항이 있다면
절구에 넣어 소금물을 발라가며 꽈리가 일도록
방망이(절굿공이)로 찧는다.
(소금물 = 물1/3컵+소금1/4작은술)

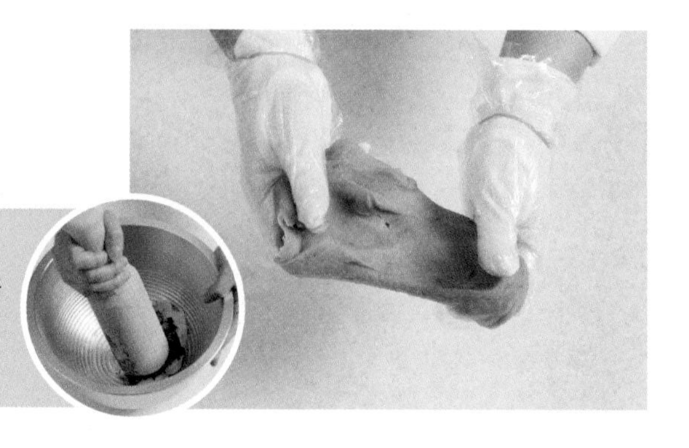

05

잘 치댄 반죽을 같은 크기로 떼어 둥글린다.

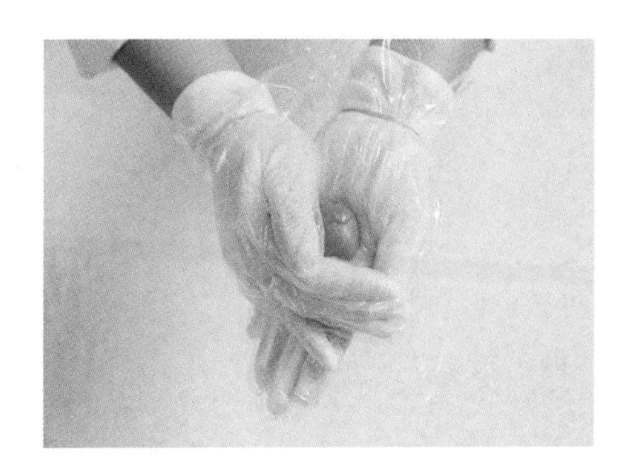

06

떡살에 기름을 바르고 눌러 모양을 만든다.

쌤's TIP 반죽을 길게 만들어 떡살로 무늬를 내고 스크레이퍼로 자르면 네모난 절편을 만들 수 있다.

07

① 완성된 떡에 솔로 기름칠을 한다.
② 완성된 떡을 그릇에 담아 전량 제출한다.

알아두면 약이 되는 꿀팁

❶ 삶은 쑥은 냉동제품도 사용 가능하다.
❷ 삶은 쑥은 쑥가루로 대체할 수 있으며, 이 경우 물을 더 추가한다.
❸ 삶은 쑥을 곱게 다져 넣고 반죽을 치대야 고루 섞인다.
❹ 삶은 쑥의 수분 함량에 따라 물 양을 조절한다.
❺ 반죽의 개당 무게는 25~30g으로 한다.
❻ 곱게 다진 쑥은 물주기 전에 넣지 말고 찜기에 찌다가 꺼내기 5분 전에 넣으면 파랗고 고운 색의 떡이 된다.

개피떡

요구사항

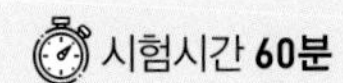

개피떡(바람떡)을 만들어 제출하시오.

배합표

	재료명	분량
주재료	멥쌀가루	500g
	소금	5g
	물	150g
	흰앙금(시판용)	200g
부재료	삶은 쑥	50~70g
	참기름 또는 식용유	적정량

필요한 도구

찜기, 물솥, 스텐볼, 계량컵, 계량스푼, 비닐, 면보, 절구, 밀대, 스크레이퍼, 떡살, 일회용장갑, 면장갑, 저울, 완성접시

주요 공정

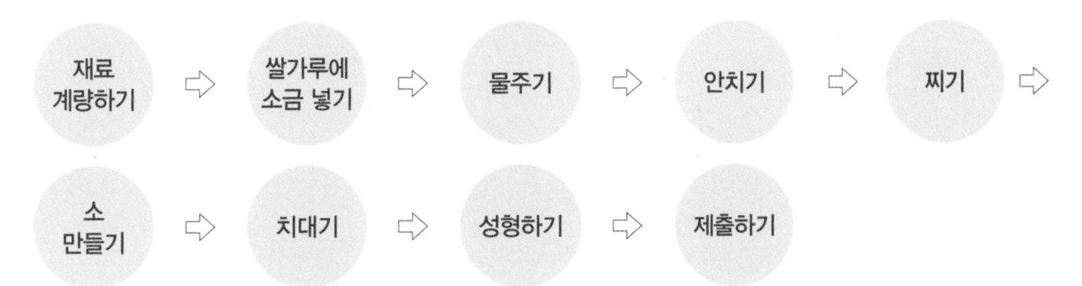

만드는 방법

01

① 저울에 용기를 올려 0에 맞춘다.
② 각각의 재료를 계량한다.

02

① 멥쌀가루에 소금을 넣고 섞는다.
② 쌀가루를 반으로 나누어 한쪽에만 물기를 짜 곱게 다진 삶은 쑥을 넣는다.
③ 각각의 쌀가루에 물을 나눠 넣고 손으로 고루 비빈다.

03

찜기에 젖은 면보를 깔고 쌀가루를 반씩 안친 다음 김이 오른 물솥에 찜기를 올려 약 25~30분 정도 찐다.

쌤's TIP 쌀가루를 찌는 동안 앙금을 막대 모양으로 만들어 일정한 크기로 잘라둔다.

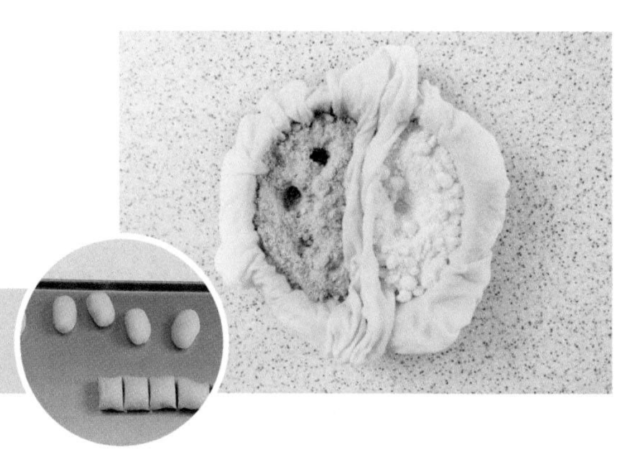

04

기름칠한 비닐에 올려 각각 치댄다.

쌤's TIP 만약 절구를 사용하라는 요구사항이 있다면 절구에 넣어 소금물을 발라가며 꽈리가 일도록 방망이(절굿공이)로 찧는다.
(소금물 = 물1/3컵+소금1/4작은술)

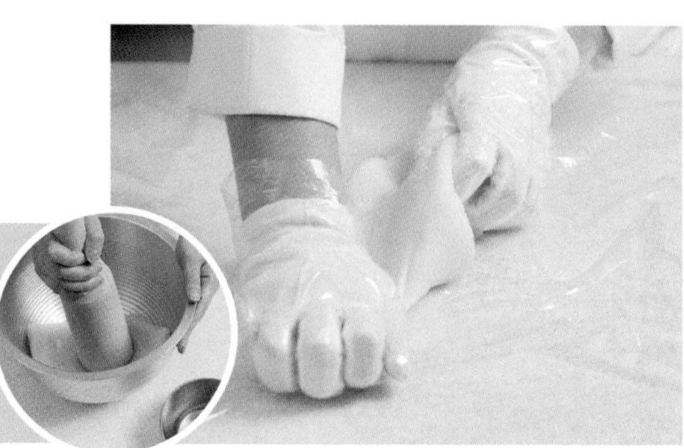

05

반죽을 떼어 내 밀대로 밀어 타원형으로 만든 다음 1/3 지점에 앙금을 올린다.

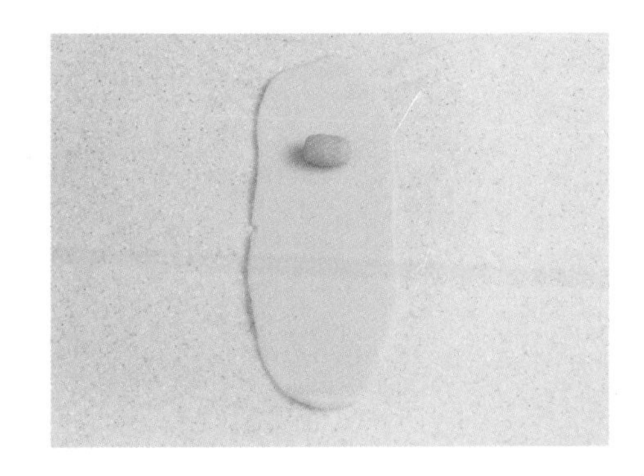

06

반죽을 접어 떡살로 찍어 낸다.

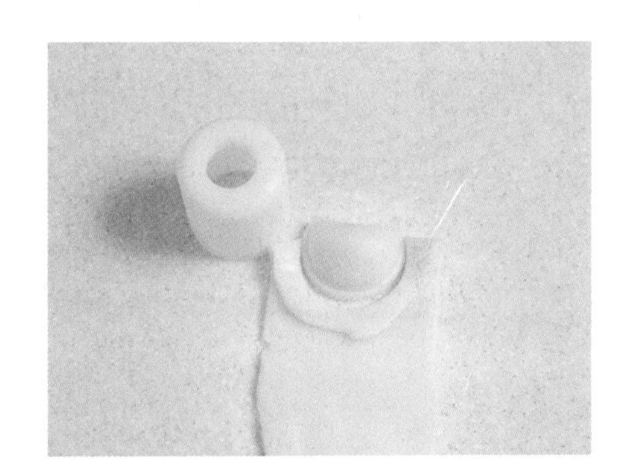

쌤's TIP 떡살이 없으면 적당한 크기의 유리컵이나 종지를 엎어 찍어 낼 수 있다.

07

① 완성된 개피떡에 솔로 기름칠을 한다.
② 그릇에 담아 전량 제출한다.

알아두면 약이 되는 꿀팁

❶ 쑥은 쑥가루로 대체할 수 있으며, 이 경우 물을 더 추가한다.
❷ 쌀가루에 소금을 넣을 때에는 물에 소금을 녹여 넣으면 짠맛이 고루 섞인다.
❸ 소는 타원형으로 만들어야 성형하기 쉽다.
❹ 곱게 다진 쑥을 물주기 전에 넣지 말고 찜기에 찌다가 꺼내기 5분 전에 넣으면 파랗고 고운 색의 떡이 된다.

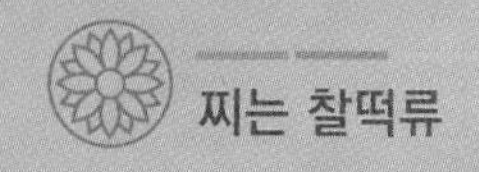

구름떡
흑임자

요구사항

시험시간 **60분**

구름떡(흑임자)을 만들어 제출하시오.

배합표

	재료명	분량
주재료	찹쌀가루	500g
	설탕	50g
	소금	5g
	물	35g
부재료	대추	5개
	깐 밤	5개
	잣	1큰술
	호두	3개
	흑임자고물	2컵
설탕시럽	설탕	1컵
	물	1컵

필요한 도구

찜기, 물솥, 스텐볼, 계량컵, 계량스푼, 면보, 구름떡틀(직사각틀), 냄비, 칼, 도마, 비닐, 일회용장갑, 면장갑, 저울, 완성접시

주요 공정

재료 계량하기 ⇨ 부재료 손질하기 ⇨ 쌀가루에 소금 넣기 ⇨ 물주기 ⇨ 안치기 ⇨ 찌기 ⇨ 성형하기 ⇨ 굳히기 ⇨ 썰기 ⇨ 제출하기

만드는 방법

01

① 저울에 용기를 올려 0에 맞춘다.
② 각각의 재료를 계량한다.

02

부재료를 손질해 준비한다.
① 깐 밤은 씻어 4~6등분한다.
② 대추는 씻어서 돌려 깎아 씨를 제거한 후 4~5등분한다.
③ 호두는 살짝 데쳐 물기를 제거하고 잘게 다진다.
④ 잣은 고깔을 떼고 젖은 면보로 닦는다.
⑤ 냄비에 설탕과 물을 넣고 1/2이 되도록
  약불에 서서히 졸여 시럽을 만든다.

03

① 찹쌀가루에 소금을 섞고 물을 넣어
  손으로 고루 비빈다.
② 부재료(밤, 대추, 호두, 잣)를 넣고 설탕을 섞는다.

04

① 찜기에 젖은 면보를 깔고, 쌀가루가 고루 익도록 가볍게
  주먹을 쥐어 안친다.
② 김이 오른 물솥에 찜기를 올려 약 25~30분 정도 찐다.

쌤's TIP 젖은 면보에 설탕을 살짝 뿌리면 찐 떡이 잘 떨어진다.

05

쪄낸 떡을 뜨거울 때 조금씩 떼어 내
흑임자고물(만드는 방법 p.206 참조)을 묻혀
비닐을 깐 틀에 넣는다.

06

시럽을 중간중간 바르며 떡을 틀에 가득 채우고
비닐을 덮어 모양을 잡은 다음 굳힌다.

07

떡이 식으면 틀에서 빼내어 적당한 크기로 썰어 제출한다.

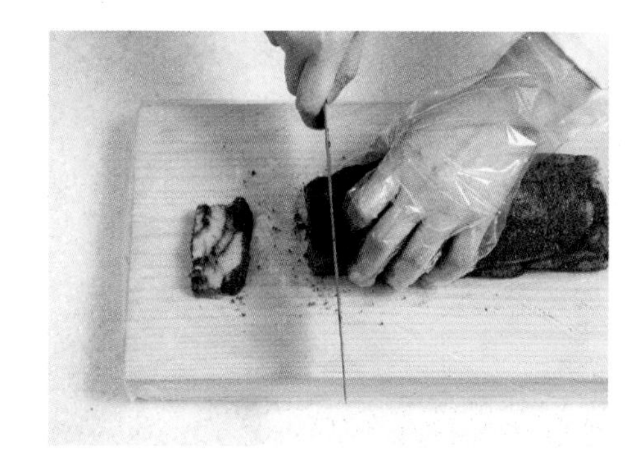

쌤's TIP 떡이 덜 굳었을 때는 칼날에 랩을 씌워 썰면
떡이 달라붙지 않는다.

알아두면 약이 되는 꿀팁

❶ 흑임자고물을 너무 많이 묻히면 떡이 분리될 수 있다.
❷ 떡이 식으면 접착력이 떨어지므로 뜨거울 때 신속히 틀에 넣는다.

구름떡

팥앙금

요구사항

시험시간 **60분**

구름떡(팥앙금)을 만들어 제출하시오.

배합표

	재료명	분량
주재료	찹쌀가루	500g
	설탕	50g
	소금	5g
	물	35g
부재료	대추	5개
	깐 밤	5개
	잣	1큰술
	호두	3개
	팥앙금가루	2컵
설탕시럽	설탕	1컵
	물	1컵

필요한 도구

찜기, 물솥, 스텐볼, 계량컵, 계량스푼, 면보, 냄비, 칼, 도마, 비닐, 일회용 장갑, 면장갑, 저울, 완성접시

주요 공정

재료 계량하기 ⇨ 부재료 손질하기 ⇨ 쌀가루에 소금 넣기 ⇨ 물주기 ⇨ 안치기 ⇨ 찌기 ⇨ 성형하기 ⇨ 굳히기 ⇨ 썰기 ⇨ 제출하기

만드는 방법

01

① 저울에 용기를 올려 0에 맞춘다.
② 각각의 재료를 계량한다.

02

부재료를 손질해 준비한다.
① 깐 밤은 씻어 4~6등분한다.
② 대추는 씻어서 돌려 깎아 씨를 제거한 후 4~5등분한다.
③ 호두는 살짝 데쳐 물기를 제거해서 잘게 다진다.
④ 잣은 고깔을 떼고 젖은 면보로 닦는다.
⑤ 냄비에 설탕과 물을 넣고 1/2이 되도록
약불에서 서서히 졸여 시럽을 만든다.

03

① 찹쌀가루에 소금을 섞고 물을 넣어
손으로 고루 비빈다.
② 부재료(밤, 대추, 호두, 잣)를 넣고 설탕을 섞는다.

04

① 찜기에 젖은 면보를 깔고, 쌀가루가 고루 익도록
가볍게 주먹을 쥐어 안친다.
② 김이 오른 물솥에 찜기를 올려 약 25~30분 정도 찐다.

쌤's TIP 면보에 설탕을 살짝 뿌리면 찐 떡이 잘 떨어진다.

05

① 비닐에 준비한 팥앙금가루를 뿌리고,
쪄낸 떡을 쏟아 평평하게 한다.
② 위에도 팥앙금가루를 뿌리고
네모지게 모양을 만든다.

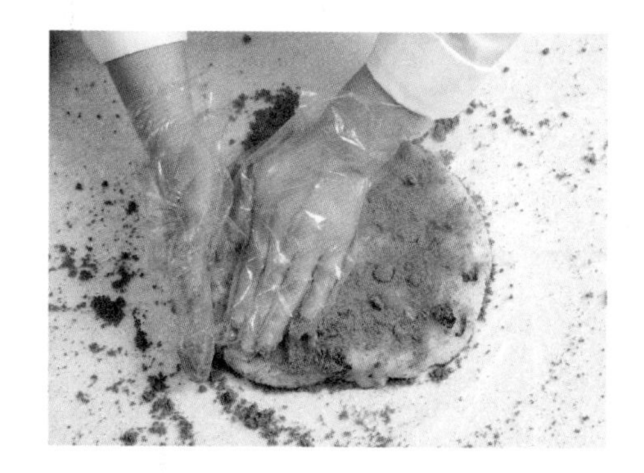

06

① 팥앙금가루를 골고루 묻힌 떡을 5등분한다.
② 등분한 떡을 켜켜이 위로 쌓아 올린다.

쌤's TIP 이때 쌓으면서 층마다 시럽을 발라 접착시킨다.

07

① 다시 네모지게 모양을 잡고 비닐을 돌돌 말아
모양을 단단히 잡는다.
② 떡이 식으면 비닐을 제거하고 적당한 크기로 썰어 제출한다.

쌤's TIP 칼날에 랩을 씌워 썰면 떡이 달라붙지 않는다.

알아두면 약이 되는 꿀팁

❶ 팥앙금가루를 너무 많이 묻히면 썰 때 떡이 분리될 수 있다.
❷ 떡이 식으면 접착력이 떨어지므로 뜨거울 때 신속히 작업한다.

콩찰편

요구사항

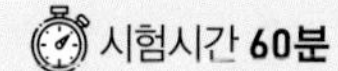

콩찰편을 만들어 제출하시오.

배합표

구분	재료명	분량
주재료	찹쌀가루	500g
	물	35g
	소금	5g
	황설탕	50g
부재료	불린 서리태	3컵
	소금	3g
	흑설탕	30g
	물	1컵
	조청	50mℓ

필요한 도구

찜기, 물솥, 스텐볼, 어레미, 계량컵, 계량스푼, 면보,
냄비, 손잡이체, 주걱, 비닐, 기름솔, 저울,
떡뒤집개(큰 접시 또는 쟁반), 완성접시

주요 공정

만드는 방법

01

① 저울에 용기를 올려 0에 맞춘다.
② 각각의 재료를 계량한다.

02

① 불린 서리태를 씻어 일어 냄비에 넣고
서리태 3~4배의 물을 부어 끓인다.
② 물이 끓기 시작하면 약 20분 정도 끓여
체에 밭친 다음 소금을 넣고 식힌다.

03

① 삶은 서리태와 흑설탕, 물 1컵을 넣고 물기가 없어질
때까지 졸인 후 조청을 넣어 다시 한 번 졸인다.
② 졸인 콩을 쟁반에 펼쳐 식힌다.

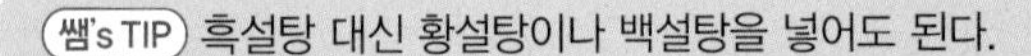

쌤's TIP 흑설탕 대신 황설탕이나 백설탕을 넣어도 된다.

04

① 찹쌀가루에 소금을 섞고 분량의 물을 넣어
손으로 고루 비빈다.
② 어레미에 내린다.
③ 황설탕을 넣고 가볍게 섞는다.

05

찜기에 젖은 면보를 깔고, 졸인 서리태 1/2–쌀가루 –
나머지 서리태 순으로 안친다.

06

김이 오른 물솥에 찜기를 올려 25~30분 정도 찐다.

쌤's TIP 이때 김이 고르게 올라오도록
꼬챙이나 젓가락으로 구멍을 낸다.

07

① 비닐에 쪄낸 떡을 엎어서 쏟은 후
조청을 뒷면까지 골고루 바르고 식힌다.
② 완성된 콩찰편을 제출한다.

알아두면 약이 되는 꿀팁

❶ 콩 삶는 시간은 콩의 상태에 따라 다르므로 익은 정도를 보고 결정한다.
❷ 콩을 충분히 익힌 다음 설탕을 넣고 졸여야 잘 익는다.
❸ 중간에 흑설탕 켜를 만들라는 요구사항이 있을 경우에는
서리태 – 쌀가루 – 흑설탕 – 쌀가루 – 서리태 순으로 안친다.
이때, 흑설탕은 체에 내려 얇게 뿌린다(사진).

두텁떡

요구사항

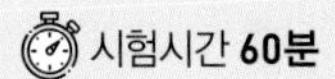

두텁떡(봉우리떡)을 만들어 제출하시오.

배합표

	재료명	분량
찹쌀양념	찹쌀가루	500g
	진간장	1큰술
	설탕	75g
	소금	1/3작은술
고물	불린 거피팥	6컵
	소금	1/4작은술
	진간장	1큰술
	설탕	30g
	계핏가루	1/2작은술
팥소	거피팥고물	1컵
	밤	5개
	대추	5개
	유자건지	1큰술
	잣	1/2큰술
	계핏가루	1/3작은술
	꿀	1큰술

필요한 도구

찜기, 물솥, 스텐볼, 어레미, 중간체, 계량컵, 계량스푼, 손잡이체, 냄비, 번철, 절구, 주걱, 면보, 칼, 도마, 저울, 완성접시

주요 공정

재료 계량하기 ⇨ 거피팥 삶기 ⇨ 거피팥가루 양념하기 ⇨ 부재료 손질하기 ⇨ 팥소 만들기 ⇨ 쌀가루 양념하기 ⇨ 체에 내리기 ⇨ 설탕 넣기 ⇨ 두텁떡 안치기 ⇨ 찌기 ⇨ 주걱으로 하나씩 떼기 ⇨ 제출하기

만드는 방법

01

① 저울에 용기를 올려 0에 맞춘다.
② 각각의 재료를 계량한다.

02

① 불린 거피팥을 여러 번 비벼 씻으면서, 속껍질을 완전히 제거한다.
② 체에 밭쳐 물기를 뺀다.
③ 찜기에 젖은 면보를 깔고 물기를 뺀 거피팥을 약 40~50분 정도 무르게 찐다.

03

한 김 식힌 후 소금을 넣고 어레미나 중간체에 내린다.

04

① 고물에 양념(간장, 설탕, 계핏가루)하여 번철에 볶는다.
② 다시 한 번 어레미나 중간체에 내린다 (p.200 볶은 거피팥고물 만들기 참조).

05

부재료는 손질해 준비한다.
① 밤은 씻어 0.5×0.5㎝로 잘게 썰고,
대추는 씻어 돌려 깎아 씨를 뺀 다음 잘게 썬다.
② 잣은 젖은 면보로 닦아 고깔을 떼고,
유자건지는 곱게 다져 준비한다.
③ 볶은 거피팥고물에 손질한 부재료를 넣고
계핏가루, 꿀을 넣어 한 덩어리가 되도록 반죽한다.

06

소 반죽을 일정한 크기(직경 2㎝ 정도)로
동글납작하게 만들어 둔다.

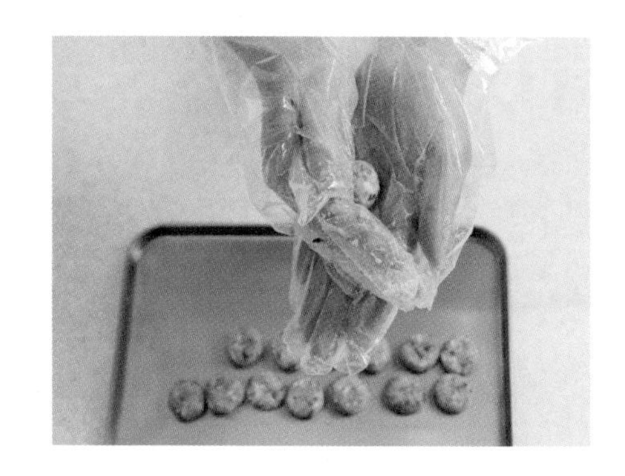

07

찹쌀가루에 간장과 소금을 넣어 손으로 고루 섞는다.

08

중간체에 내린 후 설탕을 가볍게 섞는다.

만드는 방법

09

찜기에 젖은 면보를 깔고, 고물을 넉넉히 고루 편다.

10

쌀가루를 한 숟가락씩 적당한 간격으로 올리고
그 위에 소를 하나씩 올린 다음 다시 쌀가루를 올린다.

11

볶은 거피팥고물을 체를 이용해 넉넉히 뿌려 덮는다.

12

쌀가루를 봉우리 사이사이에 한 숟가락씩
적당한 간격으로 올린 다음 그 위에 소를 하나씩 놓고
다시 쌀가루를 한 숟가락씩 얹는다.

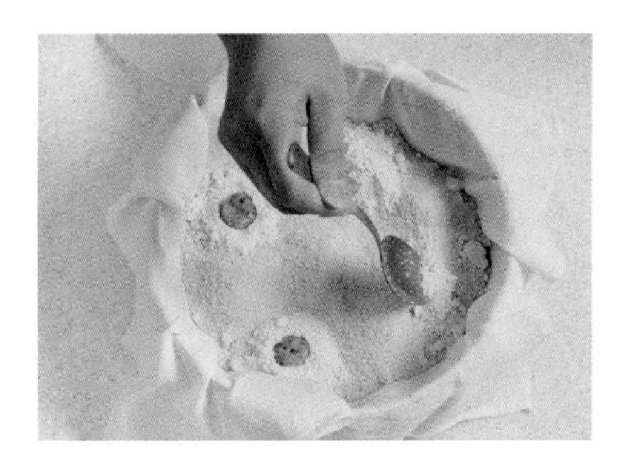

13

거피팥고물을 체를 이용해 다시 넉넉히 뿌려 덮는다.

14

① 김이 오른 물솥에 찜기를 올리고, 약 25~30분 정도 찐다.
② 다 쪄지면, 숟가락으로 하나씩 떼어 내어 식힌 후
그릇에 담아 제출한다.

알아두면 약이 되는 꿀팁

❶ 찜기에 고물을 넉넉히 넣어야 완성 후 떡이 잘 떨어진다.
❷ 가루와 가루 사이에 고물을 넉넉히 잘 뿌려야 떡끼리 달라붙지 않는다.
❸ 소를 양념할 때 유자청을 약간 넣으면 향이 좋아진다.

증편

요구사항

시험시간 **60분**

증편(방울 또는 판)을 만들어 제출하시오.

배합표

	재료명	분량
주재료	멥쌀가루	500g
	소금	3g
	설탕	80g
	생막걸리	160g
	물	160g
부재료	대추	2개
	석이버섯	1쪽
	밤	1개
	식용유	적정량

필요한 도구

찜기, 물솥, 스텐볼, 고운체, 계량컵, 계량스푼, 주걱, 면보, 시루밑, 사각틀 또는 방울증편틀, 기름솔, 칼, 도마, 랩, 이쑤시개, 꼬챙이, 저울, 완성접시

주요 공정

재료 계량하기 ⇨ 부재료 손질하기 ⇨ 쌀가루 반죽하기 ⇨ 설탕 넣기 ⇨ 1차 발효하기 ⇨ 공기 빼고 섞기 ⇨ 2차 발효하기 ⇨ 공기 빼고 틀에 담기 ⇨ 3차 발효하기 ⇨ 고명 얹기 ⇨ 찌기 ⇨ 틀에서 빼내 제출하기

만드는 방법

01

① 저울에 용기를 올려 0에 맞춘다.
② 각각의 재료를 계량한다.

02

① 대추는 씻어 씨를 제거한 후 곱게 채 썬다.
② 석이버섯은 물에 불려 이끼를 제거하고 깨끗이 손질 후 곱게 채 썬다.
③ 밤은 씻어 편 썬 후 곱게 채 썬다(방울증편의 경우, 흑임자를 깨끗이 씻어 일어 볶는다).

03

① 멥쌀가루를 고운체에 2번 내린다.
② 따뜻한 물에 소금, 설탕, 막걸리를 섞은 후, 쌀가루에 넣고 멍울이 풀어질 때까지 고루 섞는다.

쌤's TIP 잘 저어야 발효가 잘 된다.

04

랩을 씌워 35~40℃의 환경에서 1차(3~4시간 정도) 발효한다.

쌤's TIP 김 서림을 방지하기 위해 이쑤시개로 랩에 구멍을 뚫는다.

05

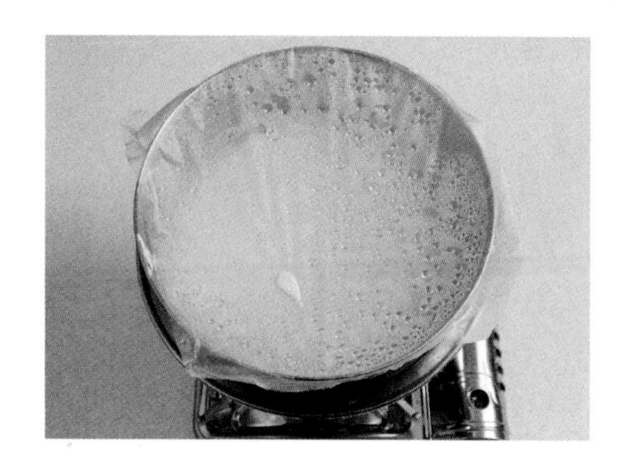

① 2배로 부풀어 오르면 반죽을 나무주걱으로 잘 저어 공기를 빼준다.
② 다시 랩을 씌워 35~40℃의 환경에서 2차(2시간 정도) 발효시킨다.
③ 나무주걱으로 다시 저어 공기를 빼준다.
④ 같은 조건으로 3차(1시간 정도) 발효시킨다.

06

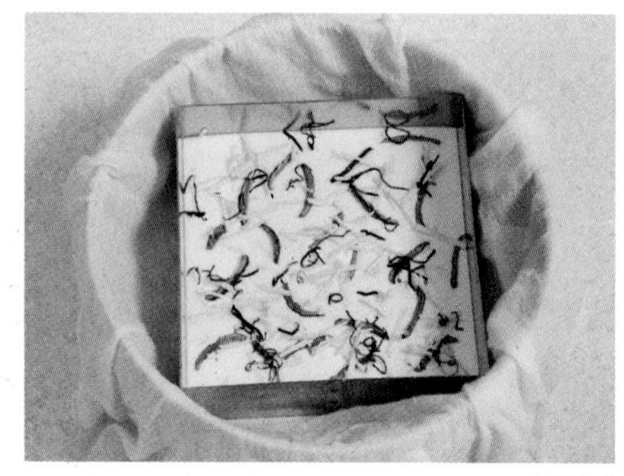

판증편

① 찜기에 젖은 면보를 깔고 기름칠한 틀을 올린 다음, 발효시킨 반죽을 틀에 70~80% 정도 채우고 탁탁 쳐 공기를 뺀다.
② 고명을 올린다.
③ 김이 오른 물솥에 찜기를 올리고 약불에서 10분, 강불에서 20분, 약불에서 5분간 뜸을 들인다 (방울증편의 경우 약불 5분 – 강불 10분 – 약불 5분).

07

방울증편

다 쪄 나오면, 떡 윗면에 기름칠을 하고, 꼬챙이를 이용해 틀에서 뺀다. 완성한 증편을 제출한다.

쌤's TIP 크기가 작은 방울증편의 경우, 볶은 흑임자를 올려 장식한다.

알아두면 약이 되는 꿀팁

❶ 생막걸리를 사용해야 발효가 된다.
❷ 물은 약 40℃로 데워 사용한다.
❸ 설탕은 완전히 녹여서 쌀가루에 섞는다.
❹ 찌는 동안 뚜껑을 열면 떡이 주저앉을 수 있으니 유의한다.
❺ 발효 정도를 보고 발효 시간을 적절히 조절한다. 더운 여름철에는 실온에서 발효시킬 수 있다.
❻ 틀에 기름칠을 살짝 하고 반죽을 넣으면 찌고 나서 잘 떨어진다.

대추단자

요구사항

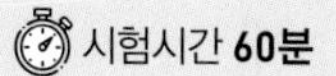

대추단자를 만들어 제출하시오.

배합표

	재료명	분량
주재료	찹쌀가루	300g
	소금	3g
	물	30g
소	대추	10개
	꿀	1/2큰술
고물	대추	12개~15개
	밤	7개~9개
	석이버섯	5~7g
부재료	식용유	적정량

필요한 도구

찜기, 물솥, 스텐볼, 중간체, 계량컵, 계량스푼, 스크레이퍼, 면보, 비닐, 절구, 칼, 도마, 기름솔, 시루밑, 일회용장갑, 면장갑, 저울, 완성접시

주요 공정

재료 계량하기 ⇨ 재료 손질하기 ⇨ 쌀가루에 소금 넣기 ⇨ 물주기 ⇨ 안치기 ⇨ 찌기 ⇨ 치대기 ⇨ 식히기 ⇨ 소 넣고 성형하기 ⇨ 분할 하기 ⇨ 고물 묻히기 ⇨ 제출하기

만드는 방법

01

① 저울에 용기를 올려 0에 맞춘다.
② 각각의 재료를 계량한다.

02

① 밤은 씻어 얇게 편 썰고 다시 곱게 채 썬다.
② 대추는 씻어 돌려 깎아 씨를 제거한 후 곱게 채 썬다.
③ 석이버섯은 물에 불려 이끼를 제거하고 깨끗이 손질 후 물기를 제거해서 곱게 채 썬다.
④ 찜기에 시루밑을 깔고 김이 오른 물솥에 올려 찌다가 다시 김이 오르면 바로 끄고 꺼내 펼쳐서 식힌다.

쌤's TIP 소로 사용할 대추는 곱게 다진 후 꿀을 넣고 섞어 준비한다.

03

찹쌀가루에 소금을 넣어 섞고 분량의 물을 넣어 손으로 골고루 비벼 섞는다.

쌤's TIP 물 대신 대추물을 사용할 수도 있다. 대추물은 냄비에 대추씨와 대추씨가 잠길 정도의 물을 넣고 끓여서 체에 걸러 만든다.

04

① 찜기에 젖은 면보를 깔고 쌀가루가 고루 익도록 가볍게 주먹을 쥐어 가장자리부터 안친다.
② 김이 오른 물솥에 찜기를 올려 약 25~30분 정도 찐다.

쌤's TIP 꼬챙이나 젓가락 등을 이용해 쌀가루에 구멍을 내면 김이 잘 오른다.

05

① 준비한 비닐에 솔을 이용해 기름칠한다.
② 기름칠한 비닐에 다 익은 떡을 넣고 차지게 치댄다.

쌤's TIP 만약 절구를 사용하라는 요구사항이 있다면 절구에 넣어 소금물을 발라가며 꽈리가 일도록 방망이(절굿공이)로 찧는다.
(소금물 = 물1/3컵+소금1/4작은술)

06

① 비닐 위에 떡을 도톰하고 길게 편 다음 꿀과 섞은 다진 대추의 소를 올리고 긴 막대 모양으로 만들어 올린다.
② 떡을 꼬집듯이 덮어 말고 손날을 세워 일정한 크기로 밀듯이 자른다.

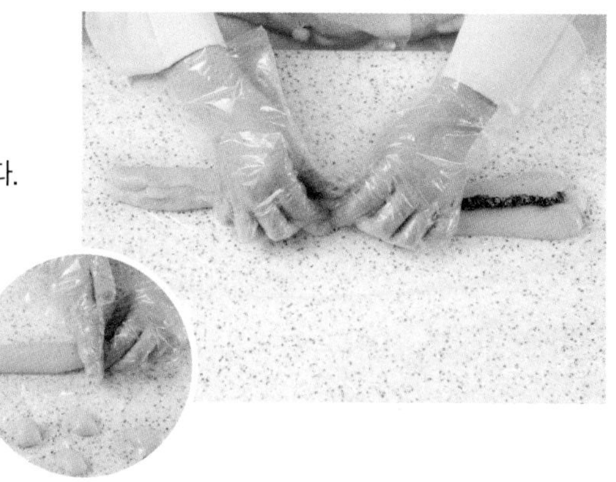

07

① 쪄서 식힌 고물(밤채, 대추채, 석이버섯채)을 섞어 떡에 골고루 묻혀 준다. 이때 떡 표면에 꿀을 살짝 바르면 고물이 잘 붙는다.
② 완성한 다음 접시에 담아 낸다.

알아두면 약이 되는 꿀팁

❶ 쌀가루에 소금을 넣을 때에는 물(또는 대추물)에 소금을 녹여 넣으면 짠맛이 고루 섞인다.
❷ 고물로 사용하는 밤과 대추, 석이버섯은 가늘게 썰어 찜솥에 살짝 쪄서 사용하면 식감이 부드럽다.

쑥단자

요구사항 시험시간 **60분**

쑥단자를 만들어 제출하시오.

배합표

	재료명	분량
주재료	찹쌀가루	300g
	삶은 쑥	60~70g
	소금	3g
	물	20g
소	불린 거피팥	1/2컵
	소금	1꼬집
	꿀	1/2큰술
고물	불린 거피팥	2컵
	소금	2g
부재료	식용유	적정량

필요한 도구

찜기, 물솥, 스텐볼, 중간체, 어레미, 계량컵, 계량스푼, 스크레이퍼, 면보, 비닐, 절구, 칼, 도마, 일회용장갑, 면장갑, 저울, 완성접시

주요 공정

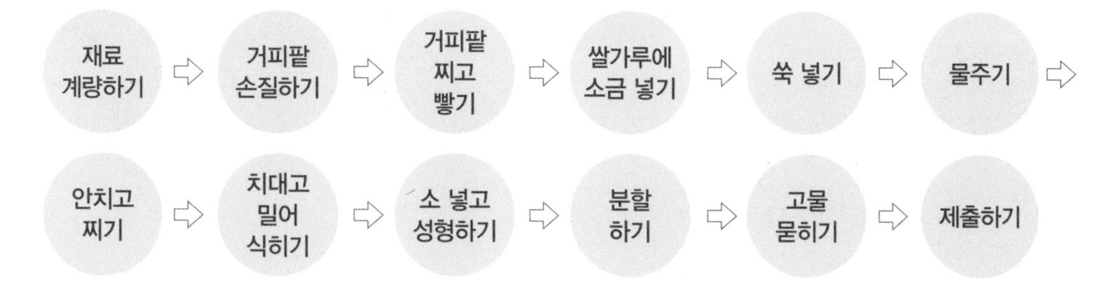

만드는 방법

01

① 저울에 용기를 올려 0에 맞춘다.
② 각각의 재료를 계량한다.

02

① 불린 거피팥을 여러 번 씻어 일어
　속껍질을 완전히 제거한다.
② 체에 밭쳐 물기를 뺀다.
③ 찜기에 마른 면보를 깔고 거피팥을 안쳐
　40~50분 정도 무르게 찐다.

03

① 한 김 식힌 후 절구에 쏟아 소금을 넣고 찧는다.
② 어레미에 내린다.
③ 고물이 질 경우에는 번철에 볶아 사용한다
　(p.198 거피팥고물 만들기 참조).

쌤's TIP 속재료에 들어갈 거피팥에 꿀을 섞어
반죽해 둔다.

04

① 찹쌀가루에 소금을 넣고 섞는다.
② 물기를 꼭 짠 쑥을 잘게 다져 넣고 잘 섞는다.
③ 물을 약간 넣어 손으로 고루 비빈다.

쌤's TIP 쑥의 양과 수분 상태에 따라 물 양을 적절히
조절한다.

05

① 찜기에 젖은 면보를 깔고 쌀가루가 고루 익도록
가볍게 주먹을 쥐어 가장자리부터 안친다.
② 김이 오른 물솥에 찜기를 올려 약 25~30분 정도 찐다.

06

기름칠한 비닐에 떡을 올리고 꿀을 발라 차지게 치댄다.

쌤's TIP 만약 절구를 사용하라는 요구사항이 있다면
절구에 넣어 소금물을 발라가며 꽈리가 일도록
방망이(절굿공이)로 찧는다.
(소금물 = 물1/3컵+소금1/4작은술)

07

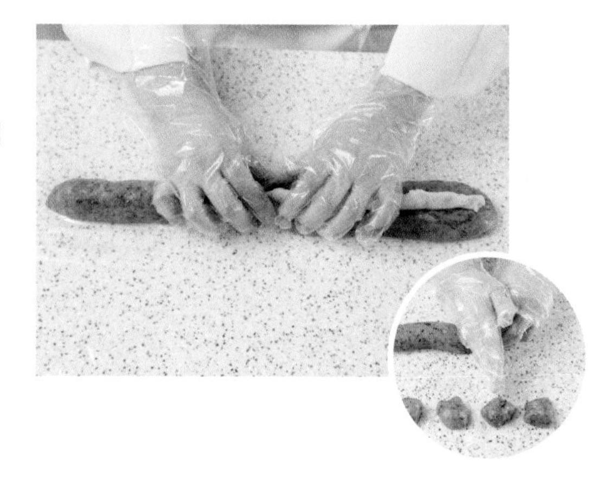

① 소로 사용할 거피팥고물에 꿀을 넣고 잘 섞어 가늘고 긴 막대
모양으로 만든다(이때 계핏가루를 살짝 추가할 수도 있다).
② 비닐 위에 치댄 떡을 놓고 도톰하고 길며 평평하게 만든다.
③ 떡 위에 소를 올리고 꼬집듯이 덮어 붙인 후 길게 말아 준다.
④ 손날을 세워 일정한 크기로 밀듯이 자른다.
⑤ 모양을 매만져 거피팥고물을 묻히고 완성접시에 담아 낸다.

쌤's TIP 자르기 전에 떡에 꿀을 발라도 좋다.

알아두면 약이 되는 꿀팁

❶ 쑥은 쑥가루로 대체할 수 있으며, 이 경우 물을 더 추가한다.
❷ 쑥을 곱게 다져 넣고 반죽을 치대야 고루 섞인다.
❸ 곱게 다진 쑥을 물주기 전에 넣지 말고 찜기에 찌다가 꺼내기 5분 전에 넣으면 파랗고 고운 색의 떡이 된다.
❹ 완성된 단자의 크기는 균일해야 한다.

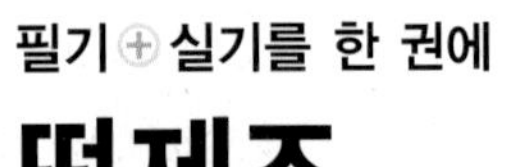

떡제조 기능사

공　　저 | 신미혜 · 최은정 · 김찬화 · 정혜정 · 한혜영 · 정윤정
발 행 인 | 장상원
편 집 인 | 이명원

초판 1쇄 | 2020년 6월 25일

발 행 처 | (주)비앤씨월드
출판등록 | 1994. 1. 21. 제16-818호
주　　소 | 서울특별시 강남구 선릉로 132길 3-6 서원빌딩 3층
전　　화 | (02)547-5233　**팩　　스** | (02)549-5235　**홈페이지** | http://bncworld.co.kr
블 로 그 | http://blog.naver.com/bncbookcafe　**인스타그램** | @bncworld
진　　행 | 권나영, 김상애　**실기 어시스트** | 전수옥, 허윤옥
디 자 인 | 박갑경　**사　진** | 이재희

I S B N | 979-11-86519-34-9　13590

이 도서의 국립중앙도서관 출판예정도서목록(CIP)은 서지정보유통지원시스템 홈페이지(http://seoji.nl.go.kr)와
국가자료종합목록 구축시스템(http://kolis-net.nl.go.kr)에서 이용하실 수 있습니다. (CIP제어번호 : CIP2020023744)